联合教学 · 多元思考

——北京林业大学 · 北方工业大学 · 北京交通大学三校联合

毕业设计优秀作品集

主　编：董　璁　钱　云　郦大方

副主编：钱　毅　张育南　潘　曦　郑小东　段　威

中国建筑工业出版社

图书在版编目（CIP）数据

联合教学·多元思考：北京林业大学·北方工业大学·北京交通大学三校联合毕业设计优秀作品集 / 董璁，钱云，郦大方主编.
北京：中国建筑工业出版社，2019.4
ISBN 978-7-112-23322-9

Ⅰ.①联… Ⅱ.①董… ②钱… ③郦… Ⅲ.①建筑设计—作品集—中国—现代 Ⅳ.①TU206

中国版本图书馆CIP数据核字（2019）第029093号

责任编辑：张 明 徐晓飞
责任校对：王 烨

联合教学·多元思考——北京林业大学·北方工业大学·北京交通大学
三校联合毕业设计优秀作品集
主 编：董 璁 钱 云 郦大方
副主编：钱 毅 张育南 潘 曦 郑小东 段 威
＊
中国建筑工业出版社出版、发行（北京海淀三里河路9号）
各地新华书店、建筑书店经销
北京点击世代文化传媒有限公司制版
北京富诚彩色印刷有限公司印刷
＊
开本：787×1092毫米 1/16 印张：12¼ 字数：297千字
2019年7月第一版 2019年7月第一次印刷
定价：118.00元
ISBN 978-7-112-23322-9
（33606）

本书编委会

北京林业大学风景园林一流学科建设项目师资队伍建设经费支持

序 一

毕业设计在建筑、城乡规划、风景园林等人居环境科学类专业本科教学中有极其重要的地位和作用，但是近年来传统的毕业设计教学模式问题愈发突出，校内的闭门教学缺少相互的学习与交流，单一专业的教师指导和单一领域的设计题目也无法应对当代人居环境的复杂性问题。

在今天的时代背景下，人居环境的设计实践面临着与多领域合作和跨学科综合发展的挑战。要培养一名顺应时代发展的优秀设计师，不能仅局限于本学科内部的知识体系，而是要培养学生运用整体的和系统的知识来处理复杂性问题的能力。建筑、城乡规划和风景园林是人居环境科学体系下的三个核心领域，无论是这三个专业中哪个专业的从业者，均需对另外两个专业有着相当程度的了解。

从 2016 年开始，我校园林学院联合北京交通大学建筑与艺术学院、北方工业大学建筑与艺术学院开展了三校多专业本科联合毕业设计。我校参与联合毕设的学生以风景园林专业和城乡规划专业为主，教师来自园林建筑教研室和城乡规划系；北京交通大学和北方工业大学则以建筑专业的师生为主。这种组合充分发挥了三所学校在教学特色和专业特长方面的不同，相互学习，相互促进。突破专业界限、强调专业协作、实现跨专业联合教学，成为三校联合毕业设计的重要特色。

经过三年的实践摸索，由我校发起的三校多专业联合毕业设计取得了丰硕的成果，提高了毕业设计的教学水平，拓宽了参与师生的专业视野，促进了设计课程的教学改革。三校教师通过浙江省兰溪市黄湓村村落有机更新与建筑设计、北京大栅栏历史街区景观环境修复提升与建筑利用和更新设计、新时代北京三山五园的保护与发展的多元思考等题目，充分激发了学生的创造力、锻炼了学生的研究和设计精神，并在此基础上提出探讨城市未来发展的设计构思。

三校联合毕业设计以当前学科发展的前沿思想与理论为基础，整合了各院校、各专业的教学资源，已初步建立起一套较为系统的教学模式，充分体现了课程选题的即时性、学科专业的交叉性、参与主体的多样性以及教学方式的开放性等特点，提高了教学效率，提升了教学质量，也加强了教师团队的交流和建设，为建筑、城乡规划和风景园林专业的教学教研提供了积极的参考。

王向荣

北京林业大学园林学院 教授 院长

2018 年冬

序　二

自 2016 年起，我校与北京林业大学、北京交通大学三校开展联合毕业设计教学活动，有建筑学、风景园林、城乡规划三个专业的本科专业学生参加，有王新征、王小斌、潘明率、钱毅、杨绪波、王晓博、胡燕、李婧、秦柯、彭历、安平、张晋等教师参加指导，历经三载，主线逐渐清晰，平台不断拓宽，教学成果渐丰。

三校联合设计的主线清晰，是有机更新与保护发展，涉及的地域有江浙、有北京，涉及的类型有传统村落、有皇家园林，涉及的地块有闹市商埠、有远郊名镇，涵盖三个本科专业的学习内容，也是建筑学、城乡规划学、风景园林学三个一级学科研究的交叉点与融汇处。

三校联合设计具有清晰的主线，又有不断拓宽的平台。三个院校在本科教学方面各有特色，参加指导的教师来自不同的学科，敬业而投入，教与学的方式灵活而丰富，学与做的过程突出动手实践与团队合作，又同时举办有针对性的学术讲座，邀请了不局限于三校的相关专家学者，既拓宽了学生的视野，又加深了三校老师之间的交流。

清晰的主线与宽阔的平台，学生的热情与教师的投入，历经三载，其成果逐渐丰满，学生有收获，老师有心得。现在三校师生的共同努力下，三校联合毕业设计成果即将结集出版，这是一件非常令人高兴的事情。前两天钱毅老师约我作为北方工业大学的教师为此书作序，荣幸之际，写下这一简单的文字，是以为贺，既对北方工业大学参与此教学的教师表示感谢，也借此对北京林业大学和北京交通大学两校之参与此教学的教师表达敬意。

值此隆冬，愿 2019 年的三校联合毕业设计在温润的春天，开出更加美丽的花朵，结出更加丰硕的成果。

贾东

北方工业大学建筑与艺术学院 教授 院长

2018 年 12 月 21 日

序 三

伴随着城镇化进程的深入与社会经济发展模式的转型，存量环境越来越成为建筑学、城乡规划、风景园林等建筑类行业的新兴关注点，城市街区与乡村社区的更新、历史文化遗产的保护等领域也愈发受到行业内外的重视。建筑学作为一个实践性、应用性很强的学科，应对时代发展与社会需求一直是建筑学人才培养的重要准则之一。北京交通大学的建筑教育也在不断思考与调整，以应对后城市化时代建设活动从增量到存量的转型这一时代趋势。

自 2016 年以来，我校与北京林业大学、北方工业大学持续开展的三校联合毕业设计就是在这个背景下的一个教学探索。这项联合教学活动汇集了三校建筑学、城乡规划、风景园林等不同学科、不同方向的师生，就村落有机更新、历史街区修复提升、文化遗产的保护与地区发展为题，展开了活跃的讨论、交流与思考。我校建筑学、城乡规划专业的多名中青年骨干教师与优秀学生参与了这一工作中，从城市设计、建筑设计、建筑历史、遗产保护等不同角度切入，既为联合教学提供了更为多元的思想，自身也从中受益匪浅。

持续三年的坚持产出了丰硕的成果，此次作品集的出版就是其中优秀学生作业的集中展示；在这一作品集中，我们看到多学科的碰撞有效地激发了学生的创造力，也锻炼了学生的研究与设计能力，促进了青年人对存量时代下所处专业角色的思考。衷心地祝贺此次作品集的出版，也希望今后能更多地开展这样有益于专业建设与人才培养的活动。

夏海山

夏海山
北京交通大学建筑与艺术学院 教授 院长
2018 年 12 月

目 录

2016

城乡共进
——兰溪市黄湓村村落有机更新规划与建筑设计

命题人：北京林业大学　郑小东

黄湓村位于浙江省兰溪市城区北郊，总面积约2.4平方公里。相传著名的道教神仙黄大仙出生于此，再加上村落地势低洼，黄与湓结合，逐渐形成今天的黄湓村名。

村落自古以来就是人类物质家园和精神家园的体现。黄湓村也是如此，农业生产、村民生活以及田园自然构成村落富有特色的整体环境。村落通过建筑物、建造技术和材料与自然环境的相互作用，以其朴素简洁的造型，因地制宜、生动活泼的布局，给我们展示人工与自然、建筑与风景、经塑造与未塑造因素之间的和谐。

随着城镇化的进程，以黄湓村为代表的近郊农村也在发生巨大的变化。农村产业结构的改变带来了劳动力的解放，大量农业人口奔向城市。村落的城市化倾向导致新的几乎是城市型的聚落结构及住屋形式不断侵蚀传统的村落，损害了村落发展的历史脉络，并削弱了村落原有的特色。旧时的邻里关系受到摧残，以往生活、生产、交往多种功能合一的社区景象正在消亡，长年累月“进化”式演进的传统村落，在快速城镇化进程中的现在，正经历着一场巨大的变革。这些变化虽然带来了农村经济的发展，在生产合理化的同时，消耗了越来越多的自然资源，也破坏了乡村的生态环境。为医治黄湓村的创伤，一种既考虑经济、生态，同时也考虑美学及历史文化关联的有机更新已势在必行。

黄湓村鸟瞰图

设计范围

北京林业大学、北方工业大学和北京交通大学首届三校联合毕业设计，关注当代中国的热点问题，希望通过本次以黄溢村有机更新为题的联合教学，指导教师与同学们一起，探讨新型城镇化语境中乡村建设的可能性，对“城乡共进”进行阐释；摸索当代乡村聚落空间的新范式，在聚落维度和建筑维度进行表达；对地域建筑材料、建造技术、生活习俗、空间组织的当代演绎进行探讨。

设计范围：黄溢村旧村及黄大仙宫周边，场地南至金角大桥凯旋路，西至沿江路，北至清河路，东至黄溢路，规划面积约 28.2 公顷。

设计内容：在选定范围内以调研和分析内容为基础，完成村庄的有机更新规划；并在规划的基础上，完成重点地块的建筑设计，包括：

① 游客中心 + 社区菜场综合体建筑设计，建筑面积 $3000m^2$，具体功能自拟；

② 民居改造设计，人均一组，地点自选，功能由分析确定，建议为居住、客栈、茶室、艺术家工作室、零售商店、私人博物馆等。

设计成果要求：

（1）调研测绘部分：街景立面，选定改造地块的传统民居测绘：总平面图、各层平面图、立面图、剖面图；

（2）规划设计部分：区位分析、用地现状、生活现状、历史沿革、空间结构分析、空间更新措施分析、用地功能分析、景观与开放空间分析、规划分期实施、规划总平面、鸟瞰效果图、街景效果图、局部节点空间设计、设计说明等。

（3）建筑设计部分：总平面图、各层平面图、立面图、剖面图、分析图、节点构造大样图、外观效果图、室内效果图、经济技术指标、设计说明等。

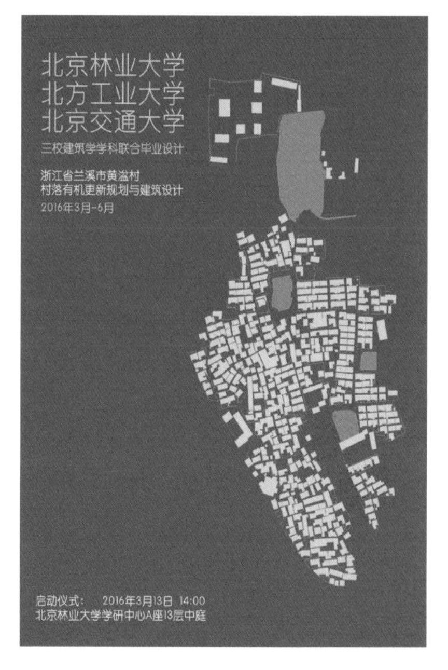

“宜居田园”为目标的聚落更新模式研究
——以浙江兰溪黄湓村聚落更新为例

A Settlement Renewal Method Aimed at Livable Countryside
——A Case study of Urban Renewal in Huangpen Village

段威　张成章

基金支持： 中央高校基本科研业务费专项资金资助（2018ZY10）

段威，清华大学工学博士，北京林业大学，园林学院，讲师，电邮地址：cedorsteven@163.com
张成章，清华大学建筑学学士、硕士，美国哈佛大学设计学院建筑学硕士在读，电邮地址：zhangskyg080740@qq.com

1. 城镇化语境下的村落更新问题

村落作为人类居住历史长河的上游，在精神和物质层面都对人类具有重要意义。村落通过建筑物的材料、技术、空间、规则等要素与环境的密切联系和相互作用，实现了一种有机的人与自然的融洽关系[1]。本研究重点关注聚落更新中建筑师和规划从业者的角色和任务。如何在建筑师和规划师的专业背景之下，与聚落更新参与的各方高效互动，在时间轴上考虑更新策略和操作的可行性，将是本文关注的重点内容。

2.“宜居田园”为目标的聚落更新模式

2.1 “宜居田园”的理论背景

吴良镛院士提出的有机更新是成为更新理论的基础。有机更新基于中国的国情，最早提出了遵循整体规律，发现了更新对象和更新方法的有机性。

自组织理论在聚落更新上的应用是建筑和规划领域的一个创举，通过引入系统科学，提供了一种新的看待乡村聚落的方式[2]，并且借鉴系统科学的规律提出了村落更新所应该遵循的原则[3]，在有机更新的理论之外，提供了一条平行的思路，补充了不少有机理论尚难以直观解答的盲点。

2.2“宜居田园”的定义及范畴

经过相关理论研究和案例借鉴，针对中国当下条件下的城郊村落现状，本文提出以“宜居田园”为目标的聚落更新模式，其有两个核心要点，即“宜居”和“田园”。“宜居”主要有三层含义。

首先，村落中的基础设施应达到现代生活标准。其次，村落中应具有一定程度的社区感。第三，村落中占大多数的房屋应符合现代生活的需求。

3. 实践案例研究：黄湓村的现状与问题

3.1 黄湓村概述

黄湓村位于兰溪市区北郊，总面积 2.4 平方公里，东西窄，南北长，呈带状。黄湓村距离兰溪市中心约为 1.5 公里。黄湓村位于兰江之滨，紧邻兰江、衢江、婺江三江交汇之处，属于兰溪市“三江六岸”规划的范围之中。

黄湓村的发展在近十年间经历了由村到城的演变。由于兰溪市的城市扩张，黄湓村周边逐渐由乡村景观变为城市景观，黄湓村全村总户数为 596 户，户籍人数 1668 人。村民以务农为主，第一产业较为发达，但二、三产业较为薄弱。

3.2 黄湓村的聚落资源

黄湓村的形成是人为和自然因素的共同作用，其建筑肌理保留着鲜明的有机性。黄湓村的聚落资源主要包括肌理、街巷、特色建筑、节点四部分。

（1）肌理和街巷

黄湓村传统村落中的街巷曲折变化、尺度宜人，给人以异常丰富的空间体验。街巷的轮廓自然而有机，规则性略显欠缺。在这其中，不乏一些富有空间艺术价值的街巷，它们开合有致、边界完整，对老村风貌的提升起到了重大的作用。

（2）特色建筑

黄湓老村中的特色建筑包括具有历史感的天井院落以及在村落中比较少见的大空间建筑。老村中的十五座天井院落基本都拥有完整的屋顶、异常厚实而修饰精美的外墙。这些天井院落承载着历史的记忆，是黄湓村中至关重要的历史文化资源。

（3）节点

黄湓村聚落的一大特征就是现存的四个池塘（邵前塘、王马塘、麻车塘、邵大塘）。这四个池塘分别位于老村的中心、西部、北部以及老村和黄大仙宫之间（已经不属于老村范围），属于老村高密度肌理中的重要开敞空间。

3.3 公房：湓村更新的切入点

在目前中国的现状下，村落的房屋产权情况比较复杂，每个村落的情况都不一样。有的村落只有少部分公房，并且公房的分布并无规律可循，这种村落如进行“由上而下”的聚落更新则会遇到一些阻碍[4]。黄湓村就属于这一类村落。黄湓村老村内的村集体用房共有 158 栋，占现状房屋总数的 26.5%。村集体用房的分布比较分散，西部滨江路一带和北部的公房比例稍高。虽然村落中的村集体用房整体比例不高，但是一些重要的建筑属于公房，比如老村公所、公鲁庙、蚕厂、广庆庙、黄大仙故居等。另外还有几栋较长的房子也属于公房。而私房则主要是居民的居住用房。

4.“宜居田园”的实践：黄湓村的聚落更新

4.1 聚落更新的操作范围与更新内容

本文在第二节提出以“宜居田园”为目标的聚落更新模式时，提出了该模式的四项核心策略，即点位带动、社区营造、设施提升、环境提升。而在每项核心内容之下，又分别有其各自的展开内容。聚落更新的实际操作包括村落、组团、单体三个尺度，更新模式的四项核心内容以及其下属的十一项展开内容分别映射在了村落和组团的两个操作范围之上。

4.2 村落尺度下的聚落更新

村落尺度下的更新规划包括六项内容：点位选取、点位策划、动线组织、路径重组、功能植入、绿化梳理。首先是点位选取及点位策划，选取了十八个点位，作为前期更新启动项目，引入外界能量，带动聚落的整体更新。其次是路径重组，对于包括金角大桥和引桥的外部城市交通进行调整。高架路(即金角大桥)之外的城市道路在权属性上区分为城市公共交通和村落内部交通两级，两个系统分别封闭成环。再次是功能植入，在设施提升的策略之中，功能植入主要针对配套的社区服务功能。结合村内现阶段的人口组成及周边的现有设施，幼儿园、老年之家、医院、集市被赋予最高置入优先级。最后是绿化梳理，黄溢村的现状绿化主要有树木、树林、绿地、菜园、池塘五类。现状的四个池塘（邵前塘、王马塘、麻车塘、邵大塘）水质情况都较好，对水岸进行适当修整即可。

4.3 组团尺度下的聚落更新设计

组团尺度下的聚落更新设计包含五项内容，即组团形成、组团演进、空间塑造、房屋评估、风貌协调。这五项内容当中，组团形成、组团演进、空间塑造属于社区营造策略下的展开内容，房屋更新属于设施提升的展开内容，风貌协调属于环境提升的展开内容。

图1 组团形成：组合后形成的22个组团

资料来源：作者绘制

（1）组团形成及组团演进

组团是实现社区营造的基本空间单元，相当于乡村聚落的“组织”。对于社区感的形成而言，平均八栋房屋组成的小组团还不足以支撑能够形成社区感的空间[5]。在住宅群再划分普遍的北欧国家，15 ~ 30 户的小型组团使用效果较好，能够比较有效地促进社会关系网络的形成①。经过对黄湓村老村进行实际的设计操作，用规划后的路径边界将老村的 596 栋房屋划分成了 22 个组团，平均每个组团有 27 栋房子。

（2）房屋评估

这里选取老村聚落北部、靠近麻车塘的一个组团进行更新示范。这个组团现状有 26 栋房子，其中公房有 9 栋，在黄湓村的所有组团中属于比例较高的一个组团，改造可行性较高。选取该组团能够比较有效地呈现出改造之后的整体效果。

在评估策划伊始，通过搜索建筑的不同属性，根据黄湓村老村建筑的情况，筛选出风貌、权属、使用情况和建筑质量这四个属性，对组团内部的 26 栋建筑进行分类。

在针对各个维度的建筑评估完成之后，总结每个建筑的四个维度属性，并通过对比，得出建筑更新的基本态度。在场地中的这 26 栋建筑中，有四栋属于无人居住且质量较差的公房历史建筑，对于这类房子的态度是保留历史墙面，进行新材料翻新，改造力度较大。

（3）空间塑造

在这个组团的 26 栋建筑中，通过拆除 12 号建筑的附属用房，可以在组团的中央腾退出一片小空间，成为组团中央的小广场。通过拆除 1 号建筑的附属用房，可以在部大塘旁边腾退出一片小空间，成为一个临水的小广场。

通过领域重组，将 26 栋房屋划分成九个领域，每个领域对应一户人家 / 一家民宿 / 一处小型文化创意机构。在这九个领域中，主要由历史建筑组成的三个领域由于策划为文化相关的功能，对于院落的要求比较灵活。组团内部空间形式更加多样，街巷、广场、院落、平台兼具。

（4）风貌协调

在传统村落的更新中，对于针对风貌所形成的两难局面，我们尝试提出“风貌协调”的目标。对于风貌而言，更新的目标非强制性的“统一”，而是尊重已有的不同时期、不同风貌的各类房子，保留其多样性[6]。在重点研究的 1 号组团中，建筑在风貌上分为三类，分别是历史建筑、传统风貌建筑和当代建筑。

5. 城郊村落聚落更新的再思考

“宜居田园”是一个美好的愿景，然而其实现过程却绝不容易，需要政府相关部门、建筑师和规划师、村民、企业家和文化产业从业者等各方势力的持续协调和磋商。“宜居田园”除了物质空间能够呈现出的状态之外，更重要的是一种“机制”的建立。

本文所探讨的是一种城郊村落聚落更新模式，这种模式具有一定参考价值。我们既要预防产业开发过度而破坏聚落环境，又不能只关注表面上的环境（如立面、风貌等），却不能在实质上提升居民的生活品质。在摸索二者的关系时，我们要时刻关注更新策略所可能产生的影响，谨慎却不胆小地进行工作。在村落的聚落更新仍然处于探索的阶段时，我们唯有期待更多“模式”的出现，才能总结归纳，提出有实际应用价值的、更加符合当下局势的聚落更新理论。

① 扬·盖尔 . 交往与空间 [M]. 何人可译 . 北京：中国建筑工业出版社，2002.

图 2 更新后组团平面图

图片来源：作者绘制

参考文献

[1] 王路．农村建筑传统村落的保护与更新——德国村落更新规划的启示 [J]. 建筑学报，1999，11：16-21.

[2] 樊海强，张鹰，刘淑虎，赵立珍．基于自组织理论的传统村落更新模式实证研究 [J]. 长安大学学报（社会科学版），2014，(04): 132-135.

[3] 段威．浙江萧山南沙地区当代乡土住宅的历史、形式和模式研究 [D]. 北京：清华大学建筑学院，2013.

[4] 孟祥远．城市化背景下农村土地流转的成效及问题——以嘉兴模式和无锡模式为例 [J]. 城市问题，2012，12：68-72.

[5] 丁国胜，彭科，王伟强，焦胜．中国乡村建设的类型学考察——基于乡村建设者的视角 [J]. 城市发展研究，2016，10：60-66.

[6] 邱家洪．中国乡村建设的历史变迁与新农村建设的前景展望 [J]. 农业经济，2006，12：3-5.

伴水伴田，养生田园

——浙江省兰溪市黄溢村村落有机更新规划与建筑设计

专业：风景园林、园林；作者：刘赫、李雪寒、肖文妍、卢周卉、冯心阳；指导教师：郑小东

项目简述

根据《中共金华市委 金华市人民政府关于加快推进金华市区城中村改造工作的意见》（市委［2013］43 号）精神及相关法律法规，结合兰溪市实际，充分利用现有的民俗、名人名居名迹、物质和非物质文化遗产等文化资源，分期实施创建特色旅游村工作。为推进和规范城中村改造，加快城市化进程，提升城市品位，改善人居环境助力。农村，实现城乡基础设施一体化和公共服务均等化，促进经济社会发展，实现共同富裕。

场地区位

黄溢行政村位于兰溪市区北郊，辖黄溢、外圩洲、一里坛 3 个自然村，属兰江镇。东与蒋宅畈、枣树村、大公殿、老鸦山交界，南与余店村毗连，西临兰江中的外圩洲，北与郭家、里方、后地、前陈村接壤，总面积 2.4 平方公里，东西窄、南北长，呈带状。属季风副热带湿润气候区，气温适中，四季分明，无霜期年平均 264 天，平均气温在 15 ~ 17℃，年平均降水量 1371.4 毫米，易水患。

黄溢行政村属兰江洪水冲积平原，境内无山丘，境外有低丘山三座，最高海拔不超过 450 米。

历史背景

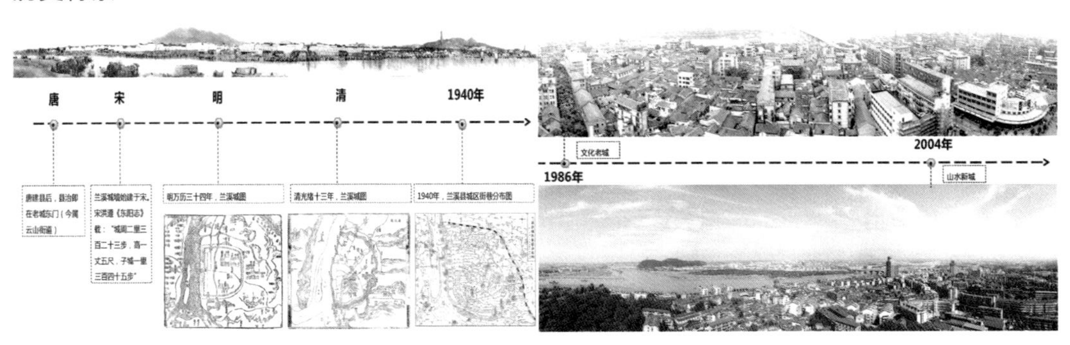

道教文化

相传著名道教神仙黄大仙，出生于浙江省金华兰溪黄溢村，在金华山中修炼得道升仙。村名黄溢之黄即取之其姓。民间有五百年前石骨山，五百年后黄溢滩的说法。黄与溢结合，逐渐形成今天的黄溢村名。

SWOT 分析

Strength 优势 —— 旅游景点：中草药之都（兰溪）、兰花之乡（兰溪）、兰溪杨梅、兰溪蜜枣《食疗传奇》，二仙井（黄大仙故居）、黄大仙宫、兰江；养生产品：大仙菜。

二仙井（黄大仙故居）

黄大仙宫

兰江

大仙菜

Weakness 劣势 ——老龄化严重、产业单一、地势低洼有洪水灾害（溢）、建筑风貌破败杂乱、内部交通不便、缺少绿化、堤坝影响江边视线。

老龄化严重

建筑密度大

公共设施缺失

交通阻塞

堤坝阻挡视线

地势低洼，洪水灾害

缺少绿化

建筑风貌差

Opportunity 机会 ——政府支持、具有旅游发展潜力（黄大仙故居）、乡土建设热潮、可与周围景点构成连贯的旅游线路。

黄大仙故居

二仙井

灵羊岛

城门

Threats 威胁 —— 与周围已有的旅游观光点主题存在交集和重复，金华周围黄大仙景点超过十处，此外还有很多风景秀美的景点和各种名胜古迹。

金华黄大仙庙　金华九峰山　金华双龙洞

金华赤松黄大仙景区　诸葛村　六洞山 - 地下长河

场地航拍

问卷调查 & 分析

题号	项目调查问卷					
调研问题——口述成员信息						
Q1	年龄	30岁及以下	30~55岁	55及以上		
		2	12	36		
Q2	性别	男	女			
		29	11			
Q3	文化程度	未受教育	小学、初中	高中	大学及以上	
		6	26	3	3	
Q4	工作	第一产业	第二产业	第三产业	本地工作	外地工作
		3	4	4	25	0
Q5	收入来源	有工作	退休	低保	学生	
		12	22	6	0	
Q6	家庭年收入	1万及以下	1万~3万	3万及以上	保密	
		9	6	13	3	
调研问题——关于房屋						
Q7	宅基地面积	小	中	大		
		12	10	8		
Q8	是否有承包地	是			否	
		种植农作物	地主	其他	18	
		15	0	1		
Q9	建房喜欢什么风格	小别墅；本土建筑；喜欢新区 洋房 采光好的；喜欢排房（新区），不喜欢高楼，尤其老人住不习惯；简单实用、干净结实、外观整洁时尚				
Q10	水电	满意	不满意	其他		
		31	5	3		
Q11	排污	满意	不满意	其他		
		21	11	4		
Q12	网络建设	满意	不满意	其他		
		24	8	4		
Q13	居住环境有什么不理想的地方	挺好的；房子小，前面有防洪堤，对视线不好，但是也是为安全考虑，可以理解；还可以，但是没有新村好；道路交通太窄了；太挤了，空间太小，进出不方便，有的房子没有卫生间，很不方便，道路很窄，车进不去，室外空间很少，没有停留休息聊天的地方；80%的采光通风不好，10%居住环境拥挤				
调研问题——建造						
Q14	建造房屋的材料来源	本地	外地	请本地施工队建造，材料施工队提供；从物资局买建筑材料；村里安排		
		27	1			
调研问题——政策						
Q15	对新农村和集中安置（高层集合住宅）	满意	不满意			
		29	7			
Q16	您认为自己是农民么	是	不是			
		17	10	因为务农		
Q17	您觉得现在的公共生活最缺的是哪一个	现有的老年活动室只能打牌，聊天活动休息的场地太少，绿化太少；暂无；喜欢去茶馆与其他老人聊天；不喜欢和村里人接触；公共生活越来越少，没有小孩玩耍的地方				
调研问题——乡土文化						
Q18	您的主要收入情况	1万及以下	1万~3万(含3万)	3万~5万	5万及以上	保密
		11	13	5		2
Q19	家里有几口人	七口人；六口人；五口人；四口人；三口人；两口人；不住人				
Q20	子女是否在本地（兰溪）就业	是	否	未知		
		17	19	1		
Q21	家里还务农么	是	否			
		15	19			
Q22	对目前的经济收入满意么	满意	不满意			
		27	7			
Q23	（接Q21）预期从那些方面改善	换工作；多发一些养老金，回家附近工作；希望安置到排房；部分村民希望把旧村推掉重新建居住条件好的房子；未考虑、不需要改善、希望得到低保				
调研问题——使用						
Q24	房屋的各层功能	一层居住，二层储物；居住和买卖；一层厨房、天井、客厅、卧室，二层原来是卧室现在废弃放杂物。一层卧室、厨房、大厅、卫生间，二层同一层；一层居住，二层闲置或放杂物；一层厅堂、厨房、餐厅，二层卧室、起居室、三层卧室、储藏；一层居住，二层储藏；一层：厨房，堂屋，老人卧室，二层：年轻人卧室				
Q25	如果需要异地安置，最舍不得哪项功能，或者说最留恋目前房屋里的哪个房间	现在邻里关系都很好，每家都是独楼，出入比较方便，周边出门就可以买菜，很方便；没有不舍得，很满意；天井院冬暖夏凉；希望搬入新村，没有什么舍不得；70%舍不得这种房屋的院落				

口述成员信息

Q1 年龄

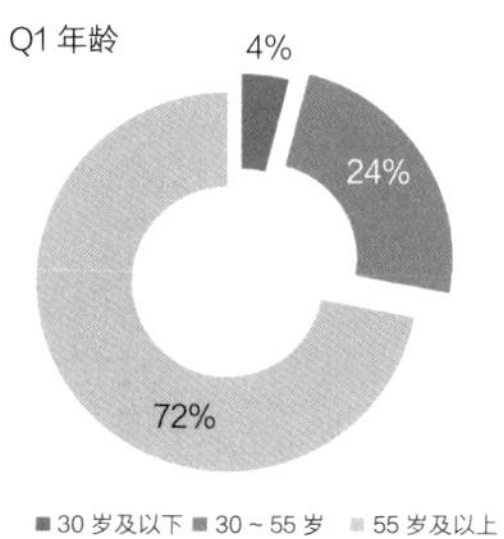

Q2 性别

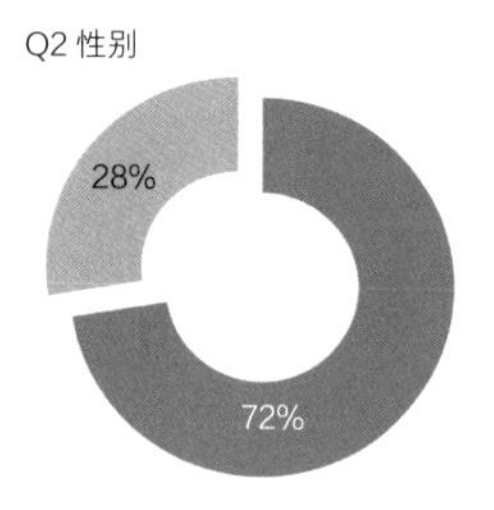

Q3 文化程度

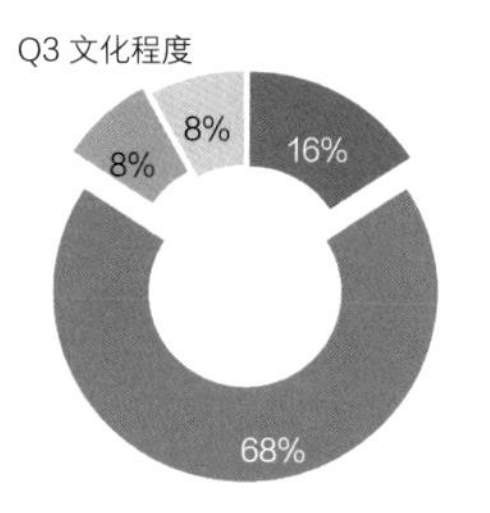

Q4 工作

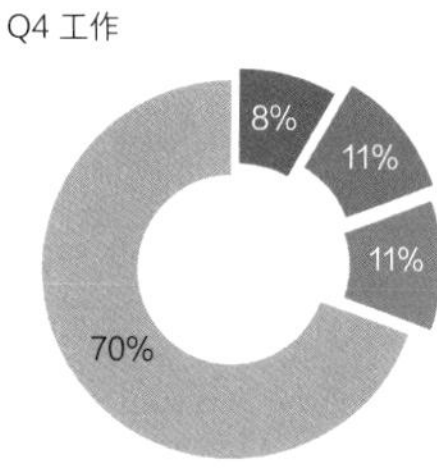
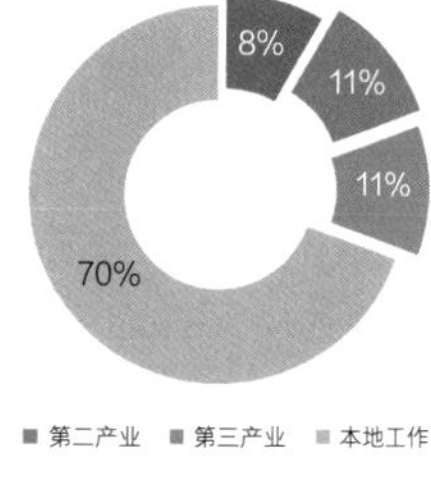

Q5 收入来源

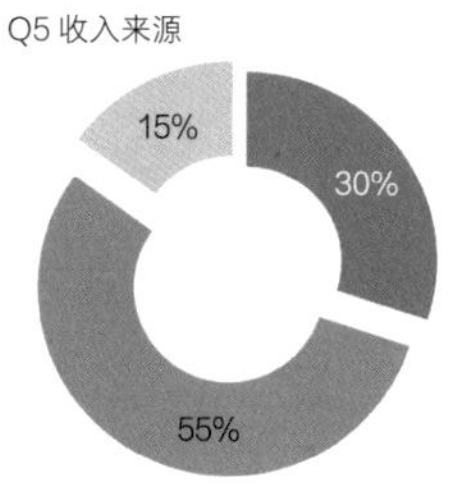

Q6 家庭年收入

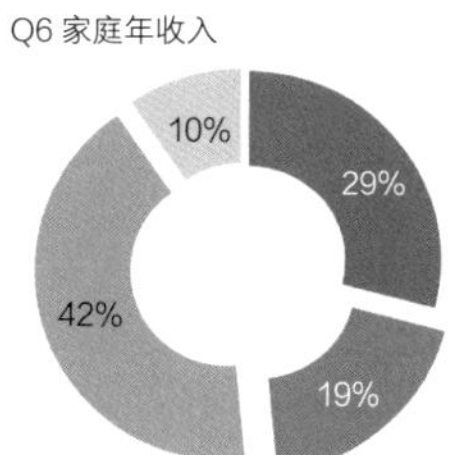

关于房屋

Q7 宅基础面积

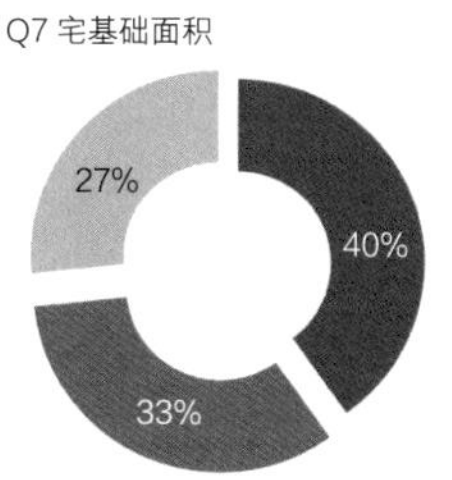
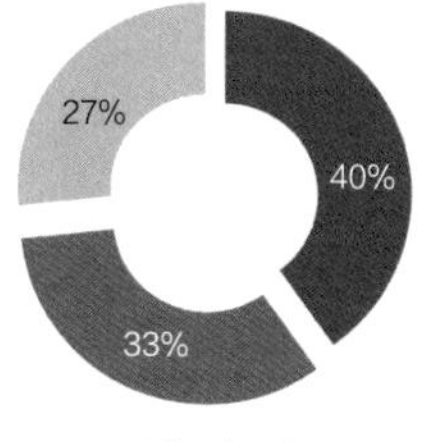

Q8 是否有承包地

53%
44%
3%
种植农作物 地主 其他 否

Q10 水电

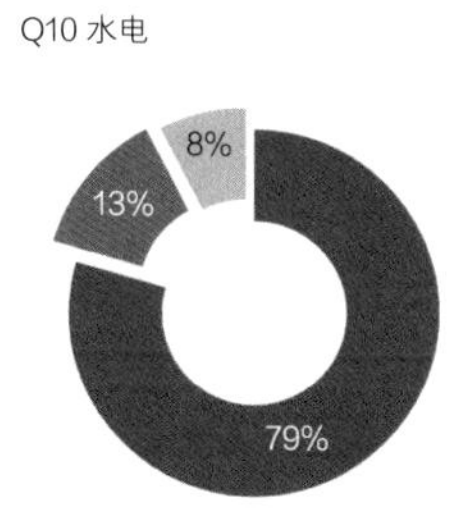

Q11 排污

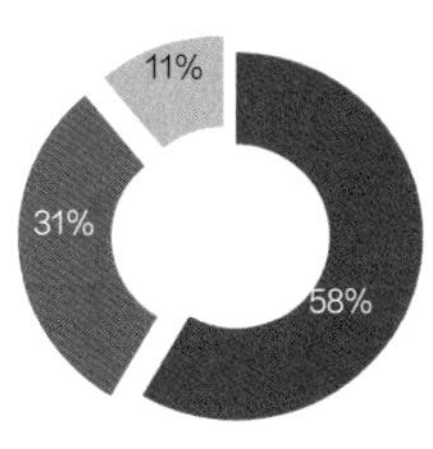

Q12 网络建设

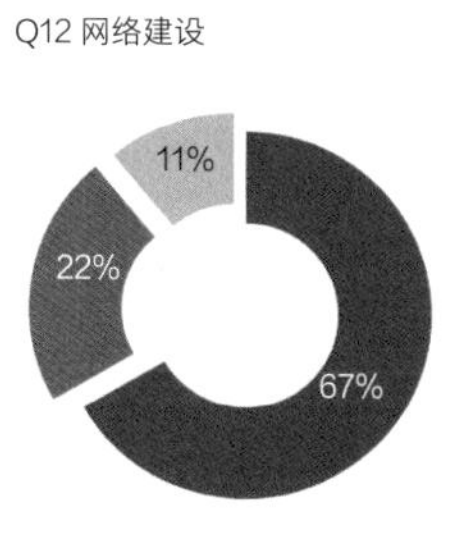

建造

Q14 建造房屋的材料来源

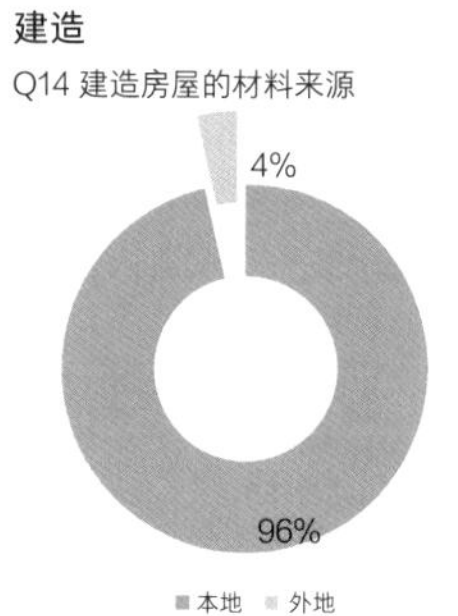

政策

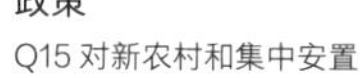

Q15 对新农村和集中安置

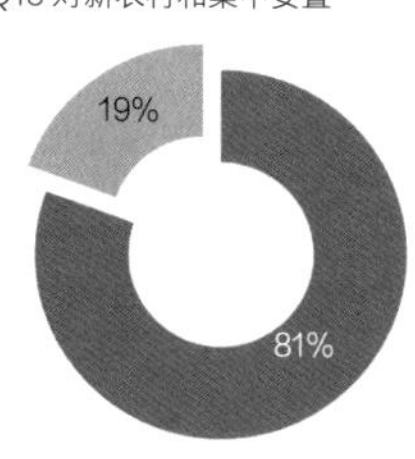

Q16 认为自己是农民么

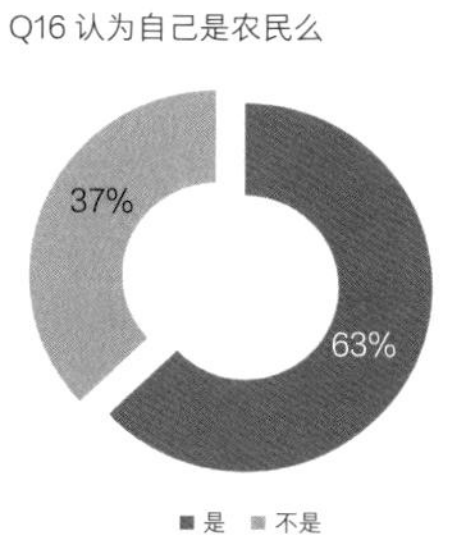

乡土文化

Q18 主要收入情况

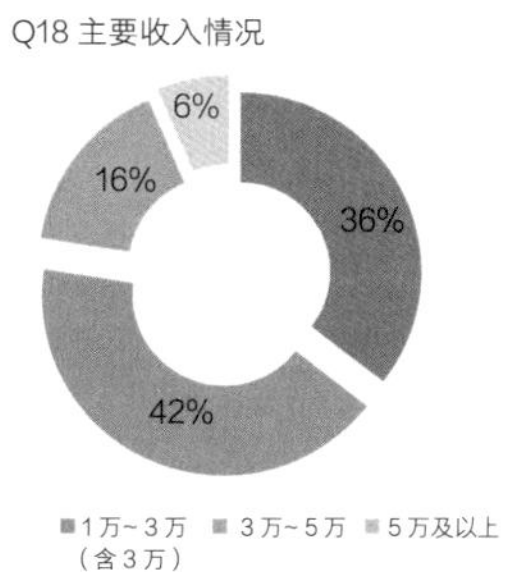

Q20 子女是否是在兰溪工作

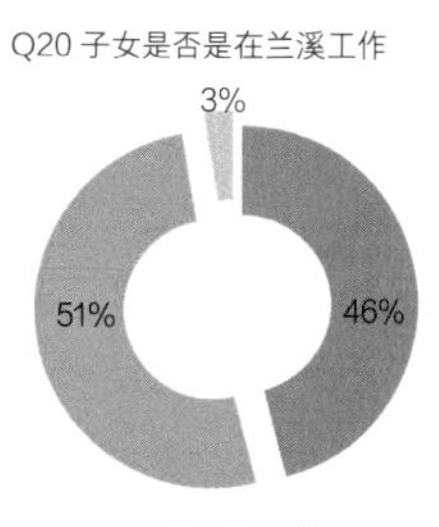

Q21 家里还务农么

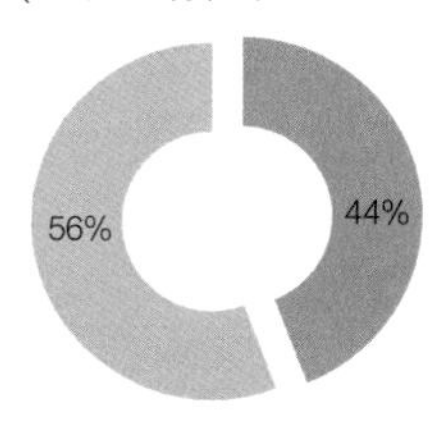

Q22 对目前的经济收入满意么

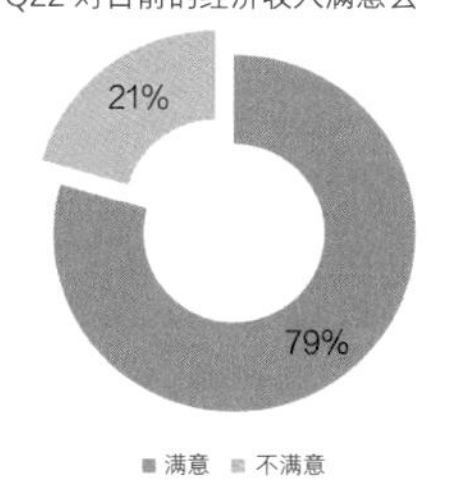

建筑现状调查

建筑年代

- 新中国成立前
- 新中国成立后至改革开放前
- 改革开放后

建筑质量

- 较好
- 一般
- 较差

建筑风貌

- 较好
- 一般
- 较差

规划原则

· 生态性原则

以修复、丰富场地自然资源和地势地貌，改善区域环境为根本立足点。“生态为纲、绿化优先”是本次规划的核心和基本原则。

· 地方性原则

以黄溢村的地方区系特色“赤松仙子”黄大仙和植物“大仙菜”的展示为基础，传承场地自然与人文特质，打造极富黄溢村地方特色的养生绿色产业园。

· 保护优先原则

坚持把“保存修护”放在首要前提，保留传统建筑的真实性，凸显风貌的完整性，呈现生活的延续性，展现人与自然的和谐性，确保旅游开发的科学性。

· 功能性原则

满足绿色养生、科普教育、休闲娱乐、旅游观光和文化交流等基本功能，注重休闲服务设施系统和生态养生农业体系的完善。

· 创新性原则

充分挖掘场地自身特色，突出特色和创新，体现个性，提高对游人的吸引力。

规划意向

规划目标

黄大仙文化为主题的历史名村；
传统中医药为特色的养生乐园；
一二三产业相结合的当代小镇；
城中村改造的成功典范。

历史文化的名村　饱含赤松仙子情怀、传承道法自然精神
养生健康的乐园　融合中药养生体验、激发全民保健意识
一二三产业结合　植入特色生态农业、彰显地域绿色文化

发展策略

大力推广大仙菜品种植，推动第一产业

围绕加工大仙文化产品，发展第二产业

打造大仙文化旅游线路，塑造第三产业

产业策略

交通及消防策略

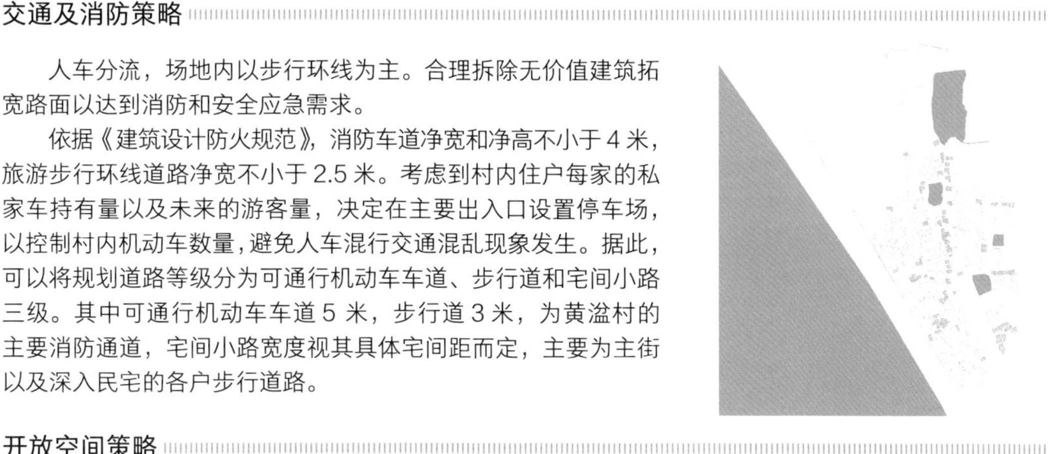

人车分流，场地内以步行环线为主。合理拆除无价值建筑拓宽路面以达到消防和安全应急需求。

依据《建筑设计防火规范》，消防车道净宽和净高不小于 4 米，旅游步行环线道路净宽不小于 2.5 米。考虑到村内住户每家的私家车持有量以及未来的游客量，决定在主要出入口设置停车场，以控制村内机动车数量，避免人车混行交通混乱现象发生。据此，可以将规划道路等级分为可通行机动车车道、步行道和宅间小路三级。其中可通行机动车车道 5 米，步行道 3 米，为黄溢村的主要消防通道，宅间小路宽度视其具体宅间距而定，主要为主街以及深入民宅的各户步行道路。

开放空间策略

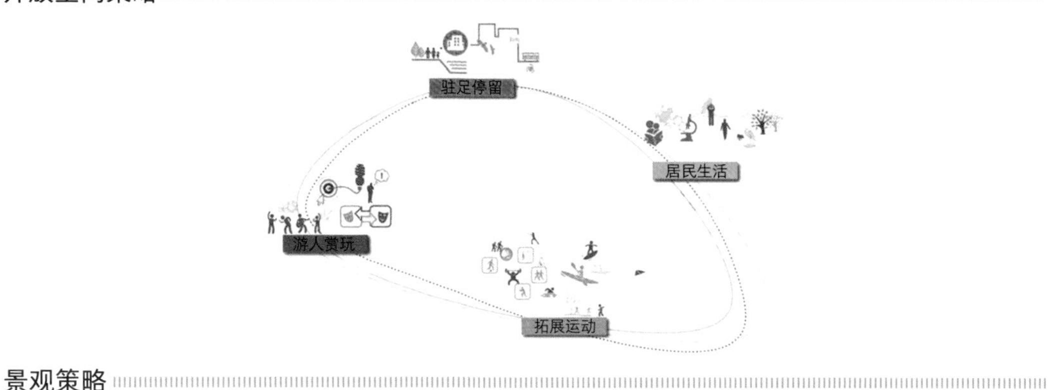

景观策略

伴水伴田，重做水塘、堤岸景观，倚靠农田构建新型城镇特色景观。

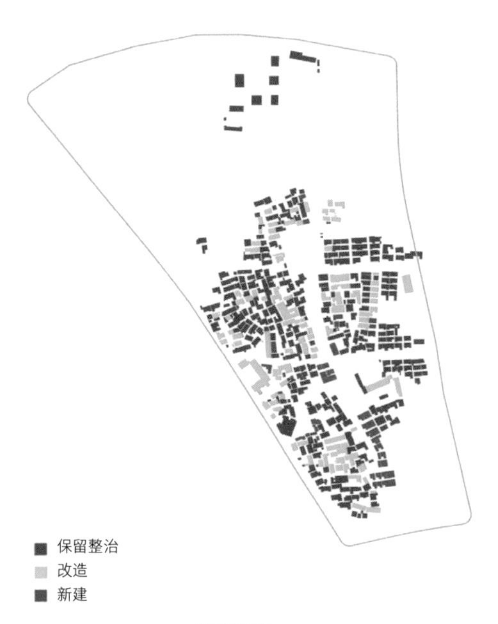

建筑策略

点状保护，带状协调，片状更新。

对村落内有价值的历史建筑进行保护，沿风貌协调带对建筑立面进行改造，并将村落内不符合传统风貌建筑集体更新。

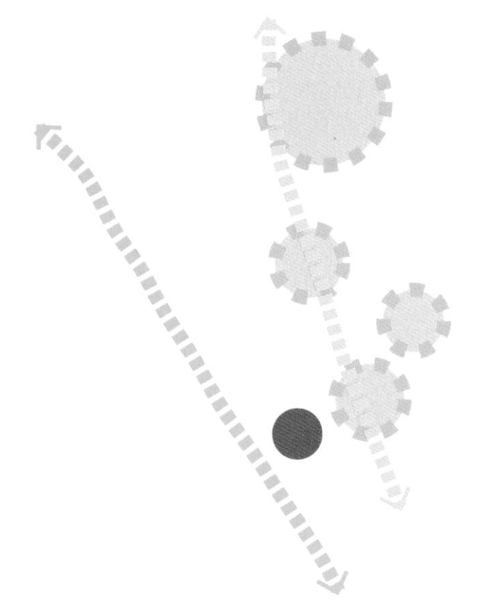

旅游策略

一心两轴四节点，重塑村落风貌。

围绕黄大仙宫及公鲁庙打造核心保护区，以沿江堤岸景观带和风貌协调带为轴，以四处水塘为节点，将场地内景点串联起来打造新的旅游线路。

城市基础设施及公共服务领域建设新模式——**PPP 模式（Public—Private—Partnership 公私合营模式）**

即 公共部门通过与私人部门建立伙伴关系提供公共产品或服务的一种方式。

城市基础设施及公共服务领域建设

规划总平面图

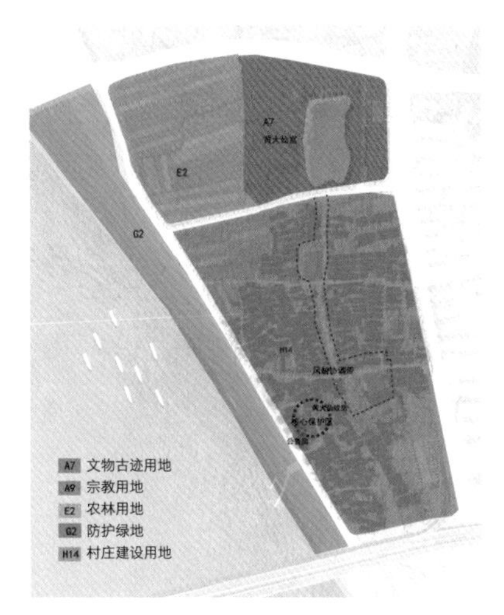

用地规划

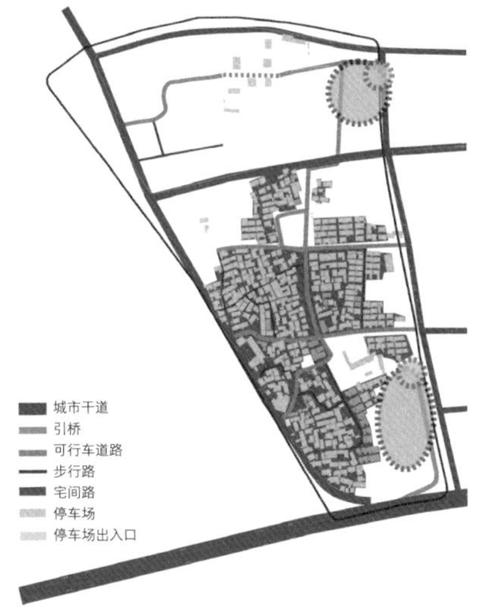

交通规划

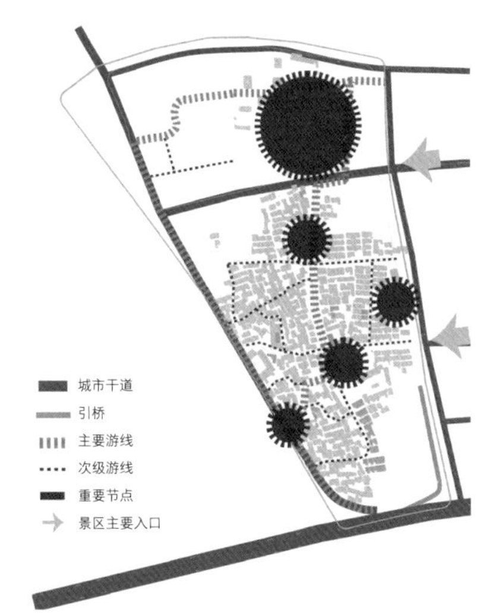

旅游路线

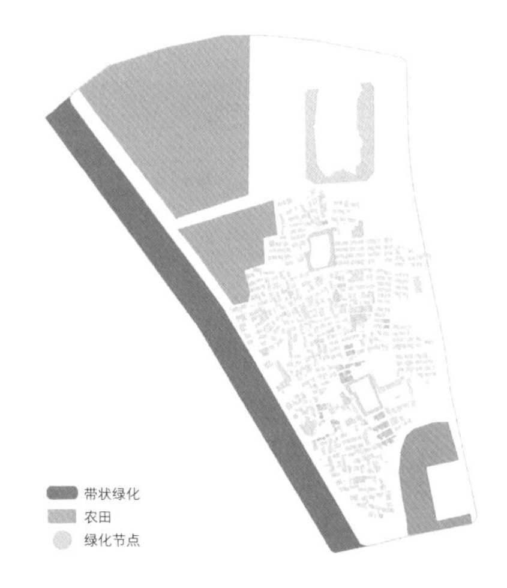

绿地规划

基础设施

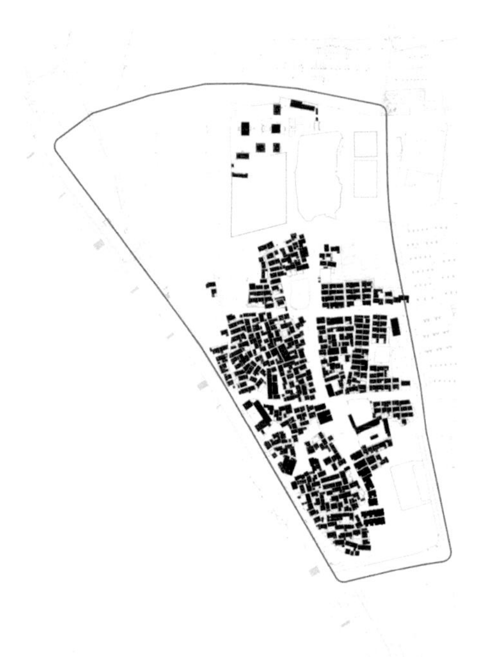

建筑肌理梳理

沿河堤岸景观

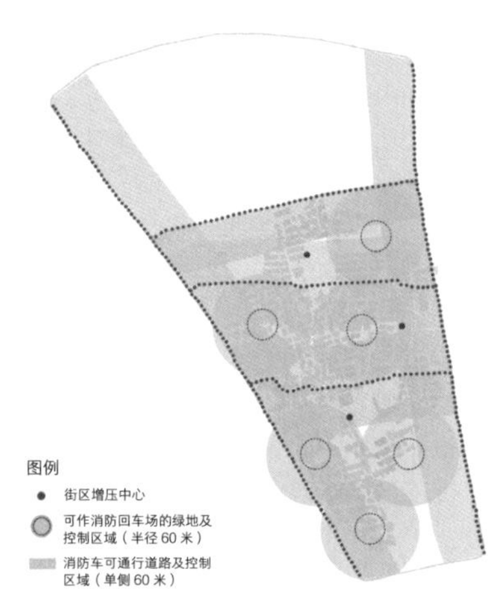

消防规划

改造建筑效果图

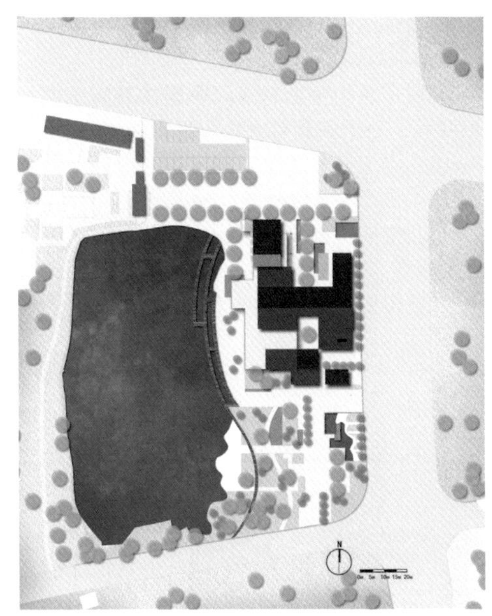

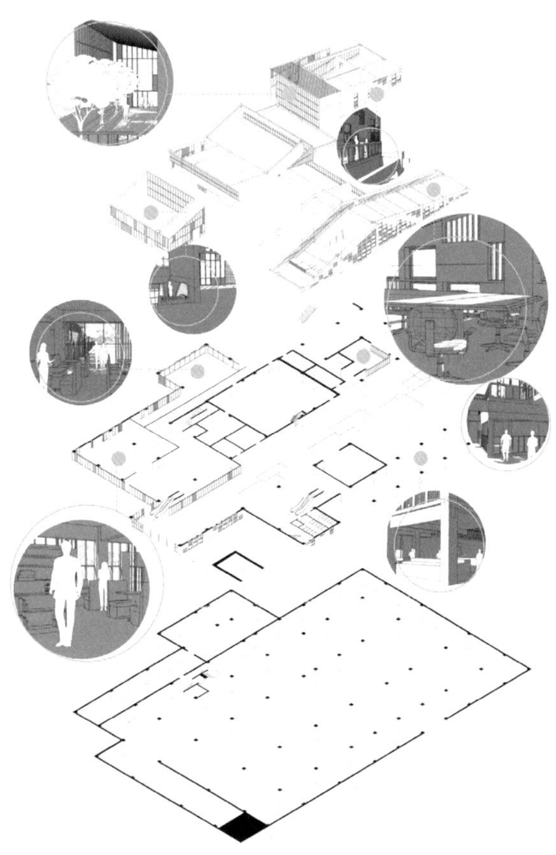

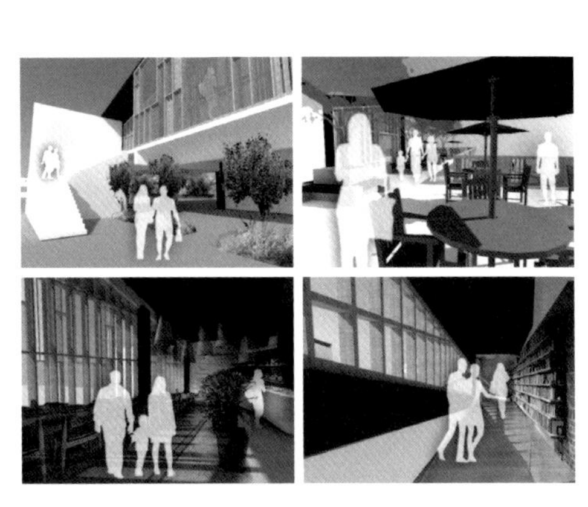

重现黄湓之美，追溯道家之源

——浙江省兰溪市黄湓村有机更新规划与建筑设计

作者：江天翼、楼思远、张赛、李慕尧、关淇文、朱芷萱；指导教师：郦大方、郑小东、段威、赵辉

研究概要

本研究分为五个大部分：

第一部分，项目概况。从宏观规划入手，探讨城市资源对黄湓村的影响，基于对黄湓村自身概况的总结与分析，对地块总体规划、功能转型、建筑单体保护等课题进行研究。

第二部分，设计构思。为寻求黄湓村地段合理且特有的城市有机更新方法，根据前期调研中发现的问题，对相关案例进行研究，进行整体布局及构思探索，给出问题解决建议与方法。

第三部分，规划设计。探寻黄湓村规划概念来源，整理规划思路，对核心地区进行设计，并对项目定位及容积率等内容作更清晰的界定。

第四部分，活动业态。对黄湓村可开展的活动做出时间、空间上的具体规划，确定黄湓村自身品牌进行定位，给出科学可行的活动规划方案。

第五部分，单体概念。单体方案的试做，主要印证原有老建筑改造的可能性。本研究选用目前保存较为完整的两栋老宅进行试验。

地理区位

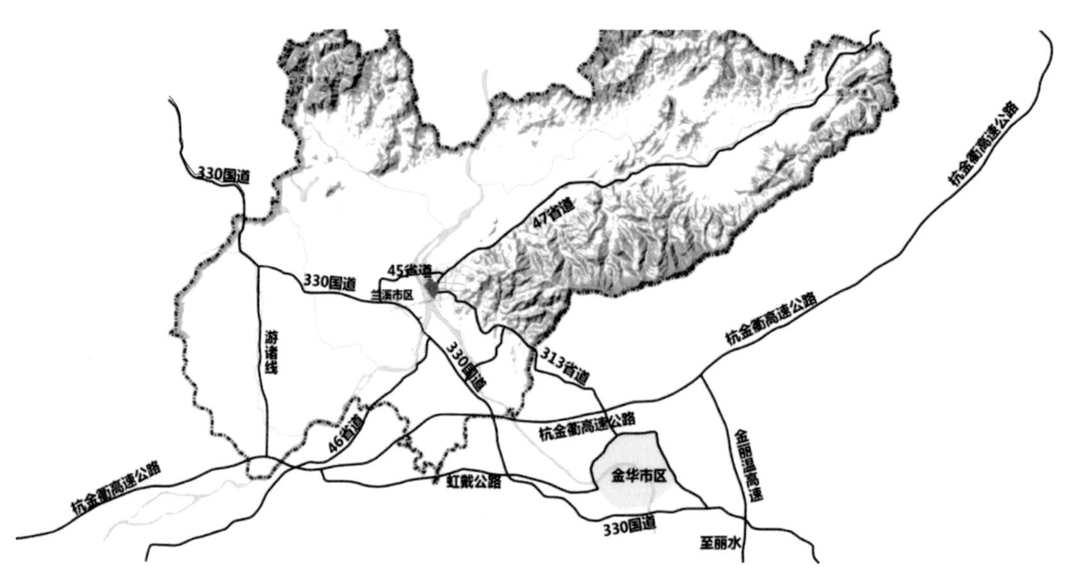

兰溪市交通区位分析图

兰溪市位于浙江省中西部，地处钱塘江中游，金衢盆地北缘，距金华市区 20.5 公里，距杭州 132 公里，总面积 1313 平方公里。黄湓村位于兰溪市城区北郊，西靠兰江，隔堤有通往金华、千岛湖等地的铁路干线，兰（溪）浦（江）省道沿村东而过。

历史变革

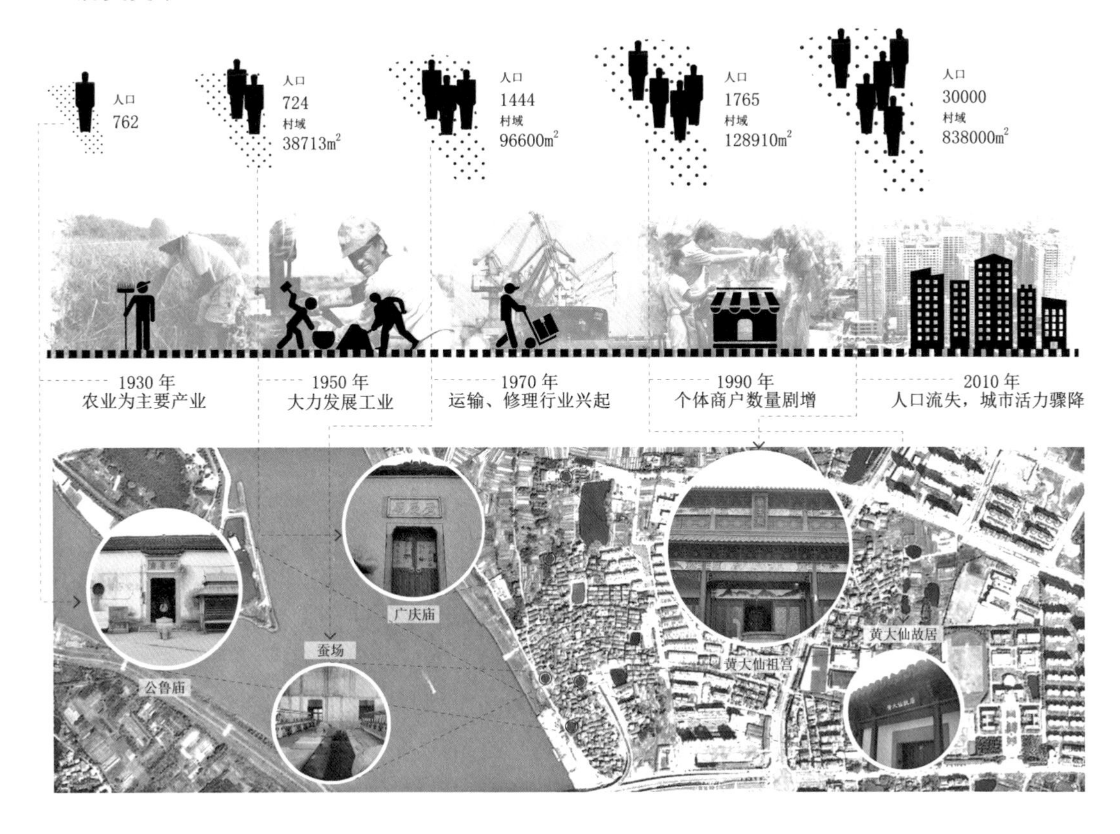

上位规划

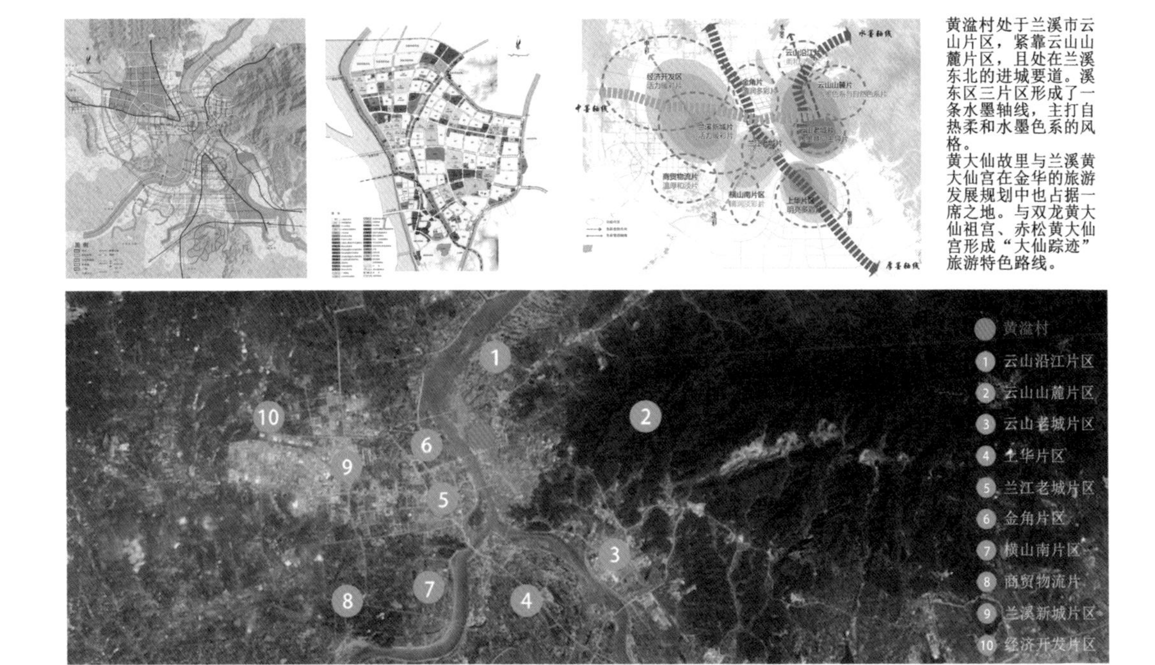

黄溢村处于兰溪市云山片区，紧靠云山山麓片区，且处在兰溪东北的进城要道。溪东区三片区形成了一条水墨轴线，主打自热柔和水墨色系的风格。

黄大仙故里与兰溪黄大仙宫在金华的旅游发展规划中也占据一席之地。与双龙黄大仙祖宫、赤松黄大仙宫形成“大仙踪迹”旅游特色路线。

黄大仙文化

此地为黄大仙（黄初平）诞生之地，在金华山中修炼得道升仙。成仙后在民间施医赠药，警恶奸，普善杉善，深得民心。

优势分析

场地紧邻兰江与兰溪；黄大仙故里，文化底蕴丰富

劣势分析

自然资源匮乏；洪水泛滥；产业发展停滞

兰江防洪堤全长 600 余米，高 4 ~ 5 米，并筑有防洪闸门两座

黄溢村村域内绿地率低，基本没有任何公共绿地

黄溢村以农业为主，诸多工厂被废弃，村级经济发展缓慢

溢泽

黄溢村原称深泽，地势低洼多水灾，水衔沙涨，后人据此命名“溢”。民间有“五百年前石骨山，五百年后黄溢滩”的说法。

古村落

村意为人口聚集的自然屯落，现如今黄溢村已落后于城镇化进程，成为游离于现代城市管理之外、生活水平低下的“城中村”。

— 机遇分析

现状人文及农业可发展道教旅游业及高品质农业

开发黄大仙文化资源是做大做强黄溢村旅游产业的有效途径之一

打造高品质生态观光农业，带领农民致富的同时形成新型生态旅游业

— 阻力分析

周边旅游资源会阻碍旅游业发展；金角大桥的入侵

金角大桥的建造，对古村落的整体风貌造成破坏，也会产生视、听、嗅觉污染

兰溪市诸葛村、长乐村、芝堰村等传统村落对黄溢村未来旅游业的发展存在威胁

规划目标

保护历史人文资源，优化黄湓村生态人居环境，树立黄湓村黄大仙旅游品牌，更新村庄产业结构，发展集文化、民俗、养生、农业参观为一体的乡村旅游，建立富有特色的高科技农业示范站，将黄湓村打造成为宜居、宜业、宜游、可持续发展的示范村。

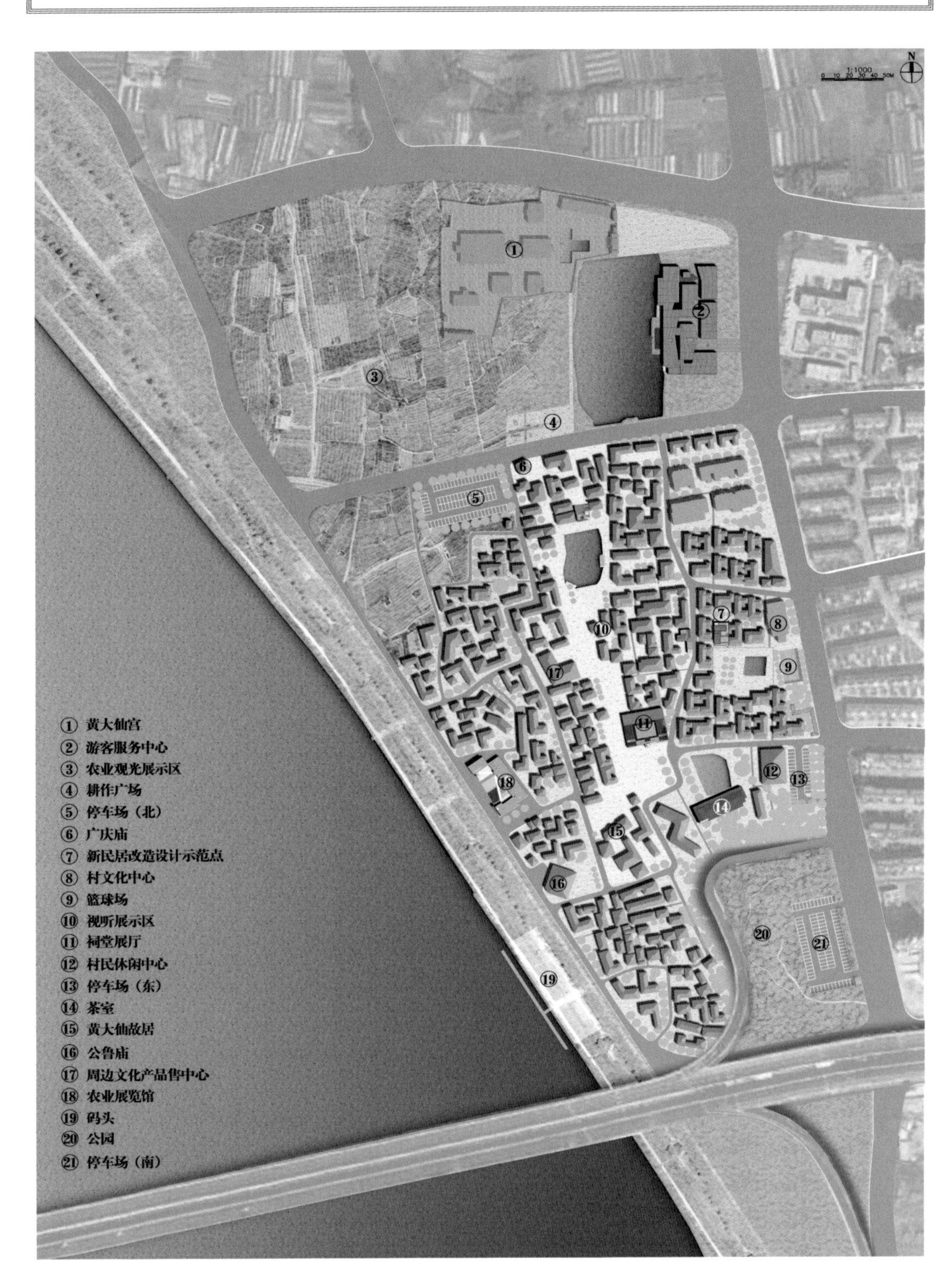

规划定位

黄溢村是黄大仙文化传承的重要景区，是集特色民宿、养生、高科技农业观光为一体的特色文化村，是产业多元化发展的示范村，是与兰溪环境有机融合的城市近郊，是金华地区人居环境有机更新的示范村。

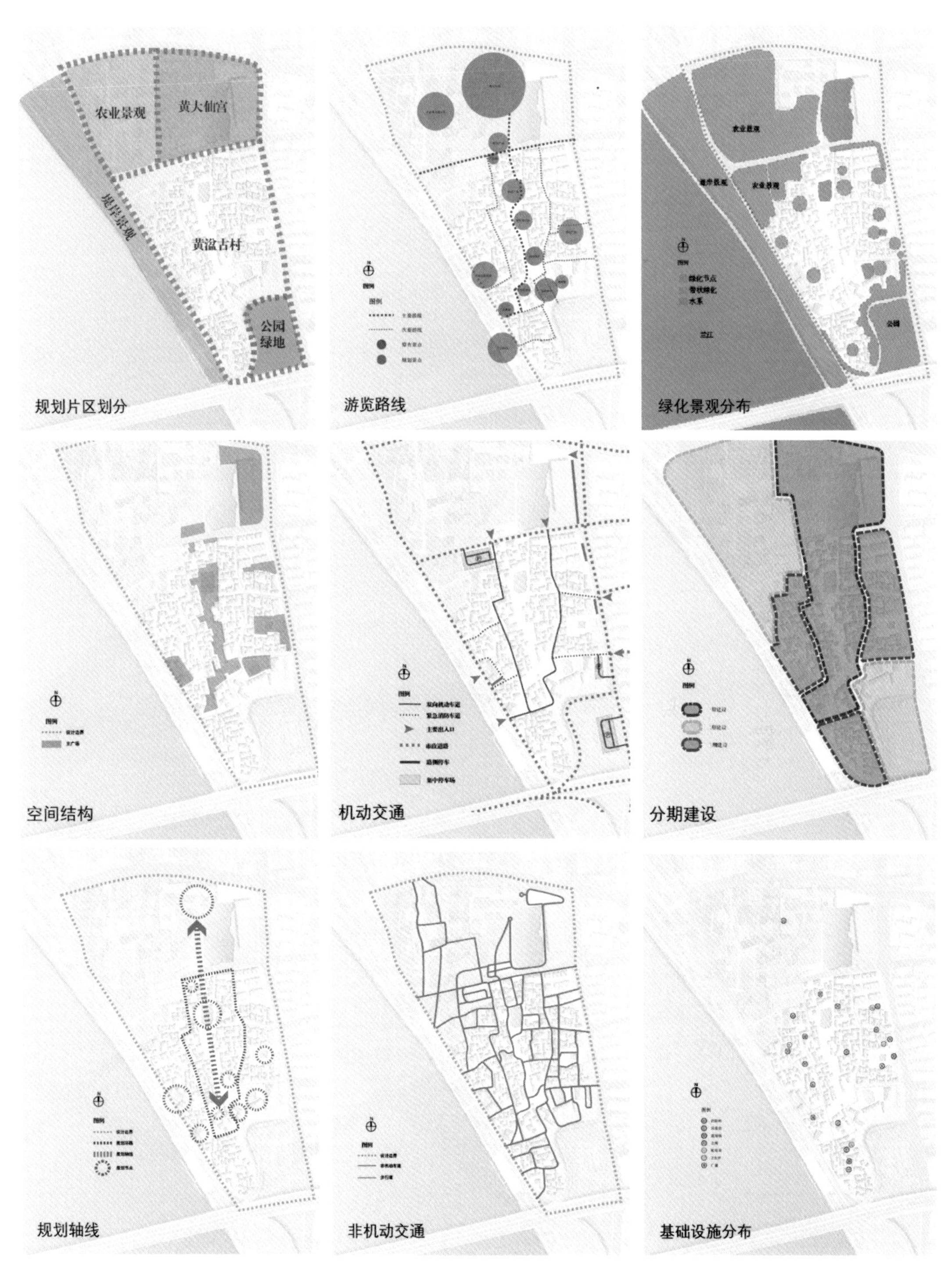

— 规划前后对比

— 建筑规划策略

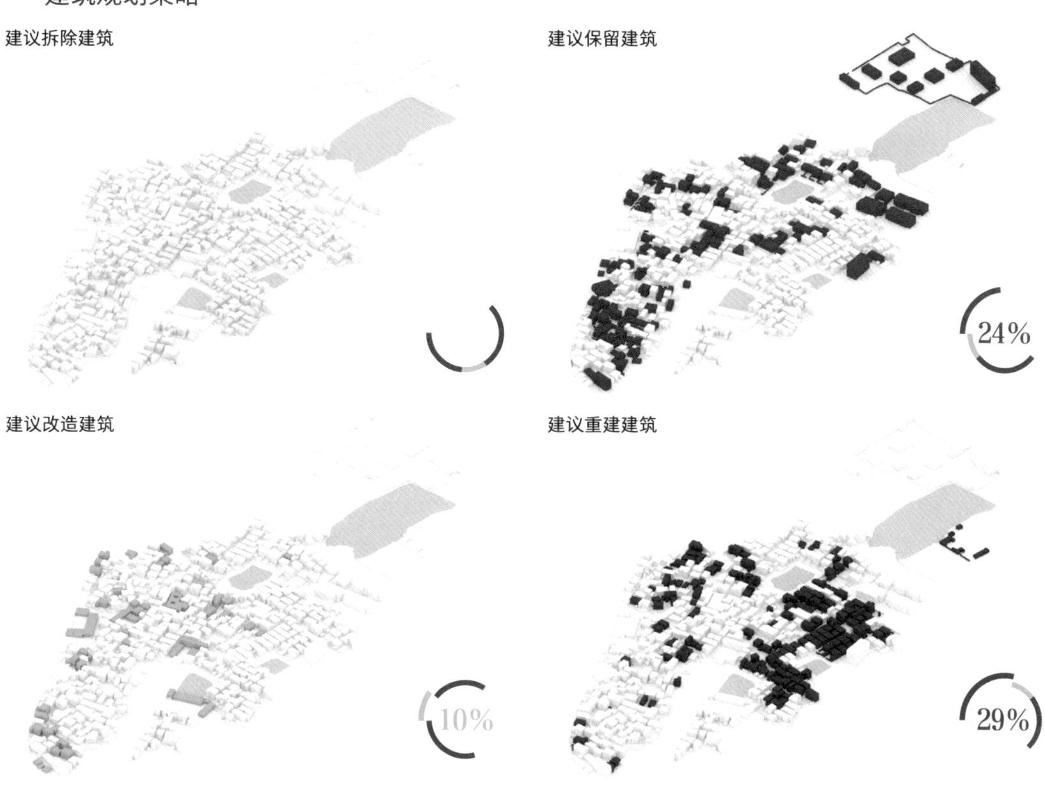

— 活动业态

白天这里是一处道教养生圣地，人们在这里可以追寻黄大仙的脚步，调养身心；黄溢村中的高品质农业展览馆，可以让游客们体验到先进的农业技术；村中徽商遗留下的马头墙让人仿佛走进了安徽古镇；夜晚滨水而建的湿地民俗也让人体验到了西溪湿地的美丽。

重现黄溢之美，追溯道家之源

——浙江省兰溪市黄溢村院落改造设计案例 | C53

作者：江天翼；指导教师：郦大方

前期分析

本次建筑改造设计所选择的民居为黄溢村中部的一处村集体用房，该建筑在规划中属于核心步行广场周边建筑群，以改造、拆除为主，是黄溢村村落风貌更新的重点改造区域。建筑改造前由三个分离的单体所组成，用途分别为政府出租房，红白喜事或村庄活动用房，以及废墟。其中废墟部分还能观察到原有的混合式构架。这种木构架以及砖石残缺的独特美感，也成为该建筑最与众不同的符号之一。根据实地测量，建筑中废墟的一部分为3.5米 ×16米，闲置房屋的部分为5.8米 ×8.5米，出租房的部分为 6 米 ×9 米，可以明显看出该建筑整体体量较小，建筑中二层的部分高度为 6.4 米，一层的部分高度仅为 3.2 米。该建筑北侧、西侧、部分南侧均被其他周边建筑包围，而且建筑间距狭窄，最窄处为 2 米，最宽的也仅为 2.7 米，因此建筑的私密性很差。上文中提及的周边建筑密度较高，间距较小，且建筑高度同样为二层，因此整个建筑都覆盖在周边建筑群的阴影中，日照时间短，采光性差。

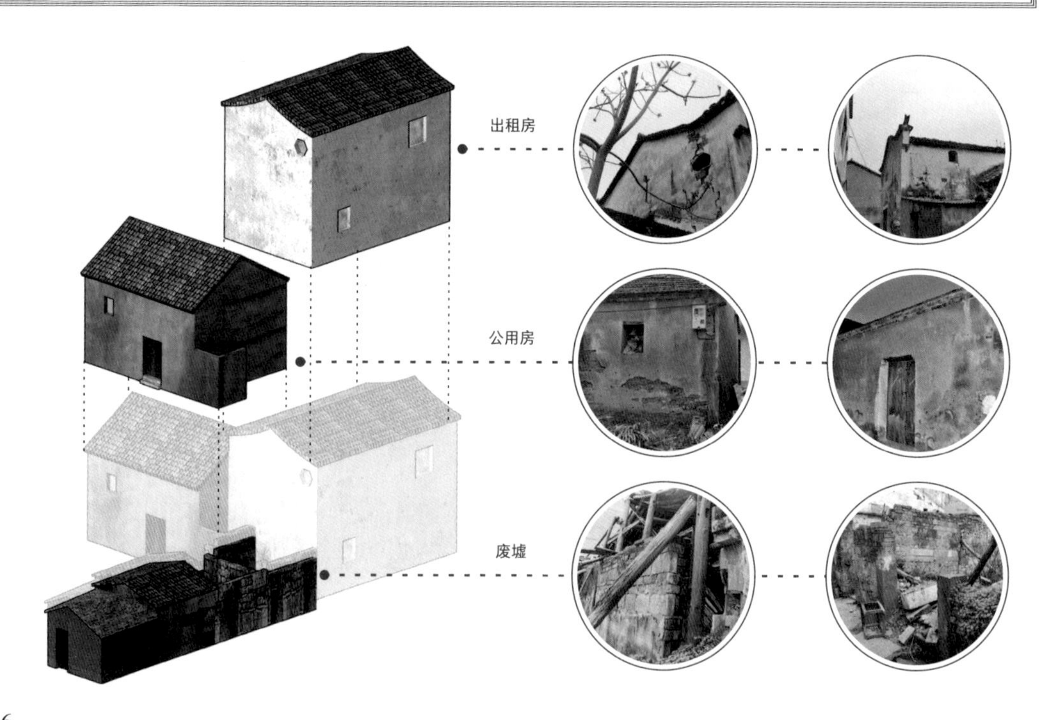

优势分析

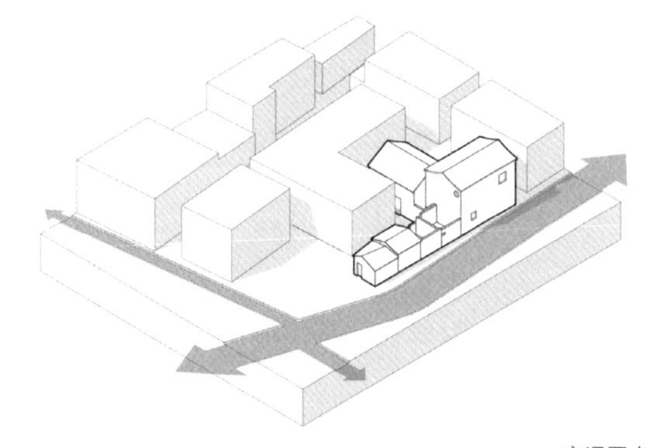

交通要点

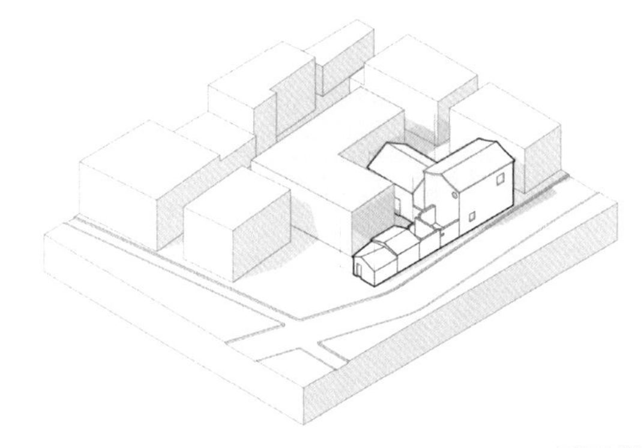

可复制性

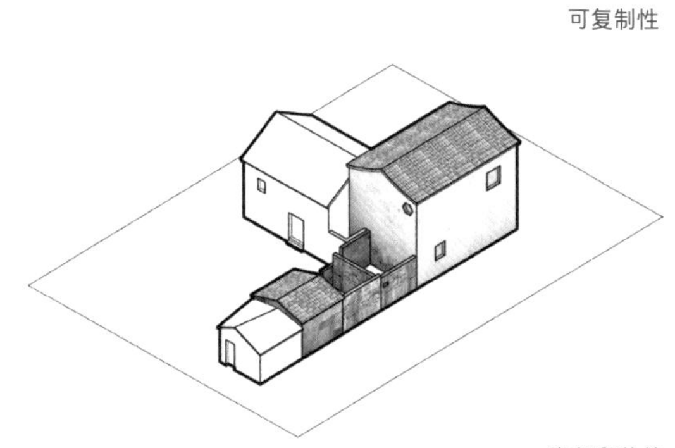

有保留价值

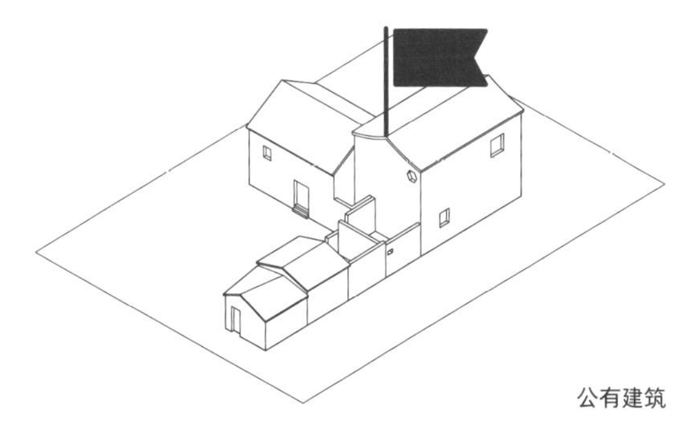

公有建筑

劣势分析

采光差

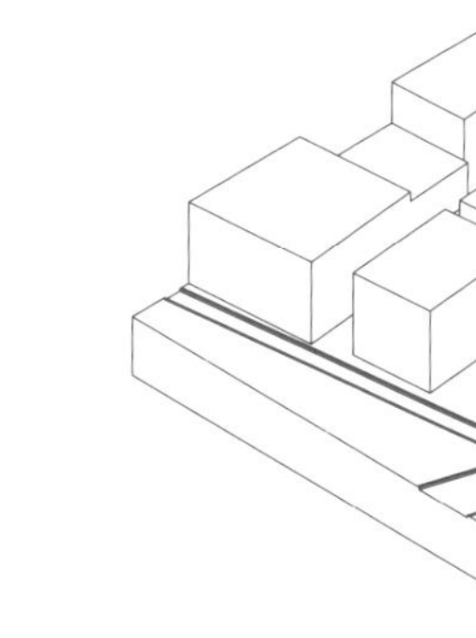

私密性差

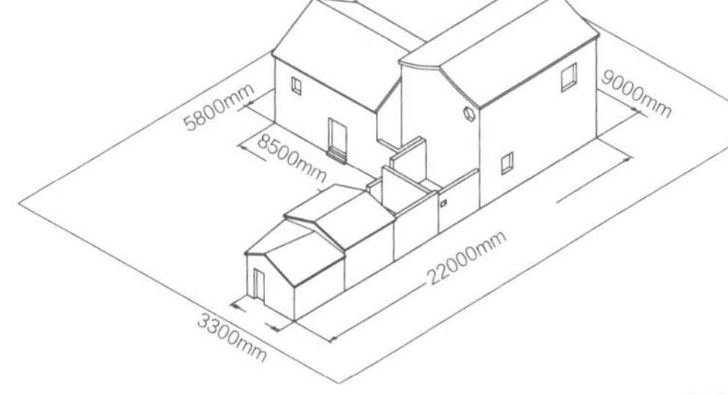

面积小

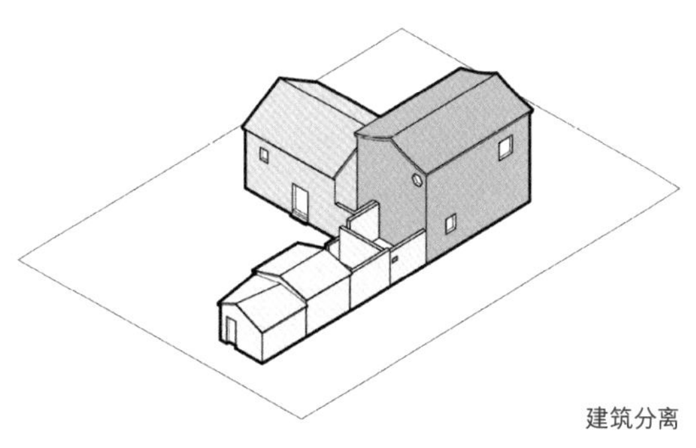

建筑分离

— 建筑体块推演

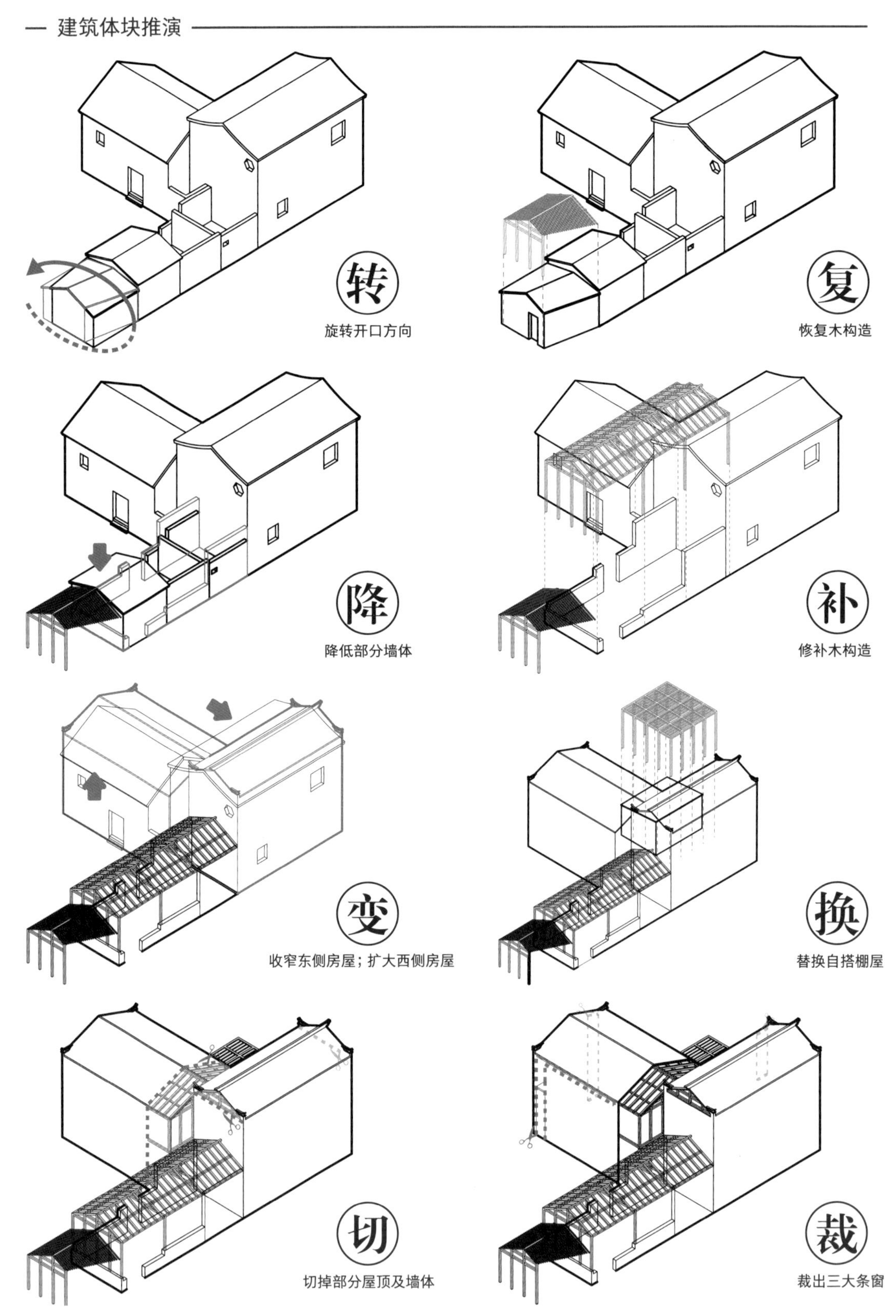
转
旋转开口方向
复
恢复木构造
降
降低部分墙体
补
修补木构造
变
收窄东侧房屋；扩大西侧房屋
换
替换自搭棚屋
切
切掉部分屋顶及墙体
裁
裁出三大条窗

— 改造后轴测图

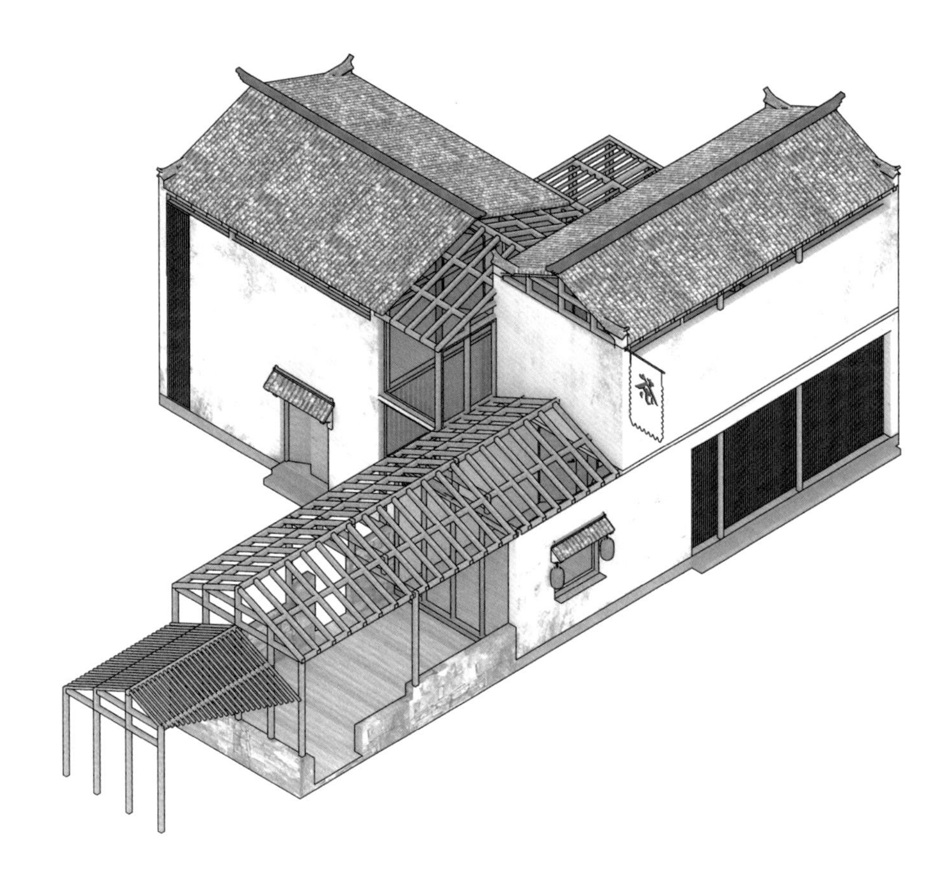

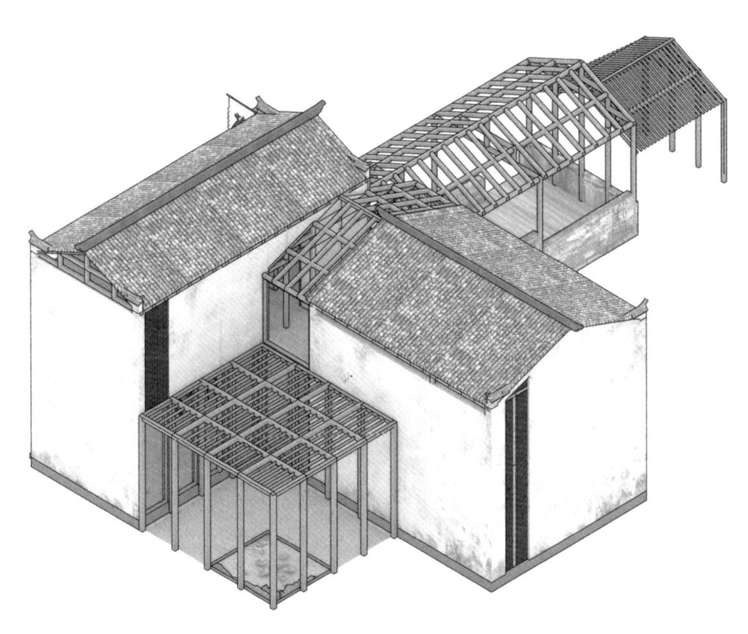

— 系列剖面及功能示意图

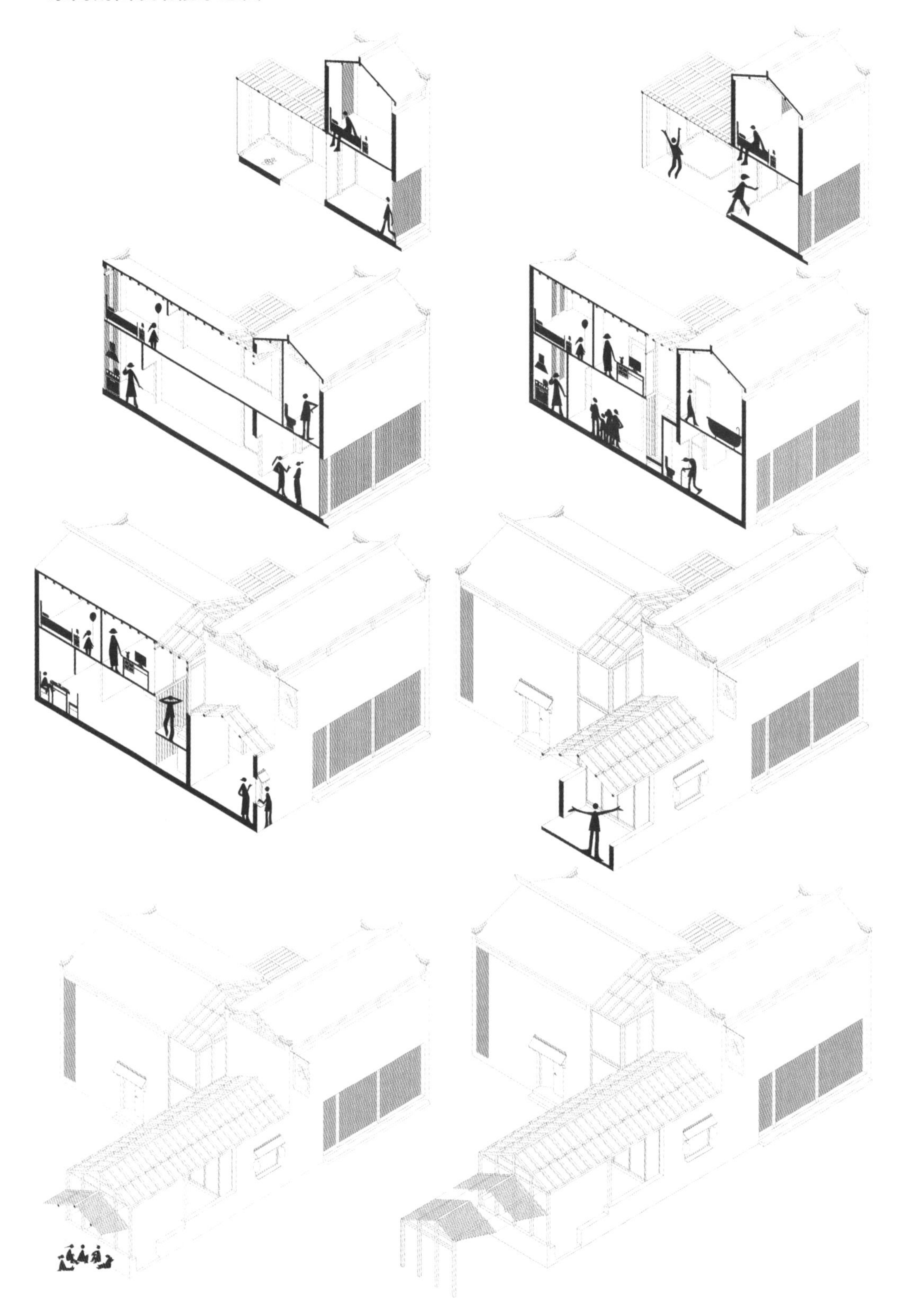

— 建筑功能分区

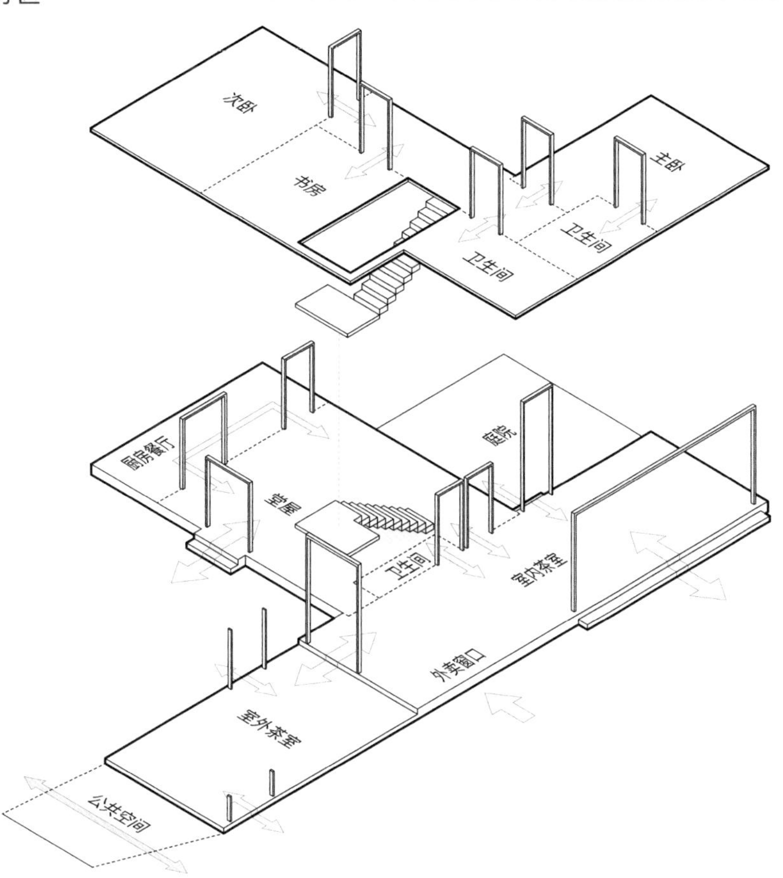

— 建筑平面图

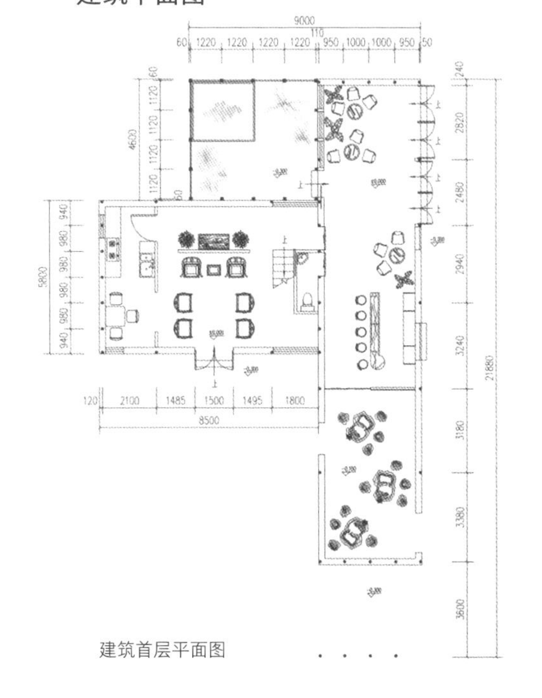

建筑首层平面图

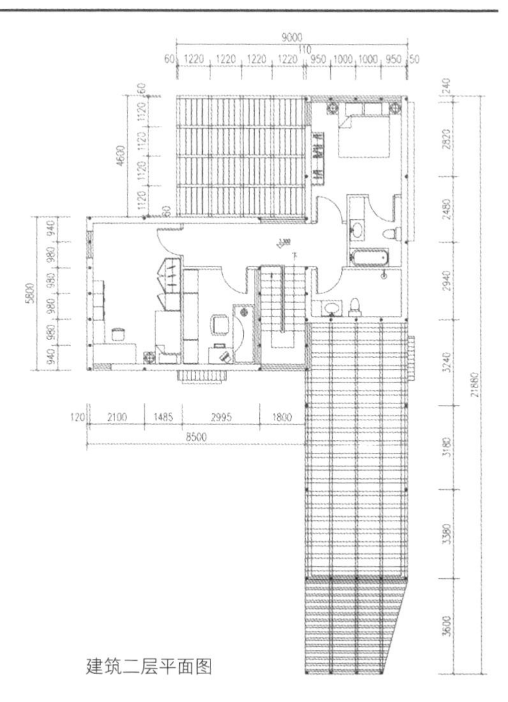

建筑二层平面图

一 建筑立面图

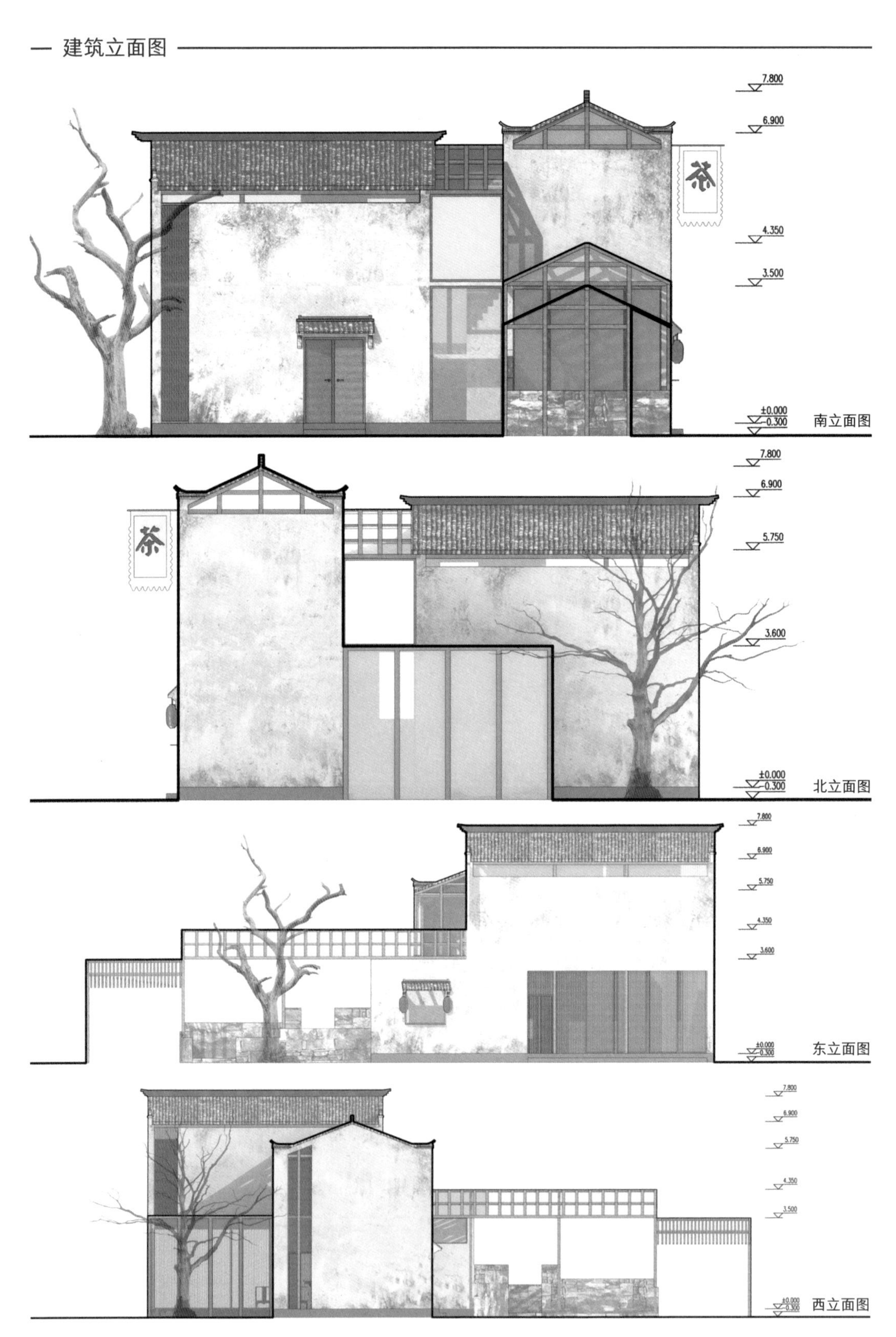
7.800
6.900
茶
4.350
3.500
±0.000
-0.300
南立面图
7.800
6.900
5.750
茶
3.600
±0.000
-0.300
北立面图
7.800
6.900
5.750
4.350
3.600
±0.000
-0.300
东立面图
7.800
6.900
5.750
4.350
3.500
±0.000
-0.300
西立面图

— 建筑鸟瞰及总平面图

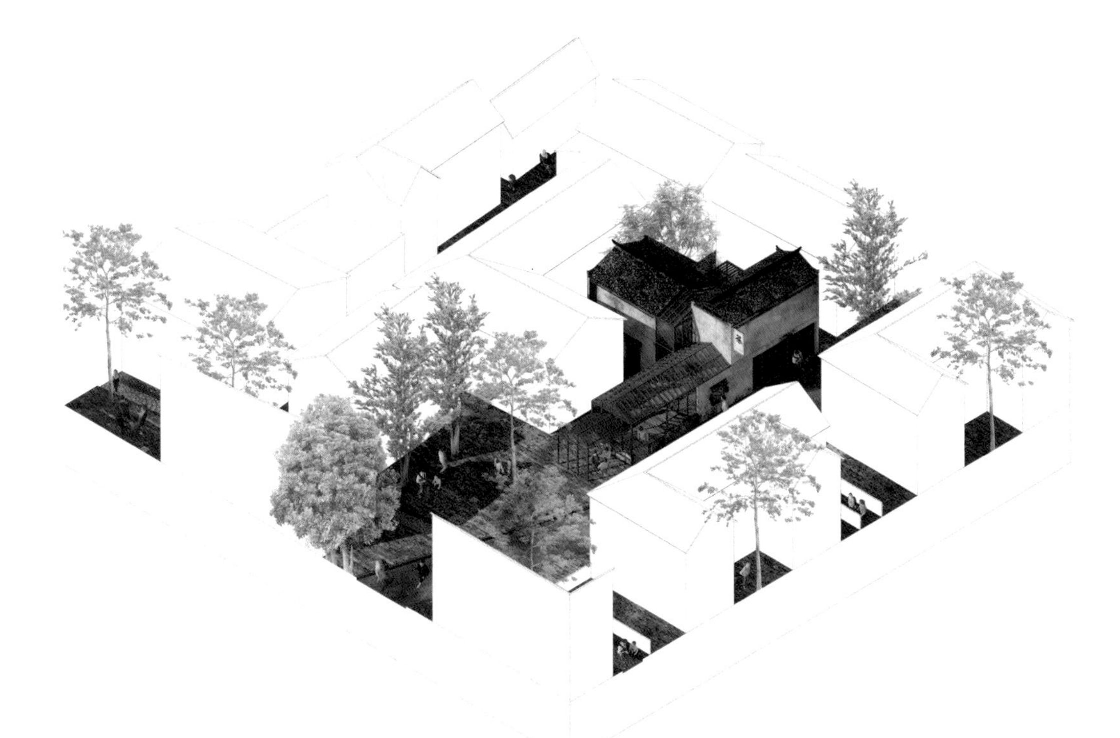

2017

北京大栅栏历史街区景观环境修复、提升与建筑利用和更新设计

命题人：北方工业大学　钱毅

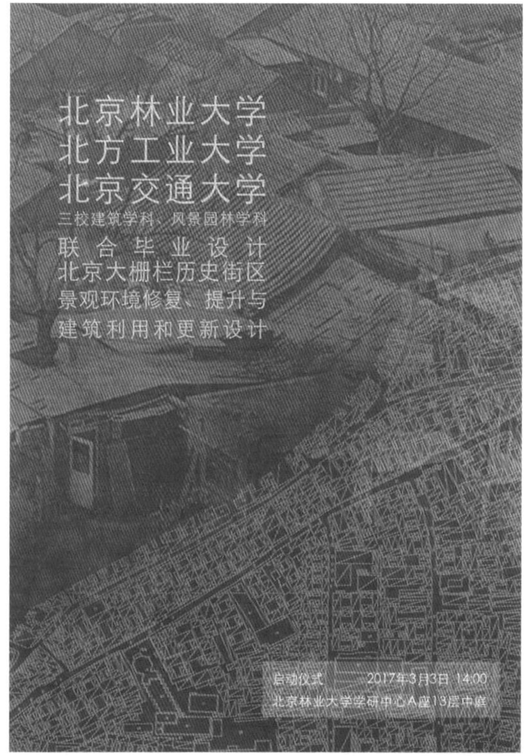

北京大栅栏历史文化街区是北京灿烂城市遗产的重要组成部分，见证了北京古都变迁，承载了商业、士人、市井民俗等多样的文化，是北京近代商业、金融中心，国粹京剧及其梨园文化重要的发祥地。

长期以来，随着社会各界对大栅栏历史文化街区价值认知的不断深入，对大栅栏城市遗产的保护工作不断加强。但是，数十年来街区人口与建设的无序膨胀，街区部分建成环境持续衰败，保护管理工作中面临责权利不清等一系列问题得不到有效解决，大栅栏城市遗产保护工作依然任重道远。

为实现北京建设“世界一流和谐宜居之都”的奋斗目标，服务首都城市发展总体规划，大栅栏城市遗产的保护工作需要多方力量的共同努力。

在此背景下，需要将大栅栏城市遗产视为历史与当代街区发展动态层叠的成果，在保护大栅栏城市遗产的核心价值，保障大栅栏历史文化街区可持续性发展的基础上，考虑以街区物质结构、经济活动以及社会公共领域的振兴为目标，进行建成环境的修复与更新设计。

以此为目标，在深入的背景研究及现场踏勘基础上，以上位规划为依据，选择适当角度提出设计思路及意向，确定整体概念，针对具体问题提出景观修复与提升，或历史建筑保护、利用与建成环境的更新、提升的设计方案，对调查研究发现的问题进行综合性的回应。

本次北京大栅栏历史街区命题研究范围：场地南至珠市口西大街，南新华大街，北至耀武胡同、北火扇胡同，东至煤市街，面积约48.28公顷。

重点研究范围以大栅栏西街、樱桃斜街、铁树斜街以及陕西巷所在区域为中心，面积约22.25公顷。

本次联合设计，以老城的遗产保护与城市更新为主题，希望同学们学会利用背景研究与实地调查的方法从宏观与可持续发展的角度去理解历史性城市街区的现状与问题，分析问题产生的原因，并确定设计的策略。同时也促进了北方工业大学、北京交通大学、北京林业大学三所高校建筑设计、风景园林等多个专业的本科毕业班学生，以及三校各方面学术背景的教师，在毕业设计教与学中进行深入交流。联合毕设还有针对性地邀请了来自大栅栏更新项目团队、北京市城市规划设计研究院、清华大学建筑学院、BLUE建筑设计事务所的专家，为大家带来历史街区保护、更新及社区营造的鲜活案例，拉近教学工作与实施性工作的距离。

北京大栅栏历史街区景观环境修复与建筑更新

作者：任玥、史漠烟、徐冰凌、霍春雨；指导教师：郦大方

地理区位

大栅栏地处北京城正阳门（前门）的西南侧，东起前门大街，西至南新华街，南起珠市口西大街，北至前门西大街。

大栅栏历史区位变化

历史上的大栅栏地区和都城的位置关系，说明该地区的重要性和影响力在逐渐加大，大栅栏融入了不同时代的文化特征。

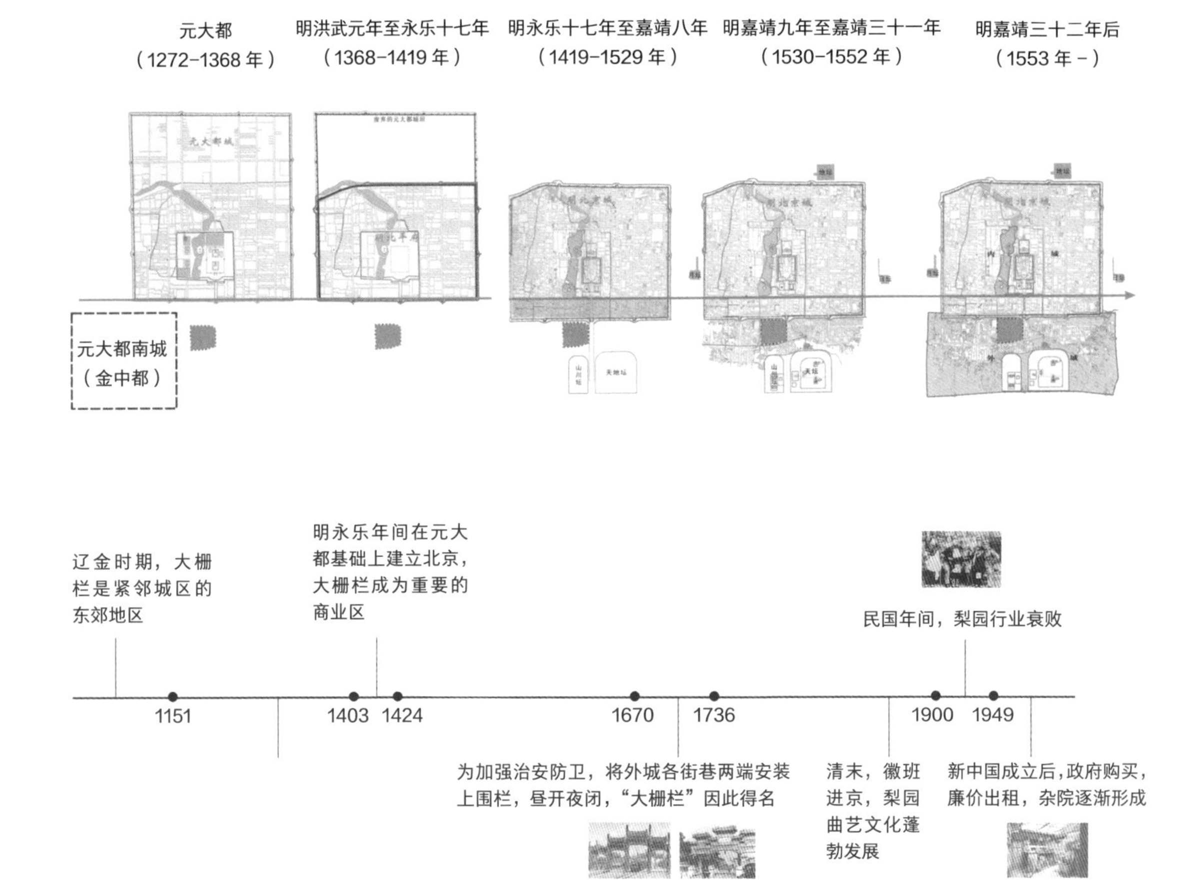

地块现状分析

01 建筑功能

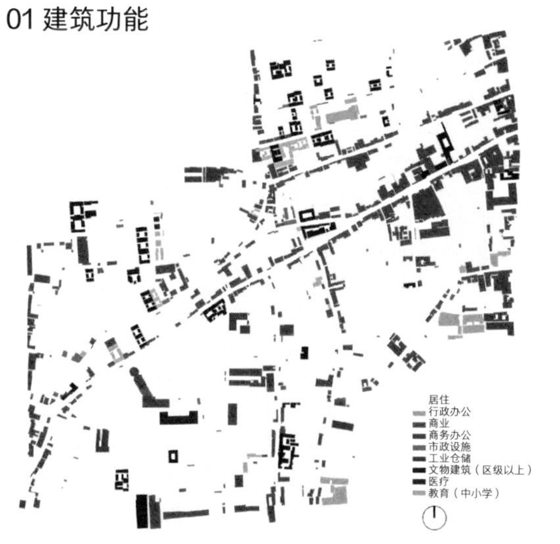

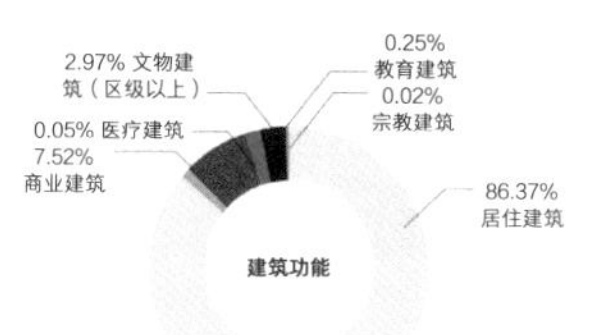

居住	行政办公	商业	商务办公	市政设施
4856	56	423	2	98
86.37%	1.00%	7.52%	0.04%	1.74%

工业仓储	区级以上文物	医疗	教育	宗教
2	167	3	14	1
0.04%	2.97%	0.05%	0.25%	0.02%

02 建筑层高

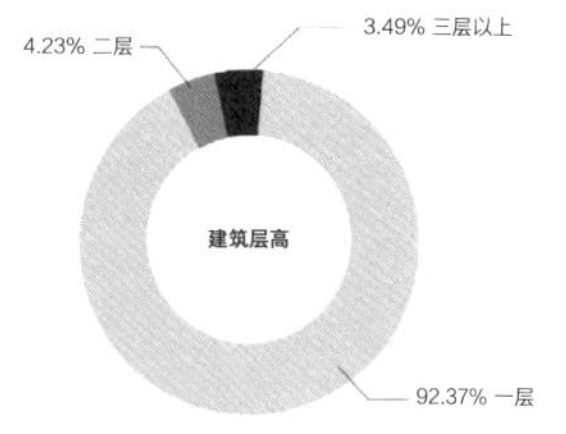

03 建筑质量

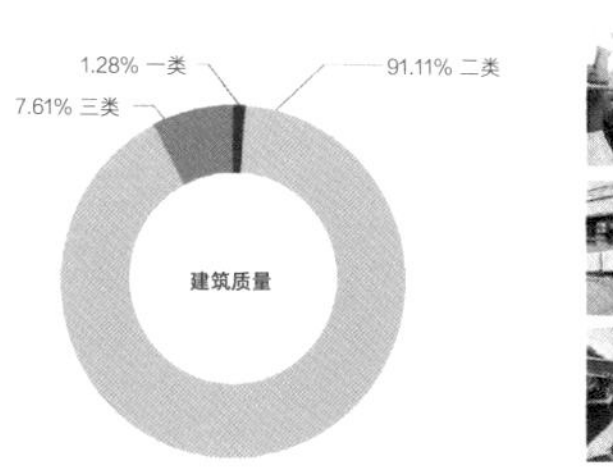

04 建筑风貌

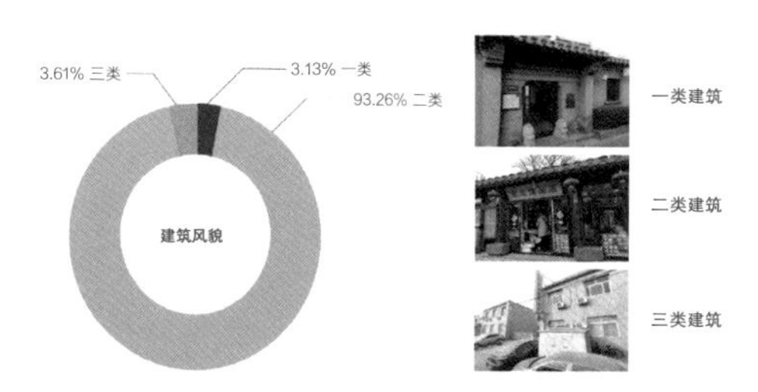

规划设计

01 概念说明

通过对胡同零散的街角空间利用形成富有功能性的袖珍空间，根据不同区域的特征差异性，创造不同的功能空间，满足使用需求，营造不同氛围，如教育区、住宅区、商业区、历史文化区等。

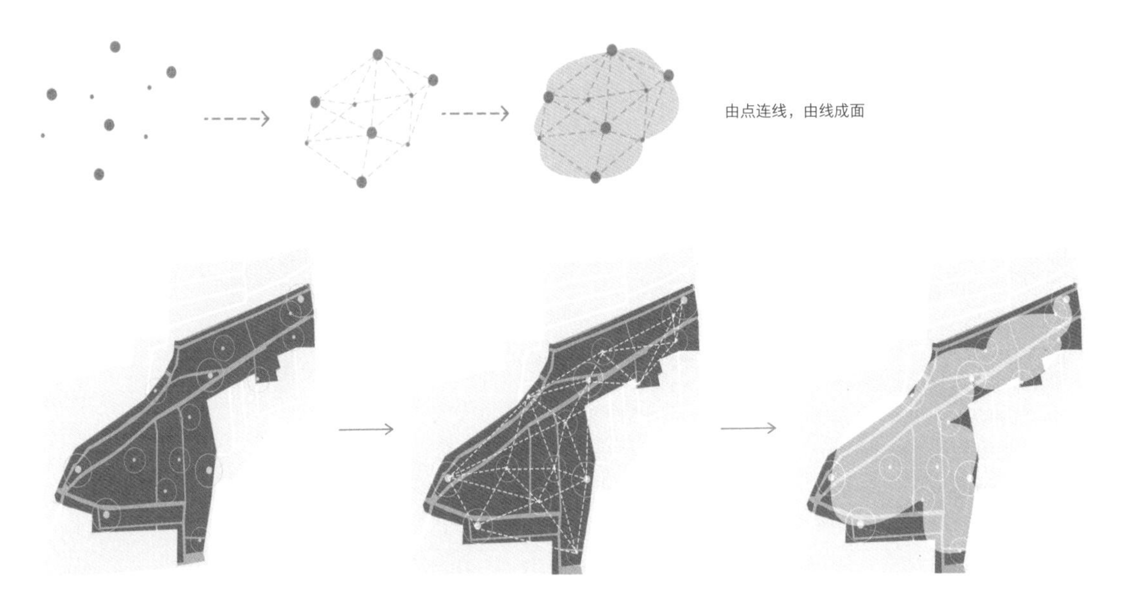

02 游线设计及景点设计

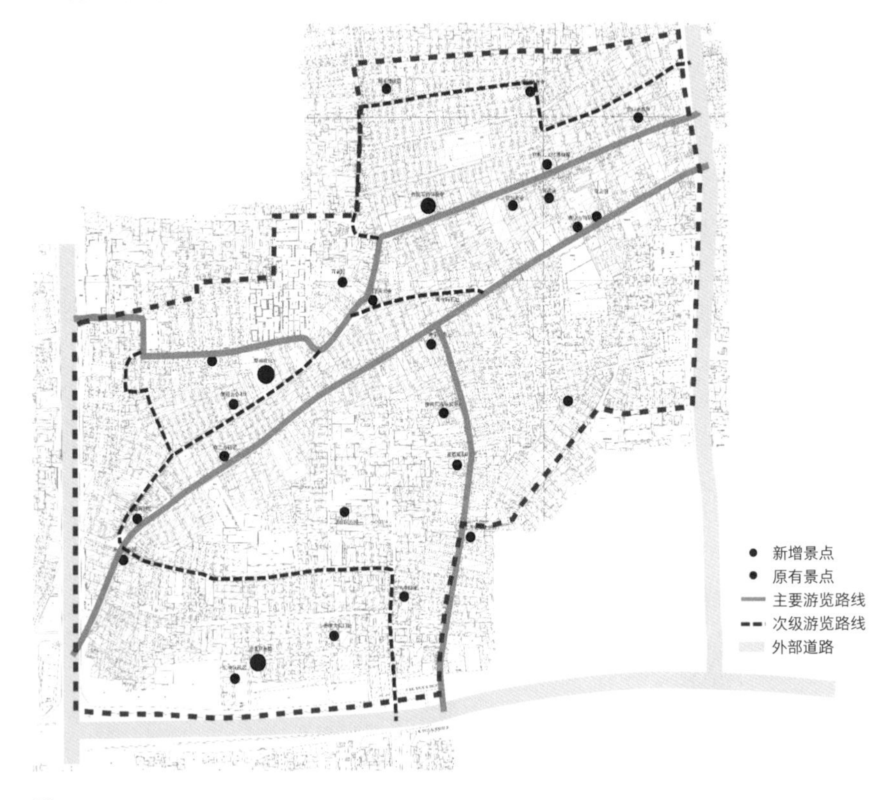

03 交通规划 & 人行规划

- 步行街与商业文化旅游结合。
- 用车流限制保证步行街的安全和有序空间。

04 新增社区活动中心

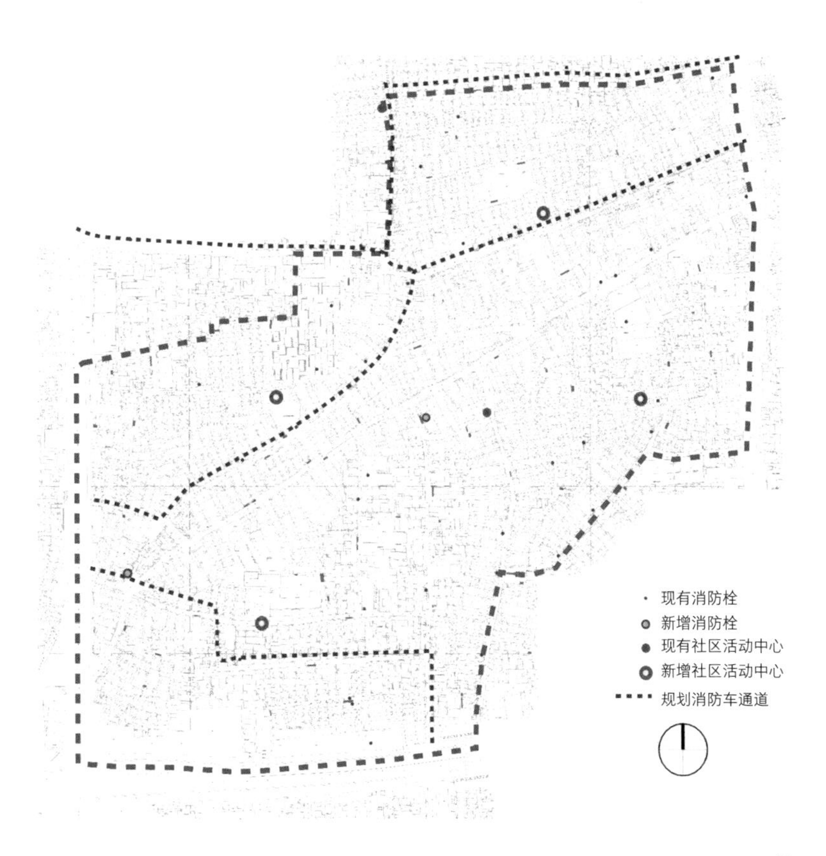

05 规划改造策略

根据建筑质量、风貌、层高等现状，结合建筑所有权的改造可能性，将现有建筑分为四个类型，第一类针对现有状况良好的建筑进行保留及维护，第二类针对有一定历史价值，现状及风貌一般的建筑进行修缮，第三类针对质量风貌较差但有一定历史价值的建筑进行适当的拆除并重建，第四类针对现状条件较差且无历史价值的建筑进行拆除，为创造袖珍空间提供可能性，同时增加空间的功能性，利用小的袖珍空间提供城市户外活动空间，使服务半径覆盖规划范围。

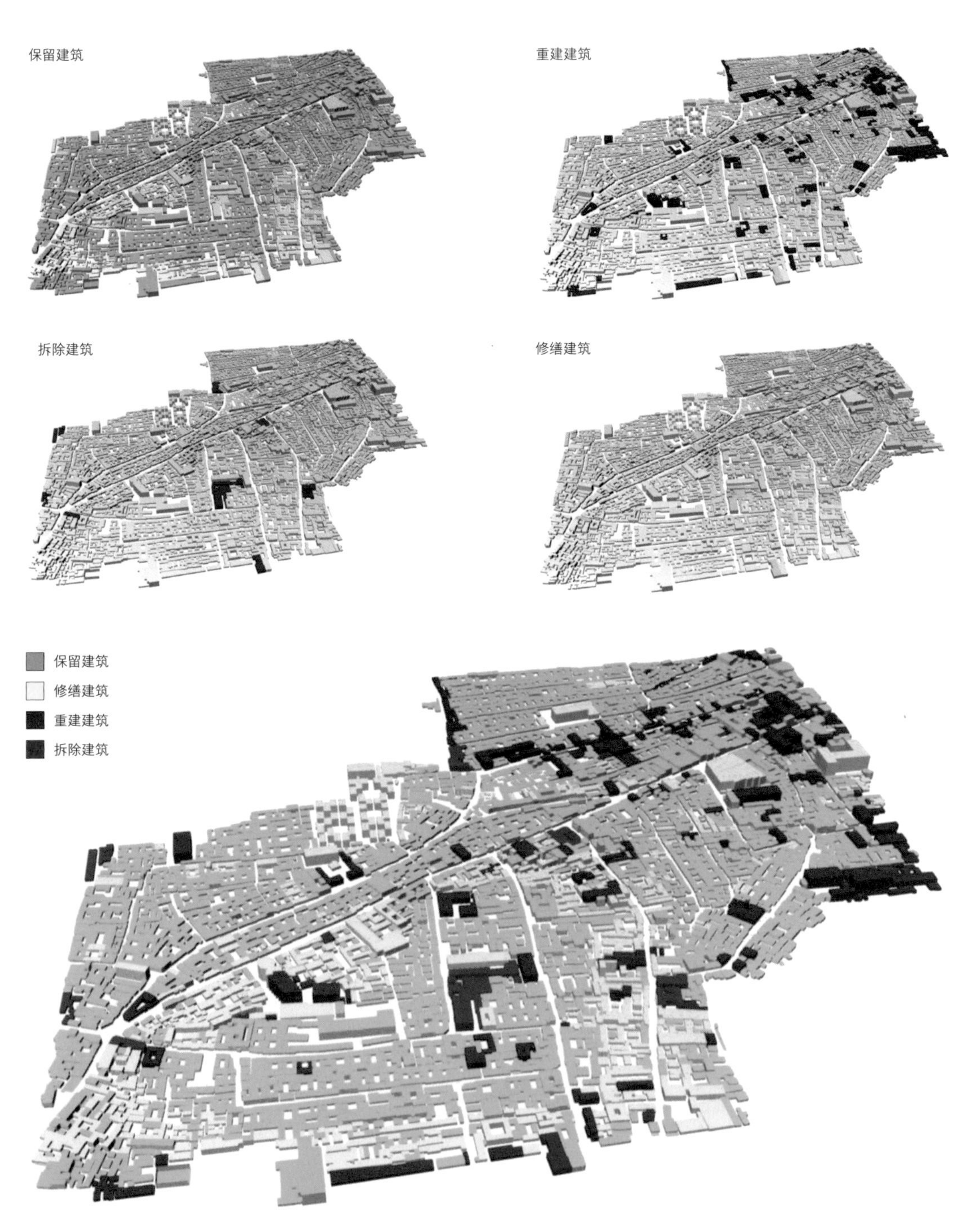

06 细节设计

设计功能性模块，组成不同的空间类型，引入到袖珍空间中，增加空间的功能性，提供户外场地。

考虑到胡同现状街道尺度较小的情况，充分利用墙面等竖向空间。设计不同高度的灵活挂钩，将街道的杂物挂起，节省出街道的通行空间。同时带有照明功能，提高夜晚街道的安全性与活跃度。

注重物体的多功能性，设置可折叠座椅与墙面固定，通过提供座椅等设施的形式，提供人群可停留节点，提高空间使用度，激活空间。

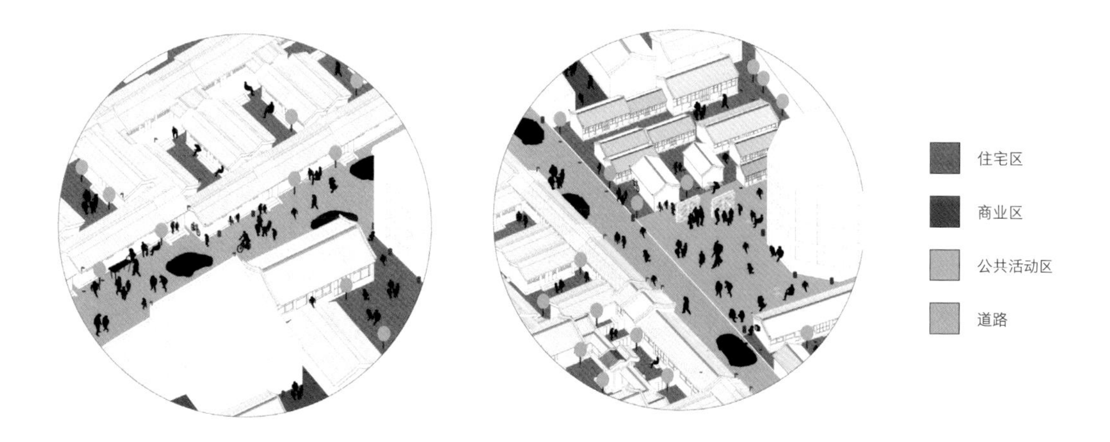

墙壁多功能挂钩设计

折叠座椅设计

街区照明设计

重要节点建筑设计

陕西巷东侧——老年活动中心设计

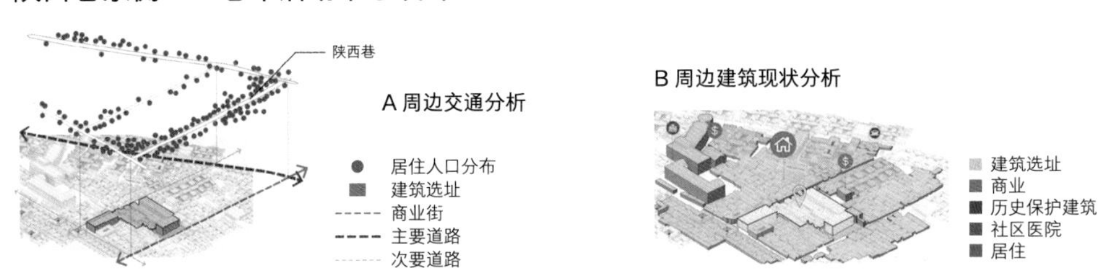

传统四合院与建筑设计结合

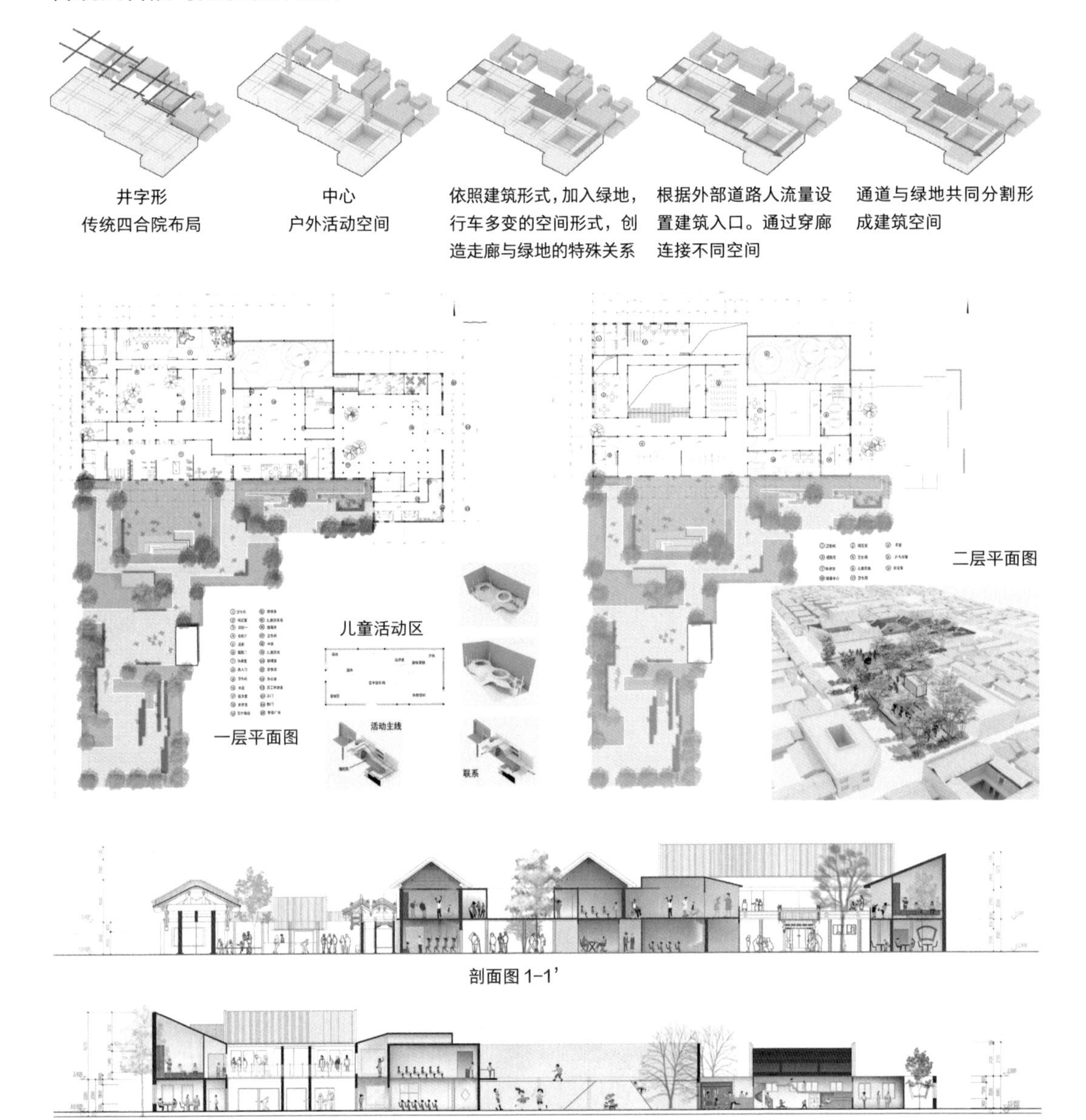

剖面图 1–1’

剖面图 2–2’

建筑多功能模块改造

针对四合院空间零碎且狭小的特点，设计可变的多功能模块，嵌入四合院空间中，提升空间的利用度。将功能分为居住、商业办公模式，设计功能模块。

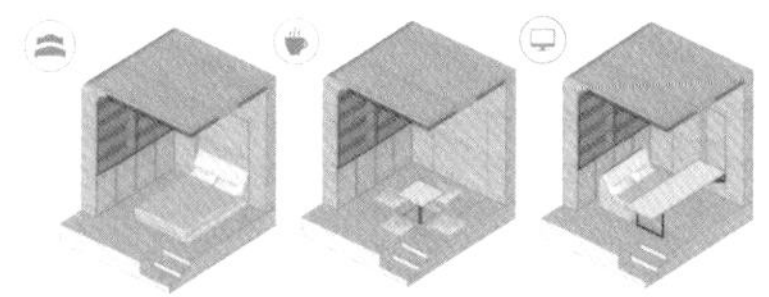

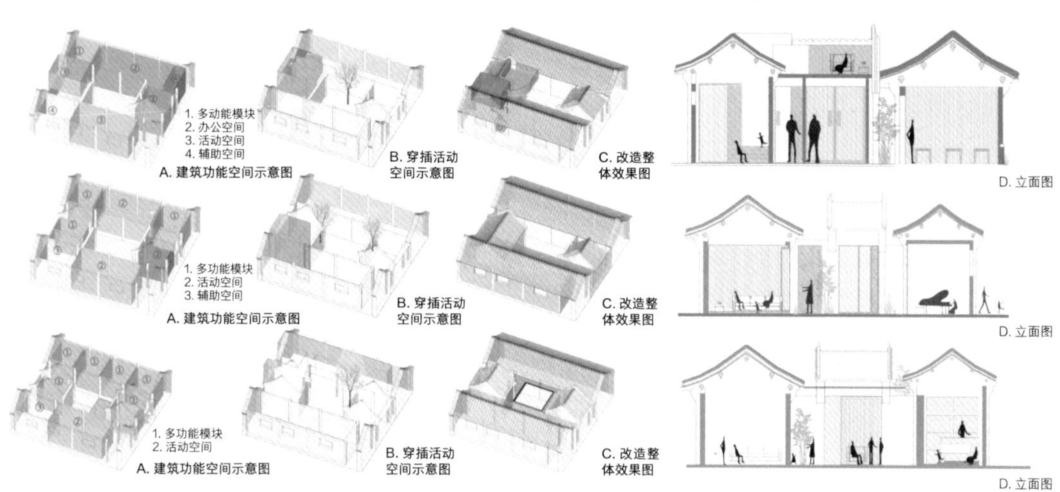

针对四合院建筑形式的空间运用

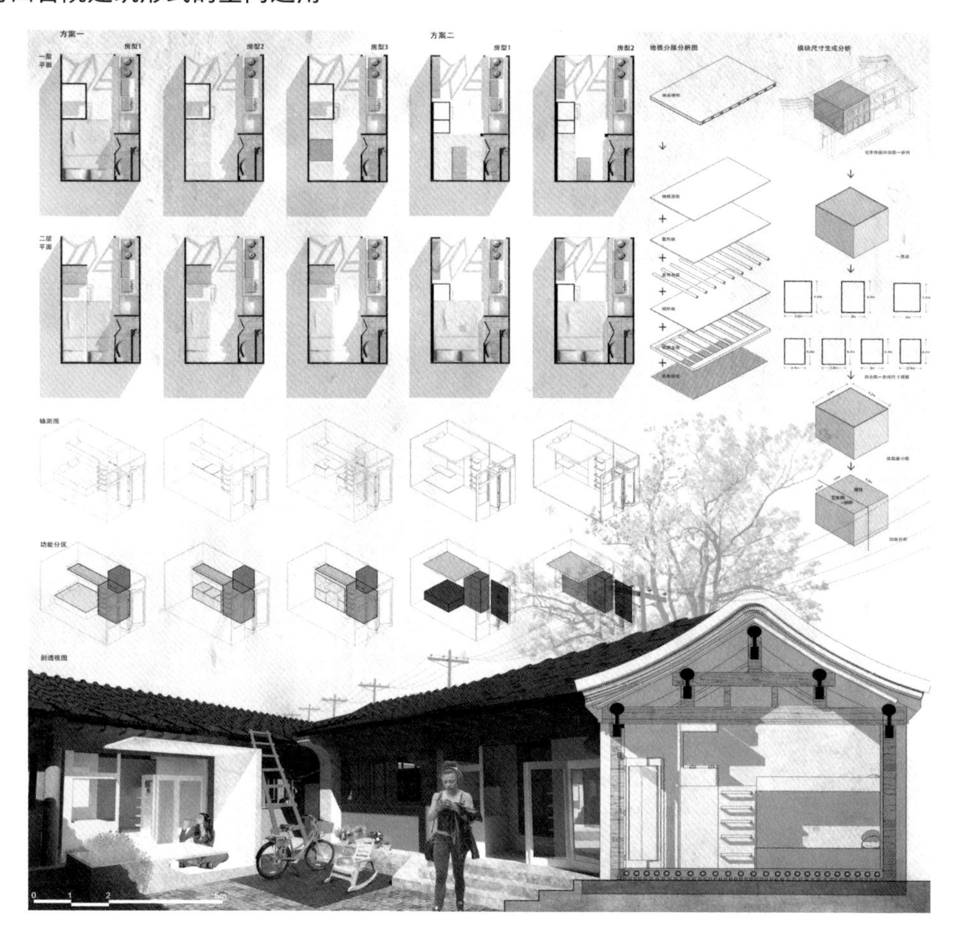

城南旧事，京华烟云

——大栅栏历史街区景观环境修复提升与建筑利用和更新设计

专业：园林；作者：陈卓滢、关之琦、刘晓烨、王亚典；指导老师：董璁

项目背景

北京大栅栏历史文化街区，是北京灿烂城市遗产的重要组成部分，见证了古都变迁，承载了商业文化、士人文化、市井民俗文化，是北京近代商业、金融中心，国粹京剧及其梨园文化重要的发祥地。本项目运用微更新的设计方法，试提供改善数十年来街区人口无序膨胀、街区建成环境缺少有效保护、私搭乱建得不到有效控制等现状的策略。

设计场地选取大栅栏街区的主要区域，南至珠市口西大街，南新华大街，北至耀武胡同、北火扇胡同，东至煤市街，面积约 48.28 公顷。重点研究范围以大栅栏西街、樱桃斜街、铁树斜街以及陕西巷所在区域为中心，面积约 22.25 公顷。

大栅栏历史街区区位图

研究方法

经过 16 次实地走访与测绘，研究小组对大栅栏历史街区指定范围内的场所特征、历史文化、环境状况、城市结构、社区现状等进行了深入调研、绘制街区建筑模型，并系统性地可视化街区历史、文化、社会数据。通过对调研结果进行参数化分析，发现在景观、建筑环境方面亟待解决的主要问题，进行更新的整体规划；最后根据现状主要问题，以上位规划为依据，确定设计的策略，在此基础上进行具体方案的设计。

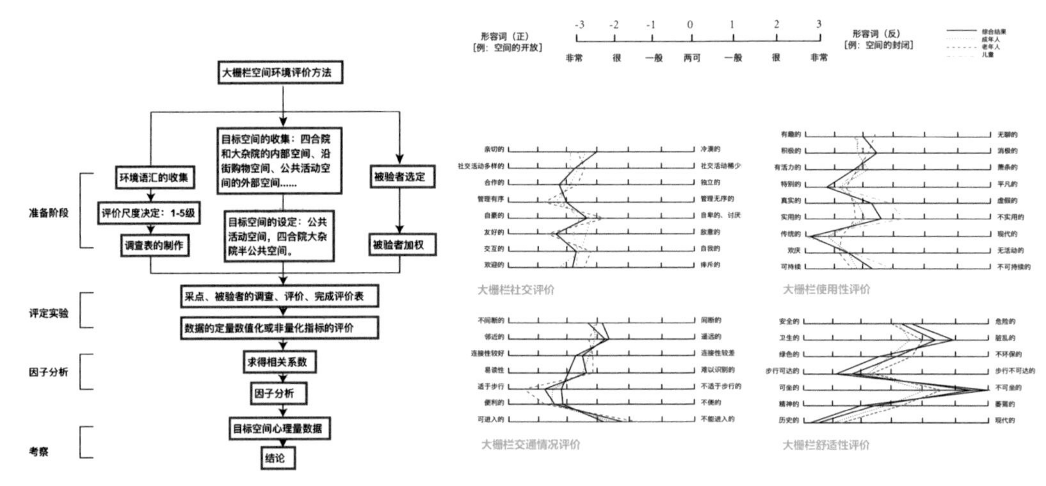

大栅栏空间评价流程

一 场地调研

1.1 区位历史

大栅栏历史街区是北京古城中的外城，即人们常说的南城。这里聚集的多是平民百姓，旧时很多赶来的骆驼商队也聚集在此。《天咫偶闻》中提到：“内城房式异于外城，外城式近南方，庭宇湫隘。”南城四合院的规制多不完整，根据空间的不同进行东西厢房和倒座房的增减。在1750年的《乾隆京城全图》中即有体现，根据现状调研、资料收集，笔者绘出大栅栏院落模式。南城的四合院类型是灵活的变异的四合院模式，这种变化带来了南城建筑的活力和趣味，也增加了进行建筑更新设计的可能性。

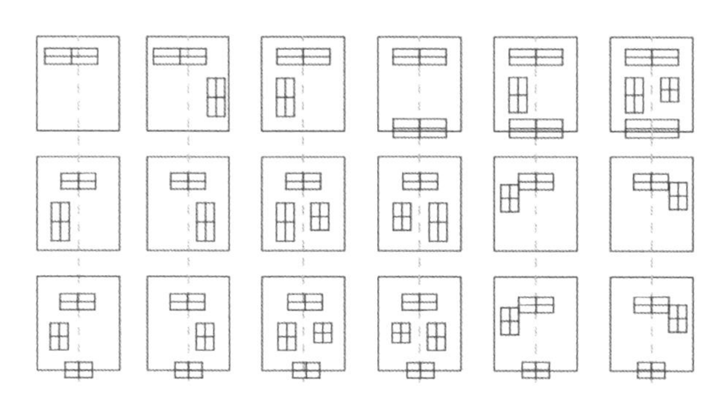

大栅栏街区大杂院平面格局类型

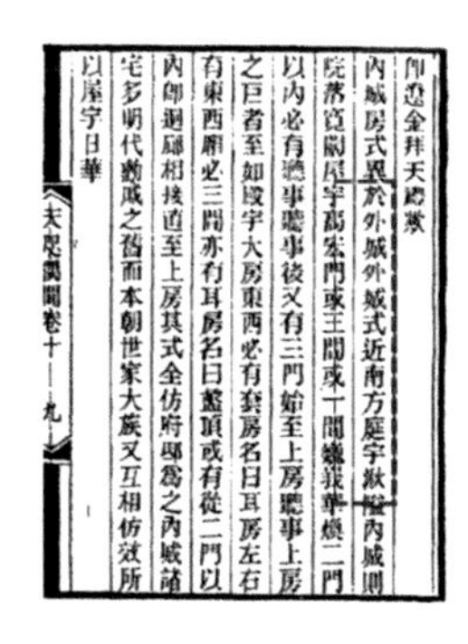

仰邀金拜天[illegible]歟
內城房式異於外城外城式近南方庭宇湫隘內城則
院落寬廣屋宇高宏門或三間或一間巍峨華煥二門
以內必有廳事廳事後又有三門始至上房廳事上房
之巨者至如殿宇大房東西必有套房名曰耳房左右
有東西廂必三間亦有耳房名曰盝頂或有從二門以
內即迴廊相接直至上房其式全仿府邸爲之內城諸
宅多明代勳戚之舊而本朝世家大族又互相仿效所
以屋宇日華

天咫偶聞卷十 九

《天咫偶闻》中南城四合院选段

《乾隆京城全图》大栅栏街区（1750）

1.2 产权制度

大栅栏街区院落产权所有制总平面

1723 雍正元年确立了八旗税契制度，始有红契。清末时期对于土地交易的管理从直接干预到更加注重规范交易中介行为转变。清末官府对土地交易的直接干预减弱。

1918 民国政府市政公所制定《房地转移登记暂行规则》，这是北京近代第一个关于房地登记的专门条例，但此登记也仅是一个规则，并没有强制效力。

1922 北洋政府颁布了《不动产登记条例》，这是我国土地登记法律之始，包括所有权保存登记和转移登记、标示变更登记、共有权保存登记、铺底权保存登记、典权与地上权保存登记，登记后发给不动产登记证明书，表明土地面积和房屋间数，并附图表明土地形状和界址。

1954 《中华人民共和国宪法》明确保护私人财产，规定保护公民的合法的收入、房屋、公民私有财产的继承权。虽然 1956 年出现了公私合营，但是公私合营针对的是生产资料。我们住的小院子、楼房，都算是生活资料。

1958 “大跃进时期”出台文件，要求出租数量超过十五间的住房由政府管理，由政府帮助修缮、出租，即“经租房”。

1966 破四旧通令：“城市所有的土地立即收回归国有”。

1.3 居民概况

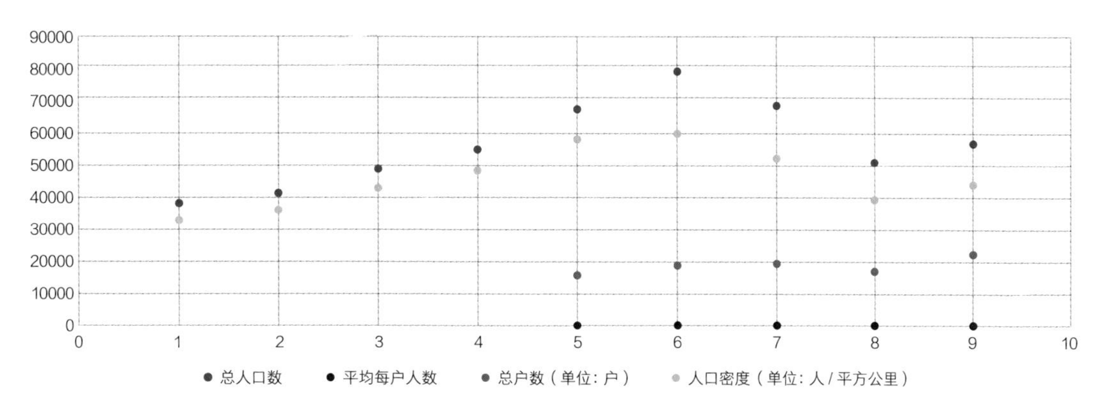

大栅栏街区民国时期到新中国成立后人口变化情况

第二、三、四次全国人口普查时大栅栏街区少数民族情况

人口普查	回族	满族	蒙古族	维吾尔族	朝鲜族	白族	壮族	土家族	苗族	藏族
第二次	3176	597	26	7	4	2	2			
第三次	2714	558	25	6	14		6			
第四次	2253	478	54	9	54		7	1	6	2

大栅栏的人口数量随着改朝换代，直接影响着地区文化和历史的书写。从元代到清代，大栅栏属于外城，即市井百姓的住区，人口数量一直维持在 2 万到 4 万左右；清末到民国，八国联军的涌入和欧陆文化的深入增加了区域人口的丰富性；新中国成立初期，人口数量和种类没有发生巨大的变化；直到“文革”时期，很多四合院开始变成“大杂院”，大量平民涌入四合院的主人家，在房子中占地生活，人口在这一时期出现倍数的增长。

大栅栏的人口多样性变迁一直与其商业发展紧密相关。大栅栏地区业态的丰富吸引了大量的外地居民和经商者。

由于历史特殊性和传统业态，大栅栏具有丰富种类的人流，经过两个月的走访和调研，研究小组发现各种类型的人流分布有明显的时空特点，为场地公共空间服务人群分类提供参考。居民中儿童、成年人和老人的时空分布有所不同。

大栅栏街区受访人目录

1.4 建筑分析

大栅栏街区建筑风貌鸟瞰图

建筑类型分析

建筑高度分析

建筑质量分析

建筑风貌分析

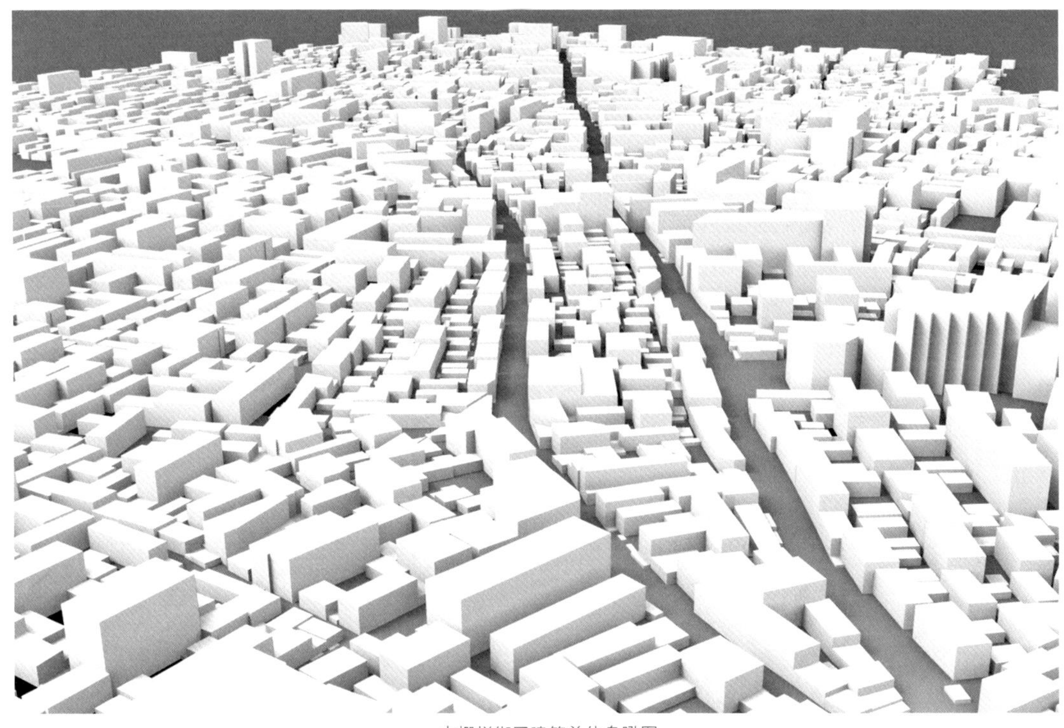

大栅栏街区建筑总体鸟瞰图

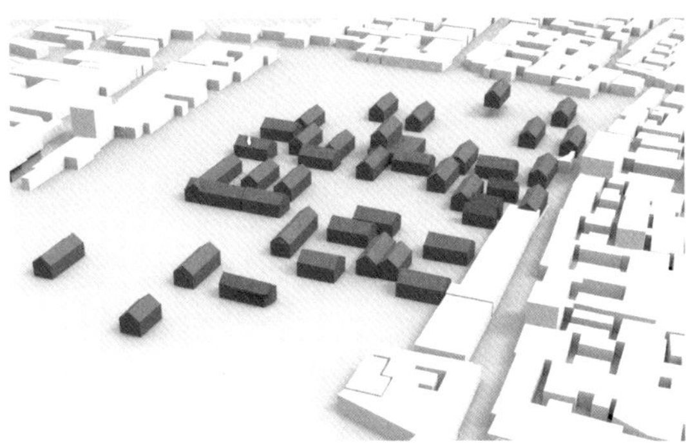

清朝四合院古建筑

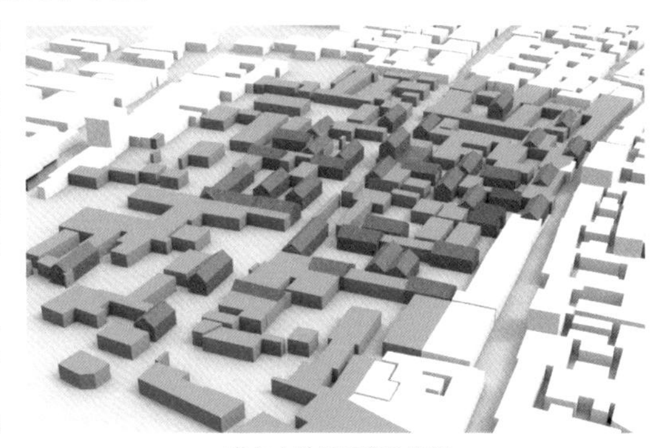

唐山大地震后建地震棚

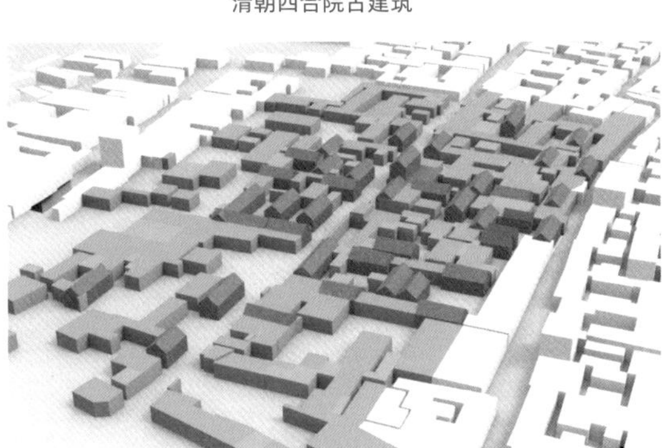

新中国成立后砖结构平房

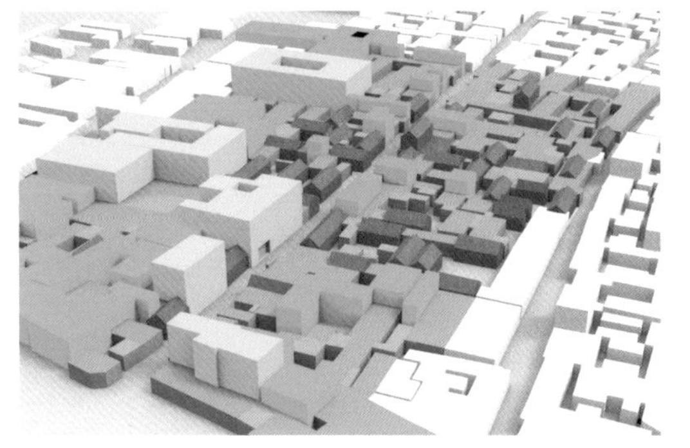

改革开放现代多层建筑

1.5 绿地分析

大栅栏街区绿地系统景观节点分布图

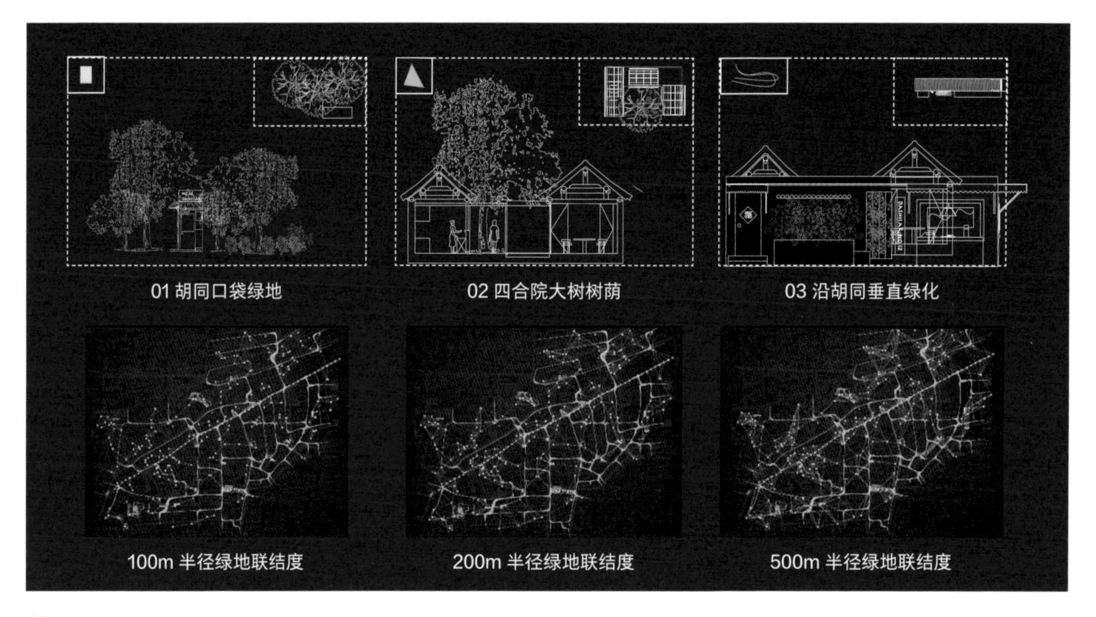

1.6 气味分析

大栅栏街区气味分布图

大栅栏地区商业的发达性决定了小市民商业的集中和多样化，产生的一个有特色的影响就是具有浓厚的大栅栏特色的气味隐匿在老城区中，构成了人们周围的环境，在一定程度上也唤起了人们关于大栅栏的记忆和历史察觉。正如法国作家普鲁斯特所说："无形的嗅觉或许就是一种坚固的存在"。调研提取了大栅栏有特色的气味要素如下，同时获得了具有坐标信息的大栅栏街道气息结果。

大栅栏街区特殊气味节点示意

二　整体规划

2.1　上位规划依据

《北京市城市总体规划（2016-2030）草案》

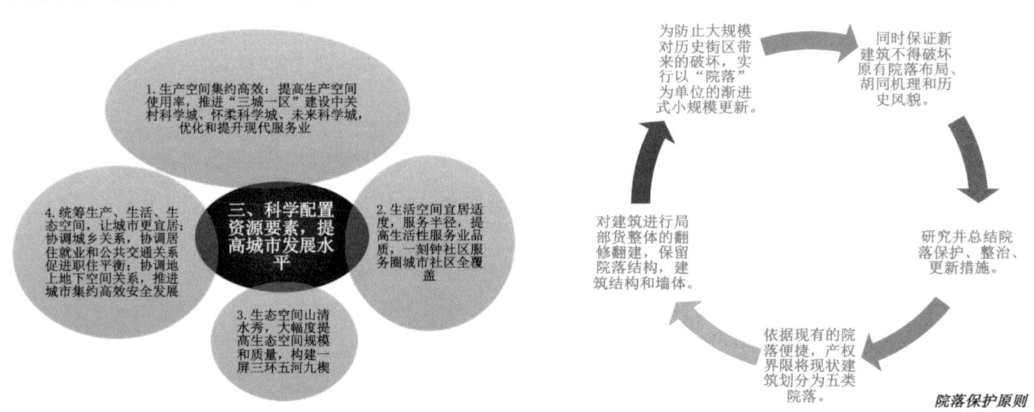

院落保护原则

1. 积极发掘、整理、恢复和保护各类非物质文化遗产，完善传统地名、喜剧、音乐、字画、服饰、描绘、老字号分类保护传承体系。

2. 保护北京特有的胡同—四合院传统的建筑形态，保持历史文化街区的生活延续性；分区域严格控制建筑高度，保持旧城平缓开阔的空间形态；保护重要景观线和街道对景；保护旧城传统建筑色彩和形态特征；保护古树名木及大树。

3. 恢复具有老北京味的传统街巷胡同肌理和四合院居住形态，分类管控历史街区，保护北京特有的胡同—四合院传统建筑形态，保持旧城青灰色民居烘托红墙、黄瓦的宫殿建筑群的传统色调。

4. 实施“微空间”改善计划，提供更多可休憩、可交往、有文化内涵的街巷胡同公共空间。建设安宁街区，鼓励不行和自行车交通，加大停车综合治理，严格规范胡同机动车交通组织。

5. 完善文物保护与周边环境控制的法规和机制，严格执行保护要求，严禁拆除各级各类不可移动文物。开展主题性文物修缮，抢修重要文物，增强文物修缮的整体效果。

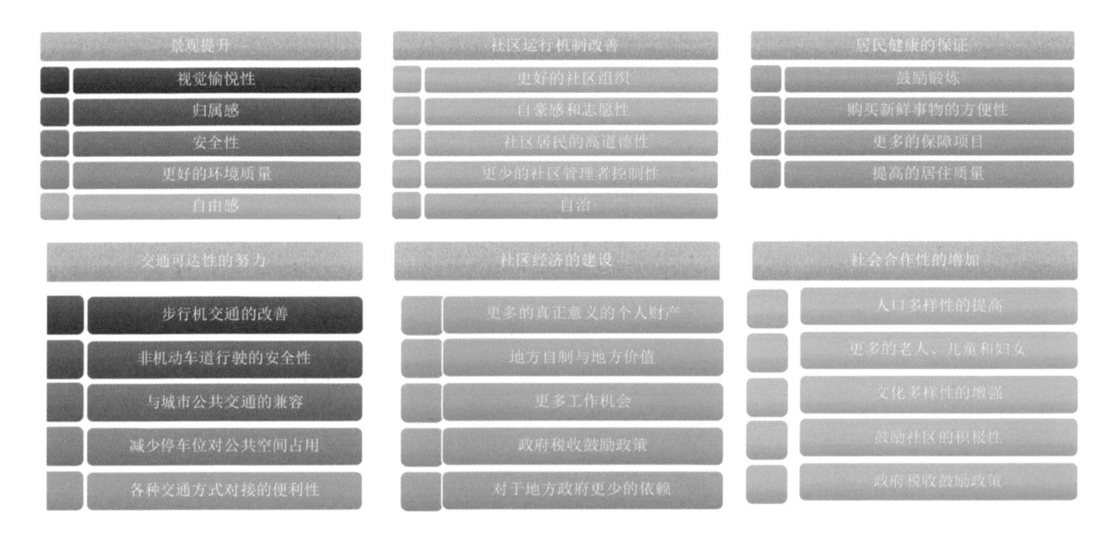

2.2 规划目标

规划总图

功能分区图

（1）针对大栅栏历史遗迹多、整体风貌较完整的特点，强调整体的保护，即不仅保护传统的四合院建筑和历史遗存，还应保护传统街巷胡同格局，以及老北京市井文化信息；

（2）尊重地段的历史，从发展的角度选择重要节点，作有效的功能置换，以阻止民俗旅游和老北京传统商业购物，激发地段的文化资源潜力；

（3）尊重居住者的需求，逐步改善居住条件和居住环境，提高居住品质；

（4）调整和疏导交通，在保存街巷肌理，特别是斜街机理的前提下，合理开通新的道路，以适应现代城市活动的功能；

（5）精心设计，除保护能够体现地段历史文化特色的物质要素外，还要发掘代表地段特色的文化要素，如老字号、风俗活动等，提高街区的环境质量和整体风貌特色。

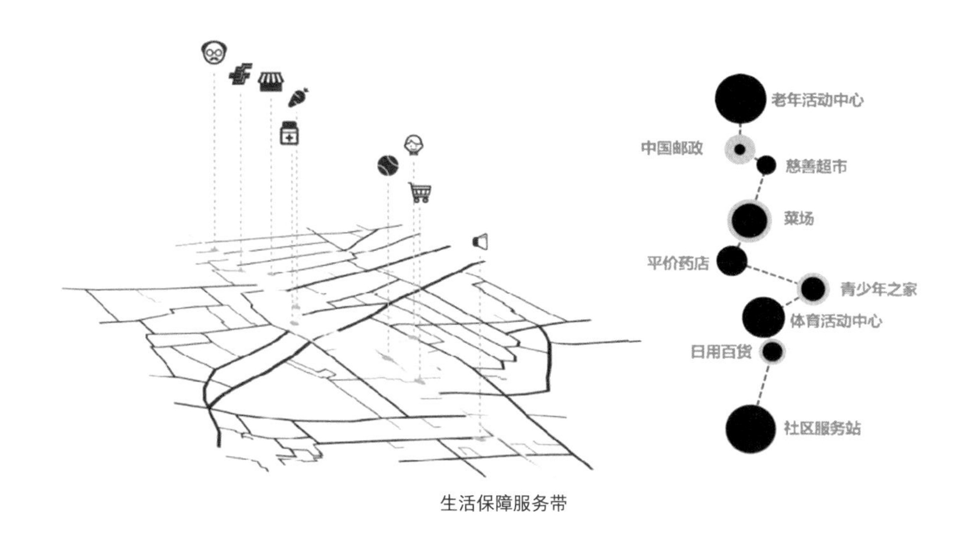

生活保障服务带

2.3 更新策略

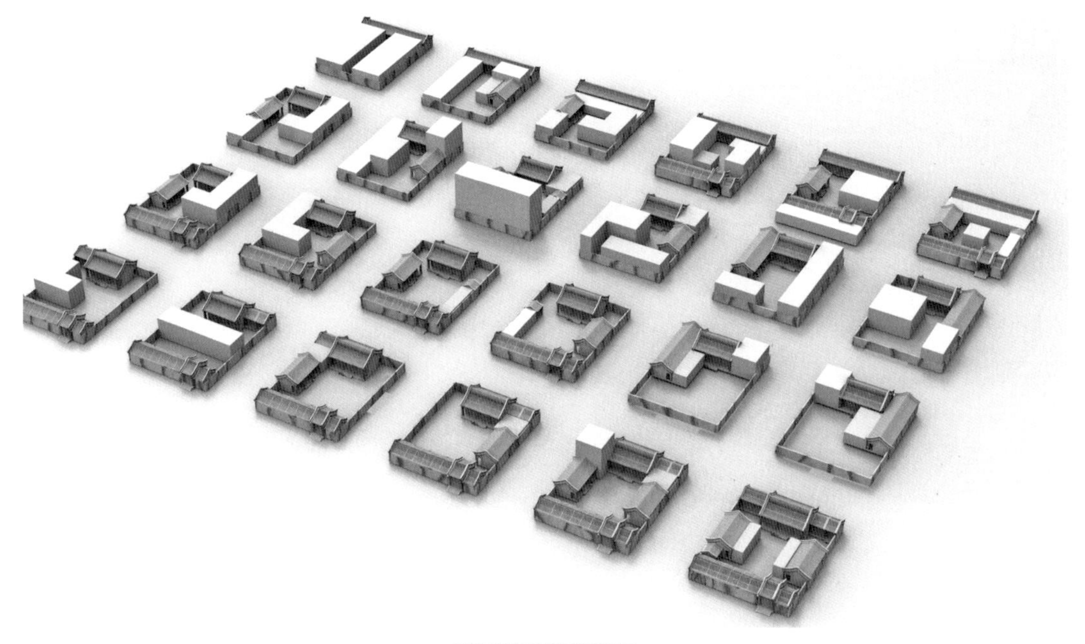

四合院建筑微更新单元

胡同景观微更新单元

整体规划采取自上而下与自下而上相结合的有机更新措施。政府、开发商介入，自上而下更新沿街环境与建筑。对沿街的私搭乱建进行了全面清除，拓宽街道，疏通人流。对建筑质量较差且不具有历史价值的建筑进行拆除或重建，对与风貌不和谐的建筑进行改造，对文物保护建筑进行修缮和保留。根据街道定位对建筑功能进行调整，将更多居住建筑内置，商业建筑沿街成线性布置。同时，以居民自发为主，自下而上，改造院落等内部环境，逐步改善整体生活环境。

三　建筑及景观设计

3.1　大栅栏小凤仙历史建筑、景观利用及改造设计

整个场地是新开辟出来的一条道路及其周边附属用地。现状中石头胡同和陕西巷是两条近乎平行的道路，之间只有南端的万福巷一条通道连接，人们出行非常不便。现从石头胡同 73 号院落外的狭长胡同开始将其打通至陕西巷，继续打通断头路陕西巷头条至大外廊营胡同，并清理部分状况不太良好的房屋，形成线性绿地景观带，并对陕西巷 52 号茶室进行更新改造。

原场地交通

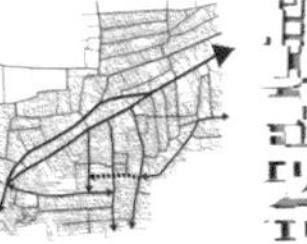
更新后交通

建筑区位

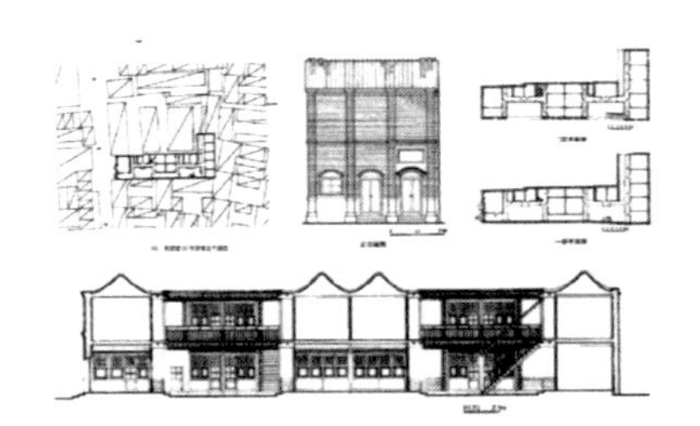

陕西巷 52 号茶室位于陕西巷中段东侧，建于清末民初，传为民国初年名妓小凤仙所在的云吉班旧址。

这次设计对文物保护建筑进行利用与更新设计，保留老建筑的结构与保存完好的构建，通过增加新建建筑，将传统院落的破碎感消解在整体建筑中，同时对整个建筑进行空间的充置，使其更符合现代功能需求和建筑性质要求。新建筑也提供了新视窗，建立起陌生感，引导人们的视线，让古建重新成为焦点。

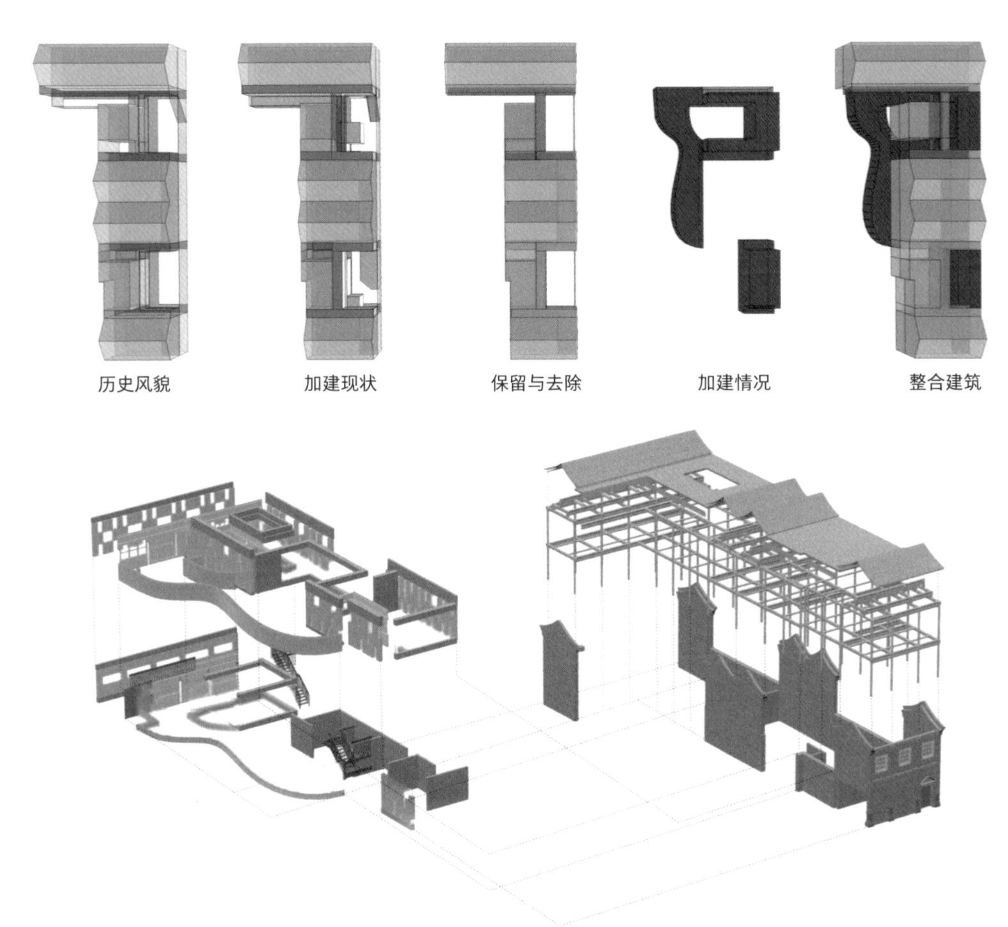
历史风貌　加建现状　保留与去除　加建情况　整合建筑

建筑结构剖解图

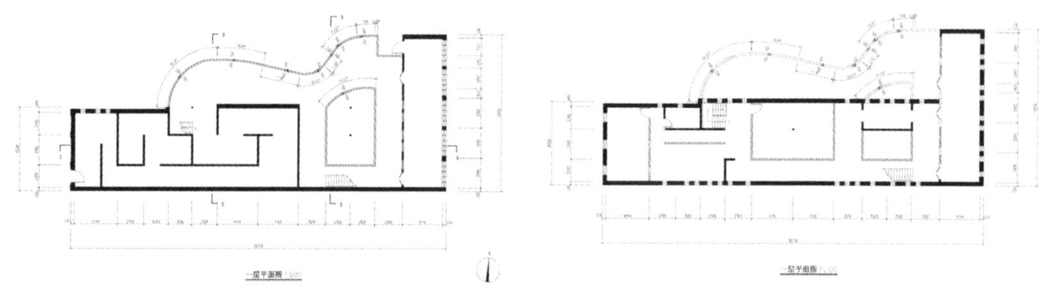

建筑平面图

一楼的固定展厅，讲述了小凤仙如何帮助蔡锷将军进行革命的故事。展厅空间从一开始的压抑慢慢通过光束的指引通向光明

在二楼，有一个茶室。采用铁锈钢板作为新引入的材料，与原来古朴的材料——木材相比，形成了视觉冲击

新的玻璃弧形走廊，使沧桑的旧墙体成为展览品，提供了一个新的视角去欣赏和理解这些熟悉的老房子

中庭被玻璃包围，使中庭的植物成为一种展示。透过玻璃，人们可以感受到整个建筑的深度

鱼眼效应的结果为马路对面的老建筑提供了一个视窗

通往会议室的走廊，可以在这里举行民主会议和更新建设的展览

建筑效果图

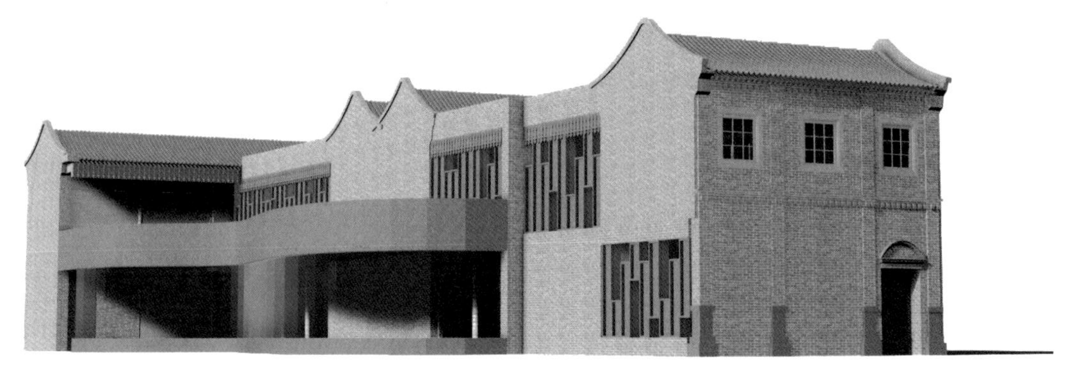
建筑外观

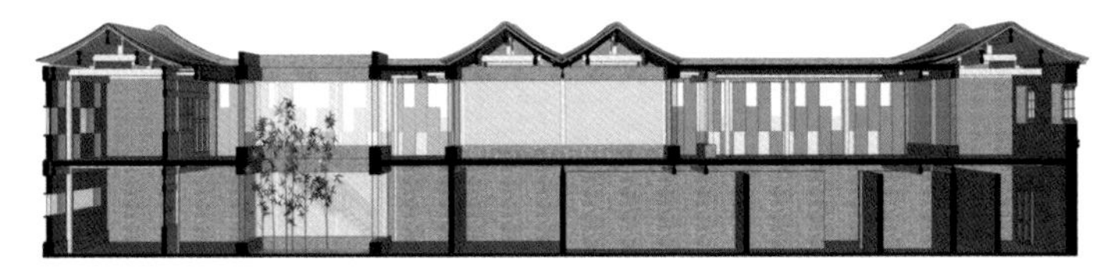

建筑剖面图

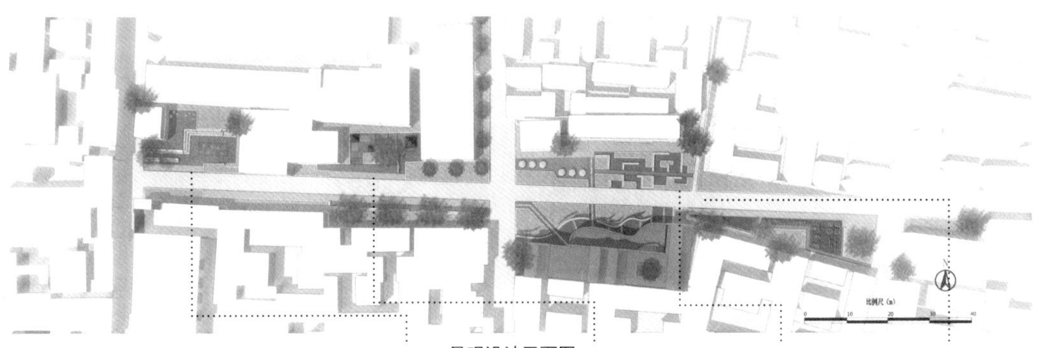
景观设计平面图

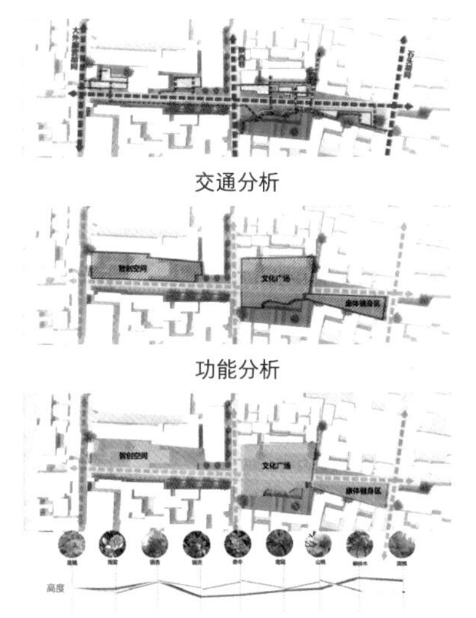
交通分析

功能分析

植物分析

在大栅栏地区密集建筑群之间增加线性的绿地开放空间，沿街放大部分区域形成数个小广场，增加雕塑、喷泉、长廊和座椅等，最大限度满足居民休憩、娱乐、健身等要求，同时，整体设计不破坏历史街区风貌，给游人创造停留欣赏这片历史街区的驻足点，营造一条充满活力又富有底蕴的景观带。

3.2 大栅栏五道庙历史建筑、景观利用及改造设计

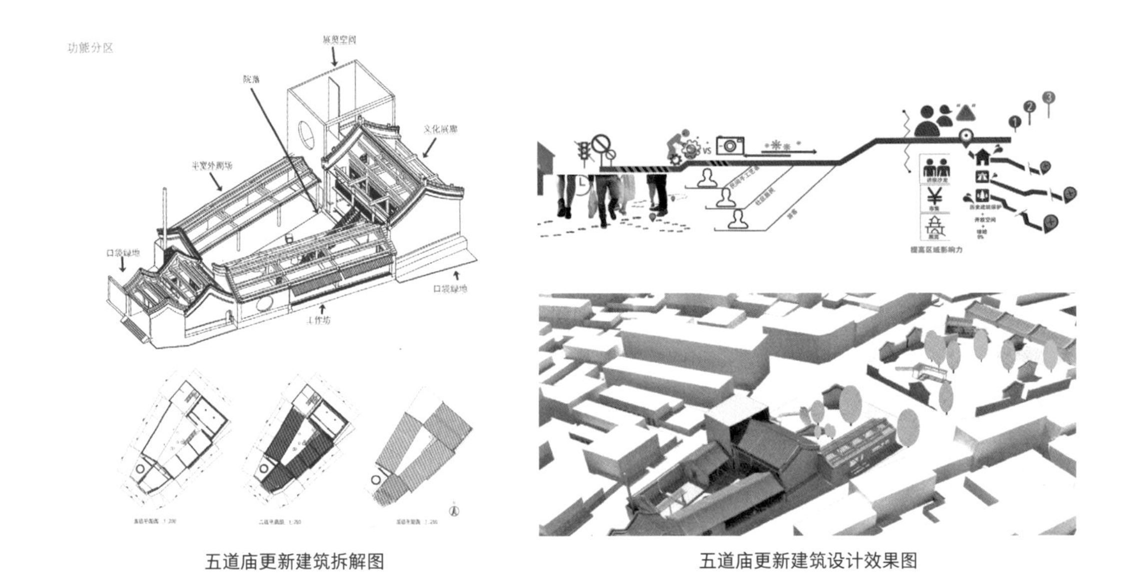

五道庙更新建筑拆解图　　　　五道庙更新建筑设计效果图

场地位于大栅栏西南部，为樱桃斜街、铁树斜街、韩家胡同、五道街和堂子街等五条街巷的交汇处，其北部即五道庙的所在。

五道庙始建于明万历年间，现存建筑为清中叶以后建造。庙位于铁树斜街、樱桃斜街交汇路口，主殿朝向西南，面临广场，前殿面阔三间，次间甚窄，南次间因修路削去前部，只是平面呈不规则梯形；进深七檩，硬山双卷勾连搭，前为抱厦。这种门殿合一，抱厦临街的布局，仍保留明代以前郊野路口小庙的形制。大殿后为二层楼，面阔三间，进深七廊带前廊，金步为隔扇装修。殿楼之间的庭院，顺地形呈梯形，院内有直跑楼梯通大殿二层，为近代所加；两侧原有配殿，现已为民房替代。该庙的地理位置、制式格局与装饰式样类似乡村路口的土地庙，庙虽微小，但所在位置从古至今都是都城“龙脉”的重要标志位置之一，具有一定的历史价值。

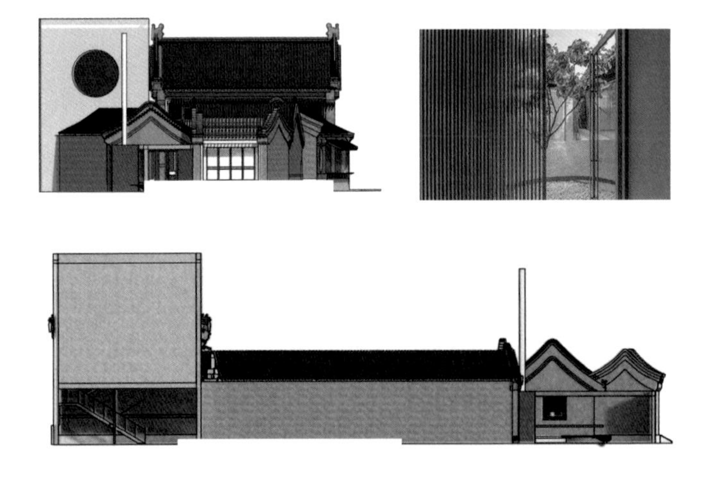

五道庙更新建筑立面效果图

（1）“减法”拆除

五道庙大殿木结构相对完整，前殿改造为商铺，原配殿位置现为民房，建筑质量较差，不合历史风貌，按照传统建造工艺恢复成木结构坡屋顶建筑，拆除现有民房与违章建筑，还原庭院与古建筑之间的肌理关系。

（2）“加法”更新

设计整合零碎的空间，打通平面，将整个院落囊括其中变为聚合体的现代建筑，传统院落转变为室内中庭，老房子的立面变成中庭的内立面。使人们能从延续出来的新建筑的形体上感受到旧建筑的内核存在。

五道庙景观更新建筑分层平面图

口袋绿地以谦虚的姿态融入环境。设计拆除破败的建筑，适当保留青砖灰瓦的胡同景观元素作为街区历史记忆的传承。现代的线性道路，提高流通路径的便捷性，使使用者更方便地进入绿地空间。绿地中心的开放区域，植物配置以低矮灌木搭配草坪地被为主，周遭搭配较高的植物。景观墙与植物的结合将公园划分为游戏、阅读、园艺、教育等不同区域，以适应居民的各种需求。雨水收集系统解决了场地与街道暴雨径流问题。夜晚设置了比大栅栏街区通常光照强度要小的柔和灯光，人们可以在花园周围的设施休息。

五道庙景观植物设计图

3.3 大栅栏小外廊营胡同历史建筑、景观利用及改造设计

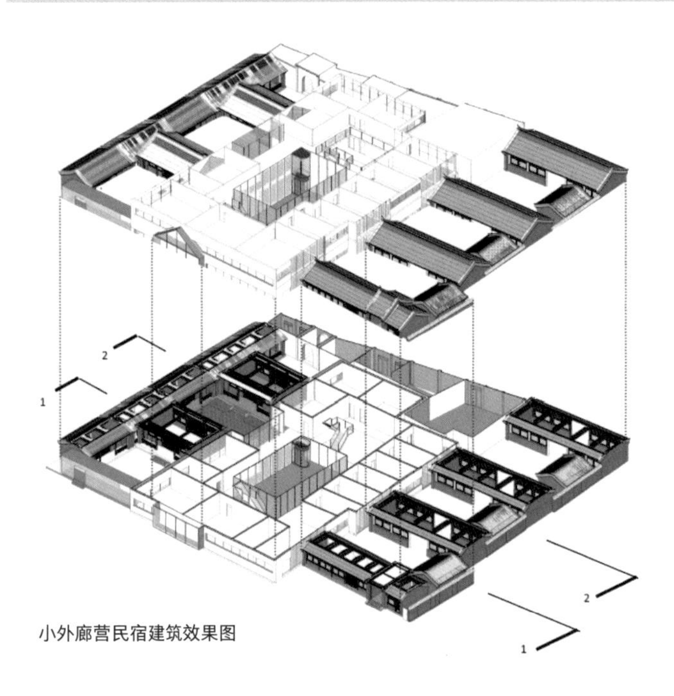

小外廊营民宿建筑效果图

场地位于铁树斜街80-86号之间，南至小外廊营胡同。西侧为四层高的北京远东饭店，始建于1939年，是北京饭店行业中仅有的几家中华老字号之一。东侧为一处三层板楼居住区，但因层高和立面装修问题和周边建筑风貌无法统一。

作为民宿建筑，新建筑在设计过程中要注重老北京情怀的营造，要让居住者充分了解风土人情，则新建筑和老建筑，旅人和居民，人和自然环境之间要进行“沟通”。新老建筑之间不仅要做好通行顺畅，在视线方面一定要满足互观无阻，设置具有民俗特色的活动和教学，如纸鸢制作、木结构教学等，制造游客和当地居民沟通的机会，如设置同时对旅行者和居民开放的茶馆和餐厅，让大家在茶余饭后分享生活的点滴。最后，建筑应该和当地环境相融，为旅行者提供亲近自然和相互交流的空间，设置中庭、天井等满足旅行者需求。

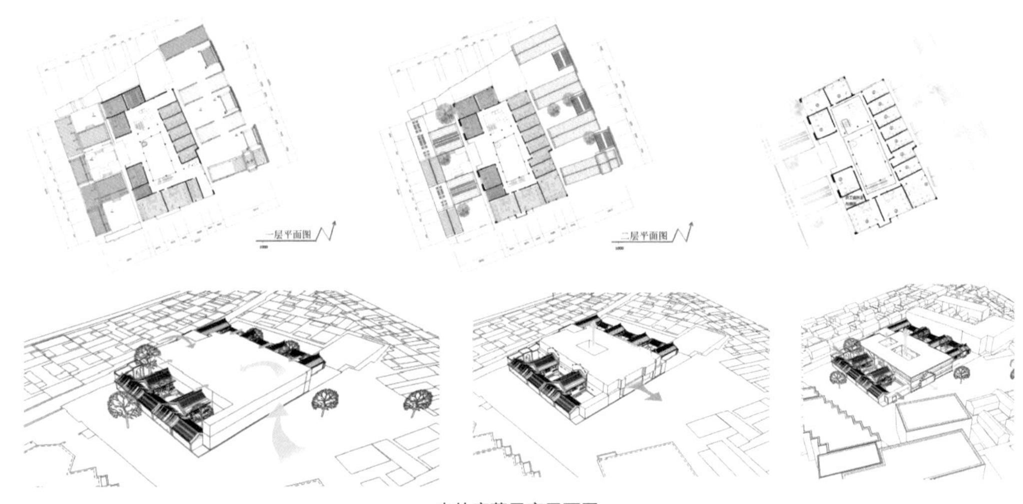

小外廊营民宿平面图

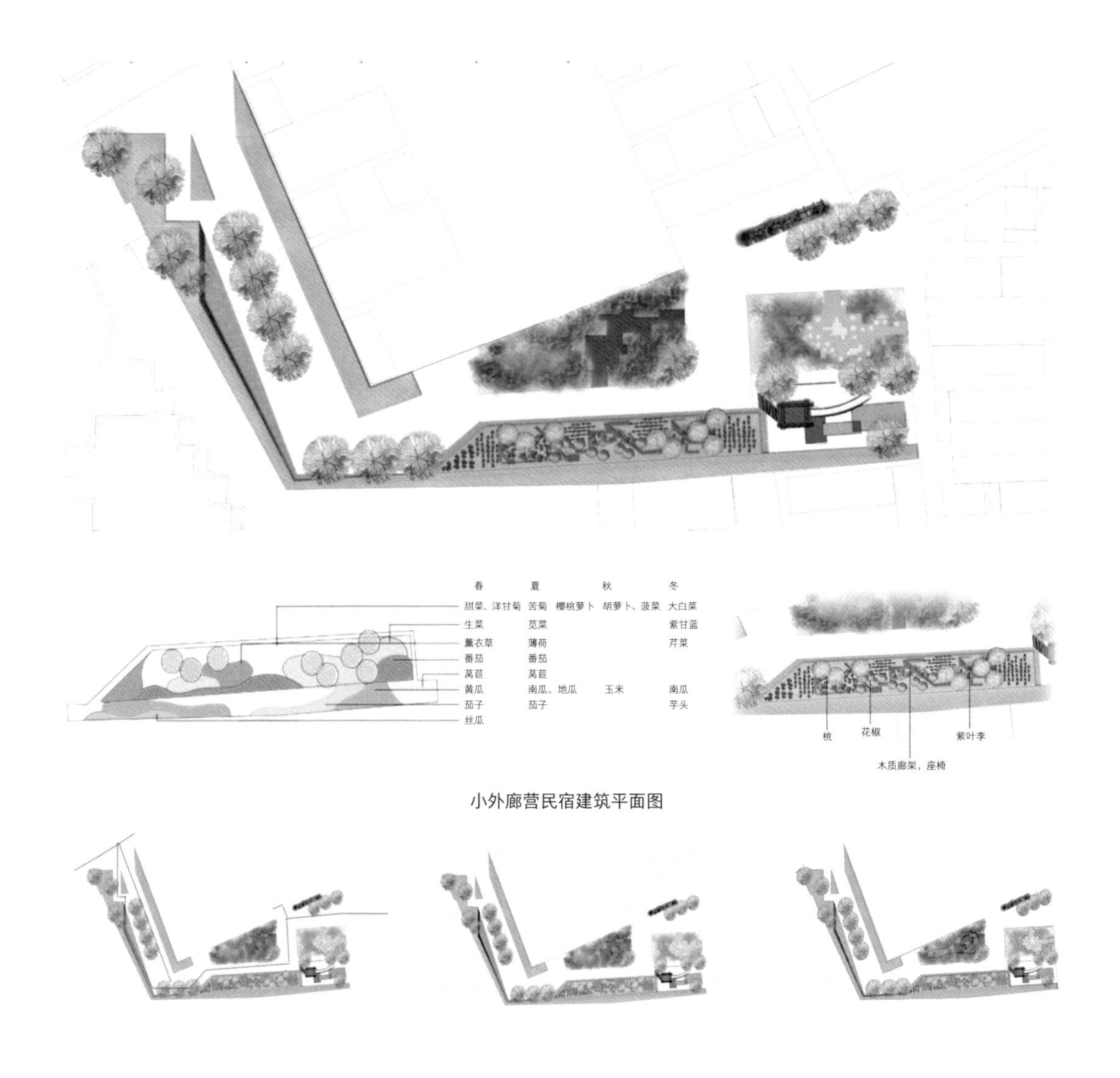

小外廊营民宿建筑平面图

区域选址于民宿建筑的西侧和南侧，北接铁树斜街，主要为游客进入场地的入口，东临小外廊营胡同，主要服务于当地居民。在采访和调查中了解到当地绿地的主要使用者为老人和儿童，多为喜爱植物种植的人群。以此作为指导，分配不同绿地功能，使其不仅为游客提供良好的景观感受，更为居民提供社交、游戏、休憩，甚至有一定经济效益的空间。

设计将地块主要分为两部分。邻近铁树斜街的部分入口作为景观休憩区域，较为舒朗，为游人提供休息娱乐的场所，在雨水花园交界处设置铺装广场，为居民提供娱乐活动的空间。雨水花园和可食地景部分相对而设。雨水花园可解决大面积铺装下北京夏季的大量雨水问题，也颇有科普意义。可食地景可由社区分配给各家各户，不仅可营造良好的景观感受，也可以让邻里之间相互熟悉，增加交流，甚至为社区提供一定经济效应。可食地景东侧则为儿童活动场和喷水广场，为儿童提供游乐活动空间。

3.4 大栅栏观音寺历史建筑、景观利用及改造设计

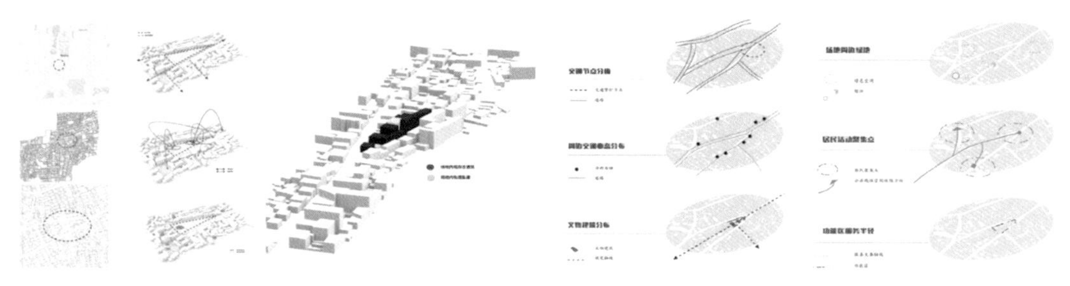

设计场地区位分析　　建筑周边环境

观音寺历史建筑群位于铁树斜街、樱桃斜街夹出的三角形地块，东部紧邻大栅栏西街。大栅栏西街是大栅栏历史街区中业态最为丰富的地区之一，白天有较多游客从东至西到达护国观音寺。

场地内现有明时初建、清代修复的三进院落护国观音寺。北部平面曲尺状平屋顶建筑，檐下有正楷写作“护国观音寺”。观音寺内建筑大木结构保留较为完好，门窗和建筑转角的砖作略有毁坏。新中国成立以后，观音寺长期作为民居，1970 年代末，院内有多处私搭乱建。北部狭长过道现存三棵臭椿大树。

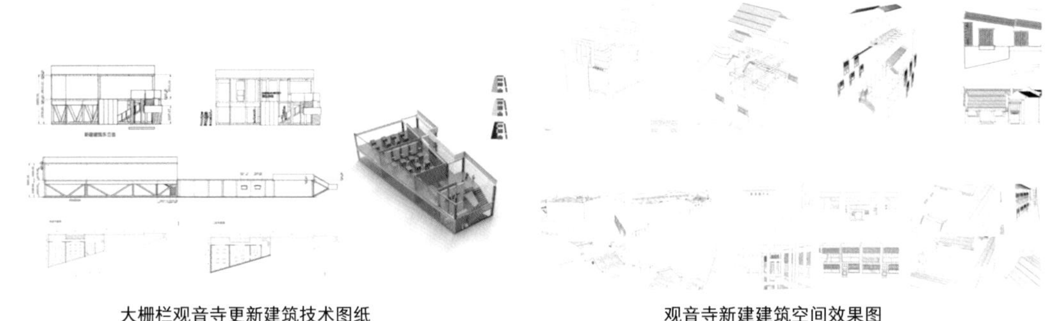

大栅栏观音寺更新建筑技术图纸　　观音寺新建建筑空间效果图

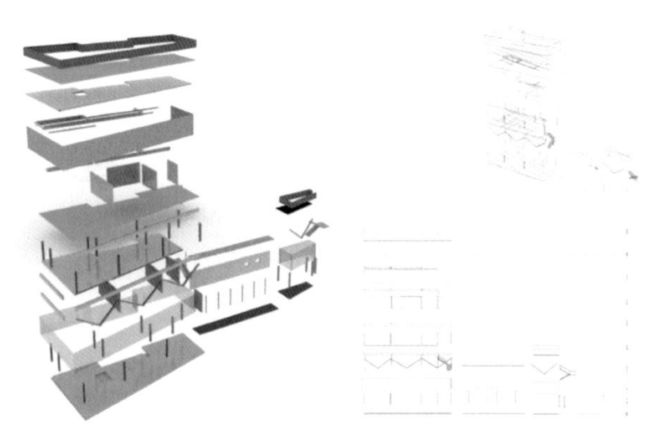

观音寺新建建筑木结构拆解图解

结合《鸿雪宣南图志》观音寺的测绘资料和现场测绘，建立场地建筑模型，并根据对该文保建筑的结构构件和构造构件等部分保存的完好性进行评估，作为历史建筑更新设计的空间基础。场地现存的私搭乱建较多，无序的空间肌理使合院式住宅本身的空间特点被弱化；同时观音寺北部狭长过道被围墙隔断，古建筑的外表被直接涂抹水泥，贴接钢筋混凝土的平房；场地为三角形地块，南部可利用为建筑场地的空间较为狭长局促。

针对现存的问题，清理院落内私搭乱建，设计观音寺建筑群的观看方式，适当拉近观赏距离实现“旧物新看”。

大栅栏观音寺周边景观立面效果图

大栅栏观音寺周边景观设计效果图

观音寺大栅栏历史文化展览馆附属绿地东部紧临观音寺建筑群，西部毗邻居民大杂院，北部毗邻樱桃斜街，有菜市场与一家垂花门装修中菜馆，南部毗邻铁树斜街，与大栅栏西街延伸过来的小卖部隔街相望。该绿地定位为大栅栏历史文化展览馆的附属绿地，主要是作为展览馆的人群及集散空间，同时北部和南部较为狭长的边界线与胡同平行，需承载线性公共空间。

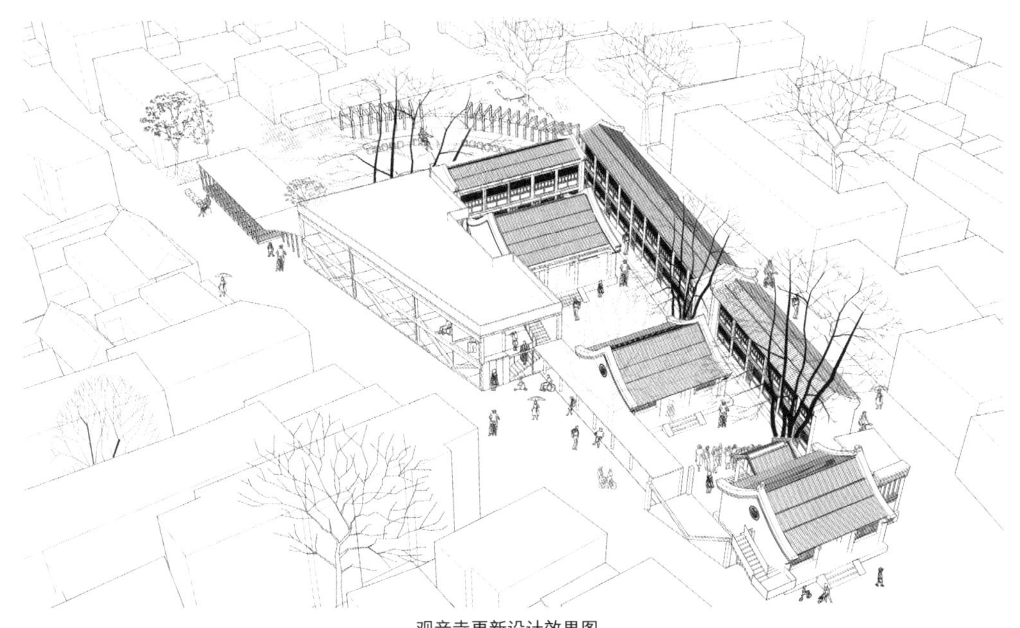

观音寺更新设计效果图

2018

传承与共生
——新时代北京三山五园保护与发展的多元思考

命题人：北京林业大学　钱云

北京西郊“三山五园”地区自然条件特殊、文化遗产密布。历史上这里不仅是皇家园林集聚区，而且也遍布各类私家园林、宗教寺庙、水稻田地、驻军营地、八旗村落、山水景观、自然山林等，这些功能要素彼此关联，形成了一种类似聚落网络的、特殊的“综合功能区”。

时至今日，上述内容的相当部分仍以不同方式保存，整体可视为独一无二的“文化景观遗产”，具有极高的研究和保护价值。

《北京城市总体规划（2016-2035）》首次提出了“三山五园整体保护”，但在具体策略上尚需进一步的筹划。毫无疑问，未来这一地区的发展，必然将“从整体着眼”、以“系统化”的视角来提出宏观方略，而“保护”也必将是一种相对“活态”，即保护、修复、提升与充分利用相结合，自然与文化并重。在统一的构想指引下，可逐步展开一系列的工作，可能包括：历史地段更新整治、水系绿地整治和修复、（历史）村庄整治和景观风貌提升、历史园林 / 建筑修复和复建、公园和绿道游憩空间设计、公共建筑设计等。

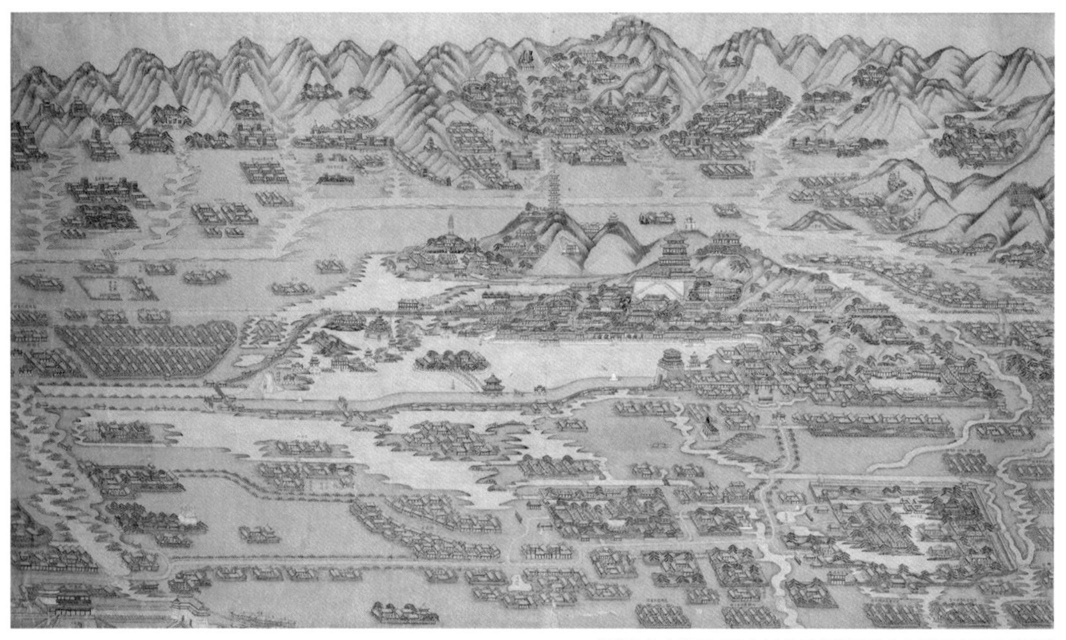

（清光绪）《五园三山及外三营地图》（中国国家图书馆藏）

本次命题中“三山五园”地区范围定为：

北至永丰路—马连洼北路；东至上地西路—城铁 13 号线—双清路；南至成府路—中关村大街—海淀南路—苏州街—长春桥路—远大路—西四环北路—北坞村路—闵庄路；西至海淀区与石景山区、房山区交界线；西北以小西山南北山脊为界，局部区域根据等高线以及实际需要扩展。总面积为 81.33 平方公里。

本次联合毕业设计，旨在组织北京林业大学、北方工业大学、北京交通大学三所高校建筑设计、风景园林、城乡规划等多个专业的学生，在涉及多个领域的教师和专家团队的带领下，以“新时代北京三山五园保护与发展的多元思考”为主题，共同探讨这一地区未来“可持续保护与发展”的宏观策略，并结合自身专业特长和兴趣，选择合适的局部地段开展更新改造设计，最终形成一个理想与现实、远景与近期相结合的规划设计成果，即以“宏观策略 + 建议项目库”的形式使北京总规的要求成为既有前瞻性又有可实施性的行动计划。

城市 · 风景 · 遗产　　传承

经济 · 社会 · 环境　　共生

规划 · 设计 · 研究　　我们

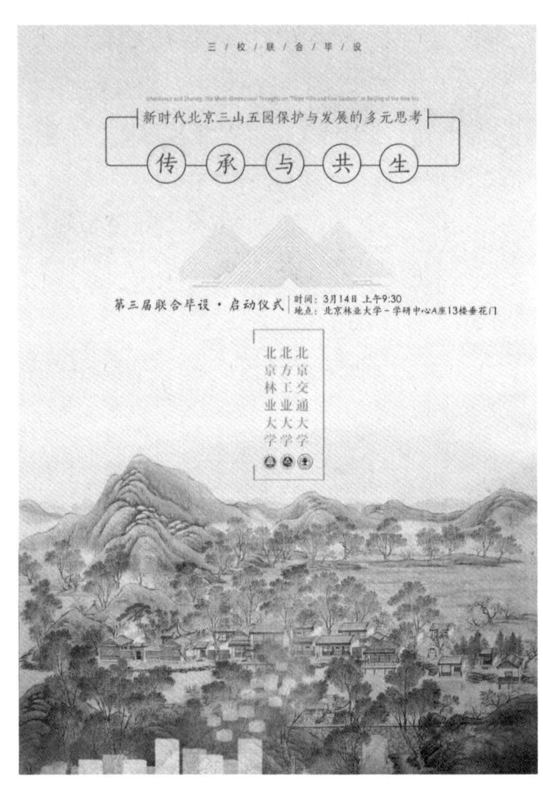

系列讲座

钱毅：三山五园地区的近代建筑遗产

三山五园自清代以来的周围环境不断发生变化，从清代的皇家园林到清末帝国主义入侵造成的损毁，再到民国时期衰败变为田园化景观被定义为风景、旅游、文教区并一直持续到当代。

三山五园地区亦有许多近代建筑遗产。圆明园内的代表性近代建筑是西洋楼。香山地区的近代建筑则多与历史事件有关，如香山慈幼院、中法大学、双清别墅等。此外，三山五园地区内还有两所著名的近代大学校园遗产——清华校园和燕京大学和诸多遗存名人墓园，如香山熊希龄的墓园，梁启超、刘半农等的墓地。

皇家园林的损毁

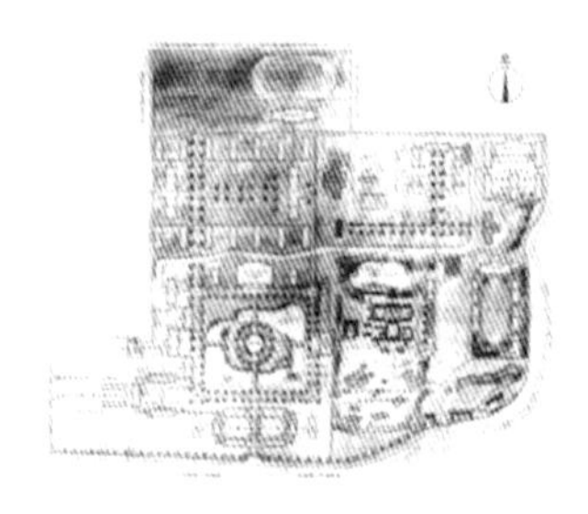

镇芳楼

清华学堂

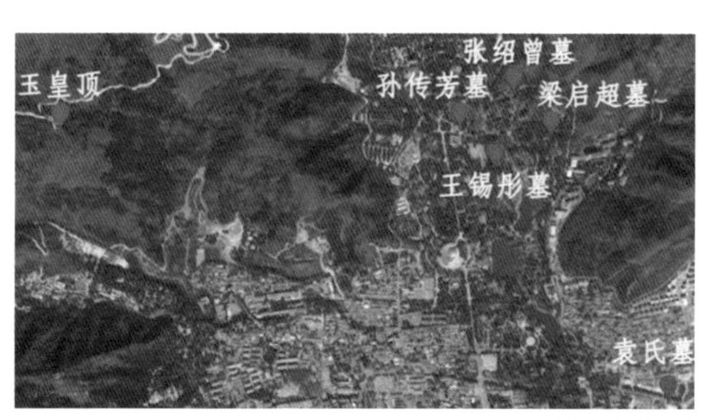

近代名人墓园

徐桐：日本历史地段的保护与发展控制

	单体建筑	地区
1950-文化财体系 **1975** 文化财保护法（中央） 文化财保护条例（地方）	**文化财保护法** 重要文化财（许可制） 登录文化财（报备制） **文化财保护条例** 各地方政府指定文化财（许可制）	**文化财保护法** 传统建造物群保存地区（许可制） 史迹/名胜（许可制） 重要文化景观（报备制）
2004-景观体系 景观法（中央） 景观条例（地方）	**景观法** 景观重要建造物（许可制） **景观条例** 景观重要建造物等（报备制）	**景观法** 景观计划区域（报备制） 景观地区（其他） **景观条例** 大规模建筑物等（报备制） 景观形成地区等（报备制） **都市计画法** 风致地区（许可制） 地区计画（其他） **建筑基准法** 建筑协定（其他）
2008《历史风致法》 地域における歴史的風致の維持及び向上に関する法律（歴史まちづくり法）	历史风致建造物	历史风致重点地区

自20世纪80年代建立历史文化名城保护制度以来，国内的历史名城、名镇名村和历史街区保护已经走过了仅四十年的发展历程。近年，以北京史家胡同、杨梅竹斜街、鼓浪屿等为代表的社区参与型历史地段保护与更新成为新的亮点。审视我们的近邻日本，以20世纪初“爱乡运动”为发端的社区参与型历史地段保护经过了近百年的发展历程，现在历史地段置于《都市计画法》、《建筑基准法》、《文化财保护法》、《景观法》、《历史风致法》等多重法规保护之下，徐桐老师梳理日本历史地段保护体系的发展与现状有他山之石的意义，希望从另一角度帮助我们理解国内历史街区保护未来政策和实践发展的可能。

松街萝院

——北京香山买卖街—煤厂街片区更新规划及香山东门地段详细设计

专业：城乡规划；作者：邹欣瑶；指导教师：钱云

区位分析

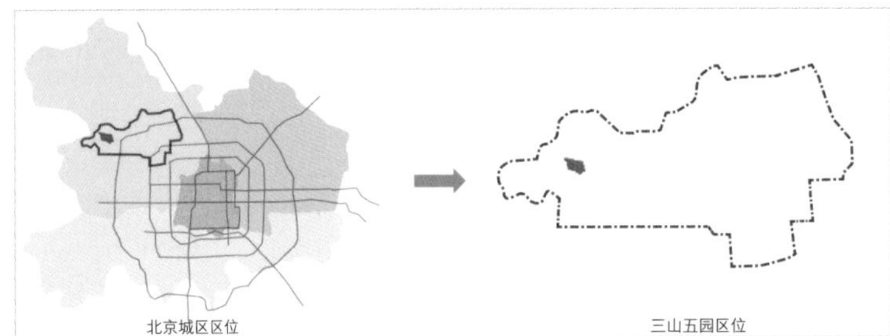

地理区位

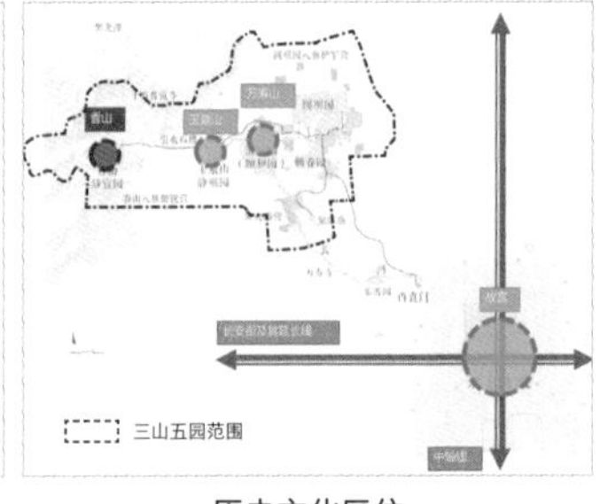

历史文化区位

自然生态区位

设计地段位于北京市西北部地区三山五园范围内，中轴线和长安街轴线的西北侧，三山之一的香山脚下。

香山片区位于二道绿隔郊野公园环和西北部楔形绿地的交叉处。

地块位于香山脚下，由东向西串联了圆明园、颐和园、香山公园、北京植物园、西山森林公园等综合公园和专类公园，还连接了昆明湖水系等，组成特色的景观体系。

场地三面环山，整体地势西高东低，北高南低。

现状分析

地形水系分析

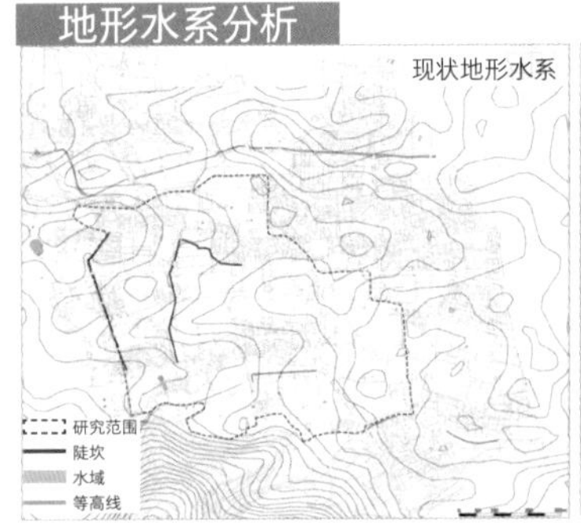

设计策略

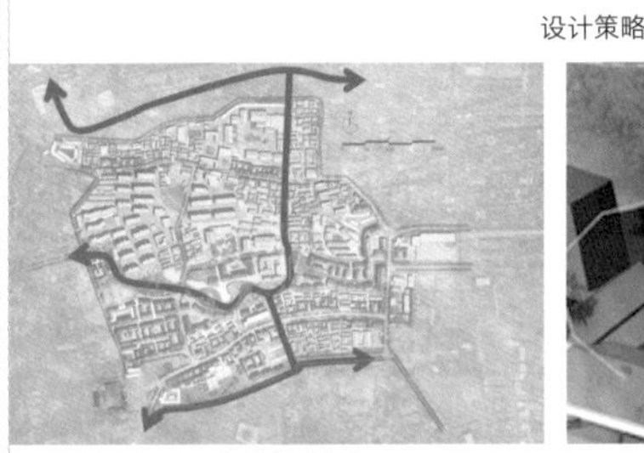

设计后水系走向

枫林路陡坎设计

地块整体坡度呈现西高东低，其中西北最高，东南和东北最低。地面水系主要有南北两条沟渠，最后汇入玉泉山。地块主要有两处明显的陡坎，自西向东，依次降低。

策略：尽量顺应现状地形；引水：将南北两条沟渠的水引入场地，增强场地的景观效果；根据枫林路现状的陡坎，设计半地下停车场，使枫林路上的人可以直接上到民宿的入口广场，增加公共空间的面积。

绿地分析

总体评估：整个场地总量偏少，面积较大的绿地集中在买卖街与煤厂街之间南北走向的一条小路两侧，对外开放的绿地仅有一处，人均绿地面积严重不足，分布不均。

编号	现状评估	现状照片
1	绿地景观效果好，开放性较弱	
2	场地活动、停留空间较少，均以通过性空间为主，缺乏趣味性	
3	植被涨势良好，绿地未被合理利用	
4	植物种植形式单一	
5	绿地景观效果好，层次丰富	

编号	现状照片	编号	现状照片
L1		L3	
L2		L4	

总体评估：场地内古树较多，景观效果好，树木总体长势良好。

现状道路植被评估

编号	树种	种植形式	景观评价
L1	国槐为主、大叶黄杨、松树	街道两侧列植国槐，局部地段以树池的形式种植树篱、松树	现状数目长势良好，夏季形成良好的遮阴效果和空间围合感，但景观序列单调，缺少变色叶树种、观花灌木
L2	国槐为主、龙爪槐、悬铃木	场地有限种植密度较低，列植国槐，在培训中心两侧种植龙爪槐	景观效果较弱，缺少季相变化
L3	国槐、银杏、花灌木	列植乔木、树池、街边绿化带	种植层次丰富、季相变化较好
L4	悬铃木、毛白杨、大叶黄杨	列植乔木搭配绿篱	景观效果较好

策略：项目需要增加街旁绿地和公共空间，保留现状的古树，形成网状的绿地结构。

区域交通分析

通过西五环香山环岛进入，由于三面环山对外交通不便。目前场地开通西郊线香山站，连接三山五园地区，在巴沟站换乘地铁10号线。地块东侧有公交场站。

内部交通分析

策略：现状交通拥堵有一些断头路，再设计时希望做到部分人车分行，保留大致的道路肌理，梳理机动车道。

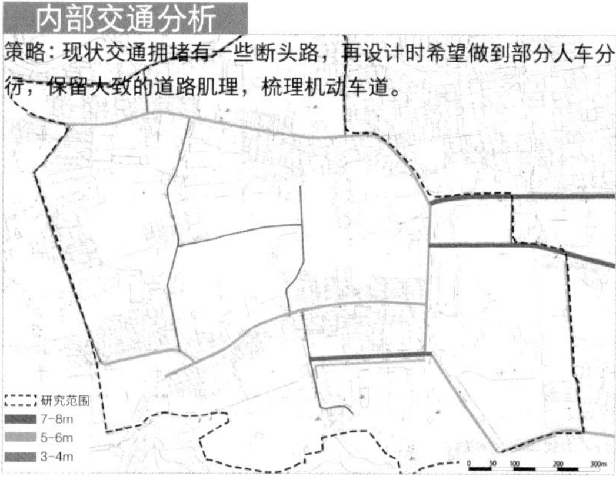

公共交通分析

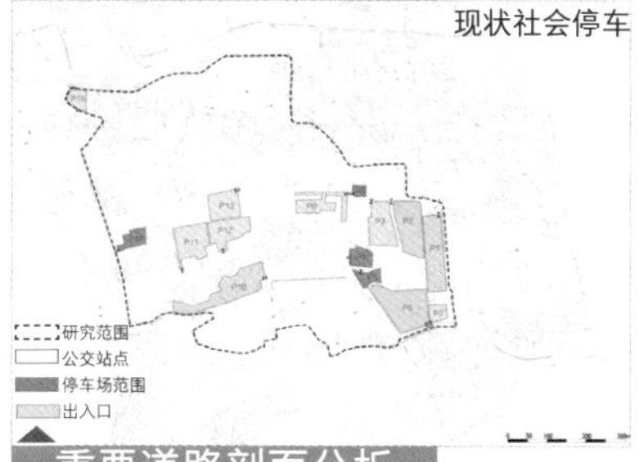

图纸序号	名称	收费	类型	面积	容量	其他
P1	无	不收费	公交停车场	6359m²	22	
P2	香山5号停车场	不收费	公交停车场	6000m²	200	停公交车和办了证的车
P6	无	不收费	公交停车场	11142m²	70	
P10	香山10号停车场	小车40元/次，大车100元/次	公交+社会停车场	13147m²	30公交100小型车	开放时间早5点晚8点

策略：现状公共交通主要包括西郊线和公交，其中P10公交停车场位置太远，希望将它与东侧停车场合并。

社会停车系统分析

序号	名称	收费	类型	面积	容量	其他
P4	无	不收费	私用停车场	2952m²	84	只对那家盛宴开放
P5	无	不收费	私用停车场	2871m²	50	只对部队单位开放
P7	无	不收费	社会停车场	1955m²	74	供居民使用
P8	无	不收费	私用停车场	571m²	20	供香山内部使用
P9	香山6号停车场	20元/次不限时	社会停车场	1300m²	30	只停小型车
P11	香山9号停车场	不收费	社会停车场	5268m²	134	
P12	香山8号停车场	大车60元/次，小车20元/次	社会停车场	5861m²	200	
P13	无	不收费	社会停车场	4757m²	130	
P14	无	不收费	私家停车场	2269m²	100	内部开放
P15	无	20元/次不限时	社会停车场	600m²	40	

策略：现状地面停车场过多，希望通过地下解决主要停车问题，增加公共空间，保留香山入口的地面停车。

重要道路剖面分析

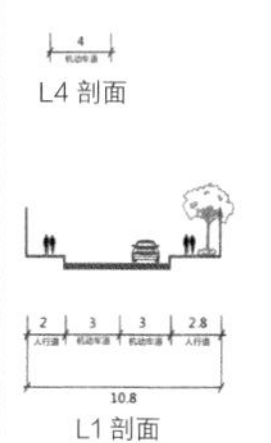

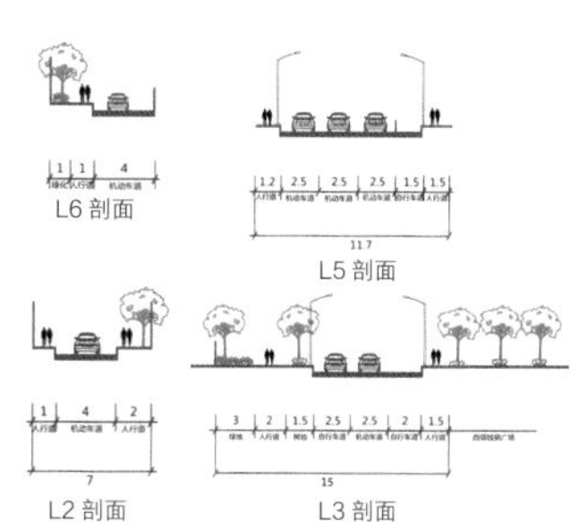

策略：主要对比买卖街和煤厂街的剖面看出，买卖街更宽更热闹，煤厂街更窄更安静，因此将买卖街作为人行和车行的主要道路。

策略：对比游客和居民的路线，发现居民活动主要集中在西北侧，与游客有交叉的路线，希望在设计中使居住相对独立，与游客分开。

策略：场地中有多个相对完整且质量较好的组团，在设计中应予以保留。

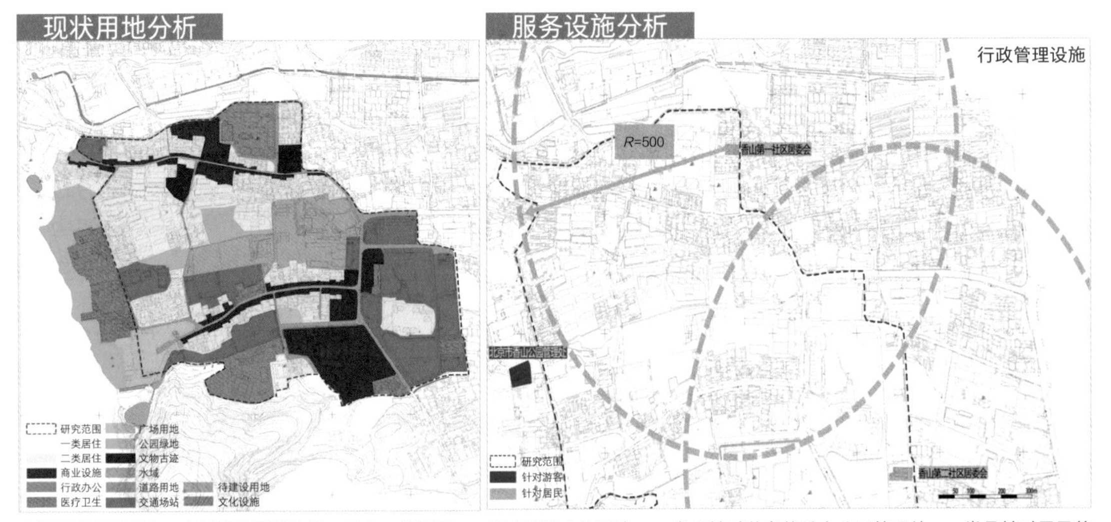

现状混合用地较多，交通场站用地较多，且有一些荒地。

行政管理分为两类，一类是针对游客的香山公园管理处，一类是针对居民的居委会。

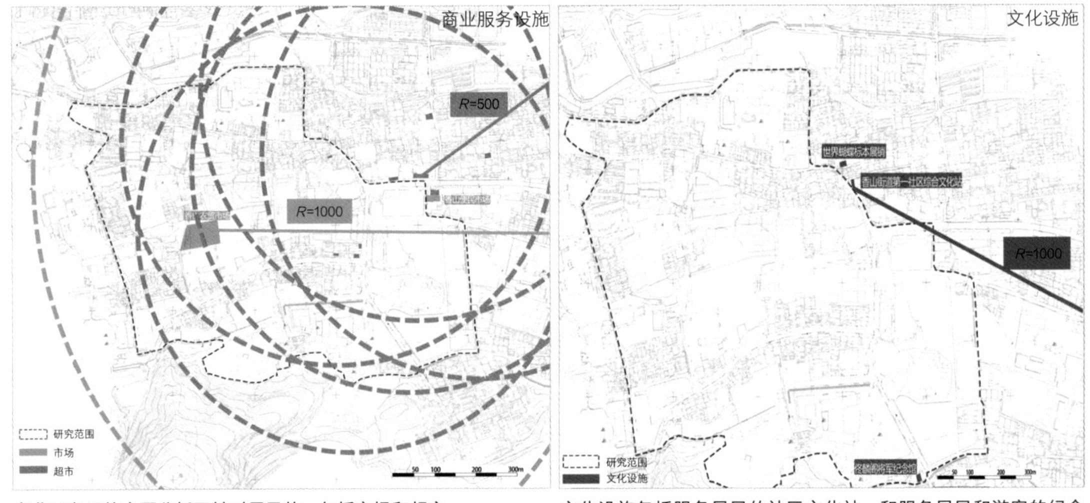

商业服务设施主要分析了针对居民的，包括市场和超市。

文化设施包括服务居民的社区文化站，和服务居民和游客的纪念馆、展销会。

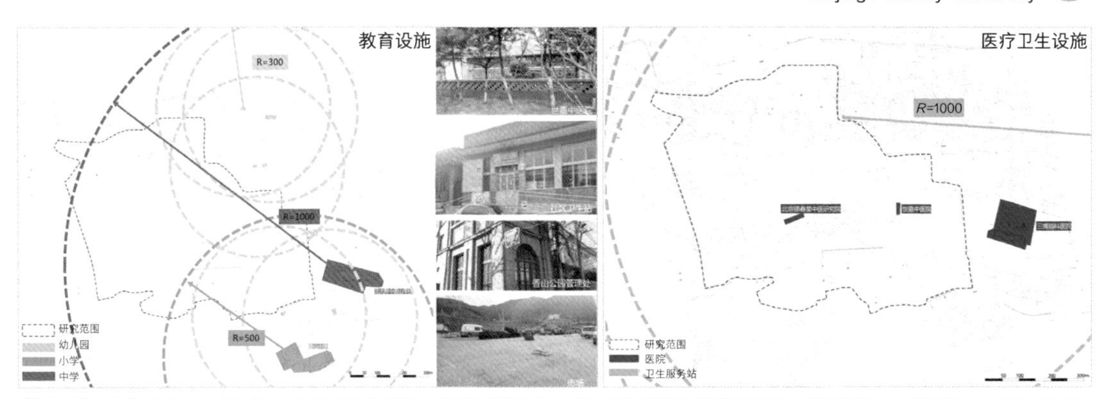

策略：教育设施主要服务于居民，从服务半径来看，场地西侧可适当增加幼儿园。

医疗设施主要针对居民，分为两类，一类医院，一类是卫生站。

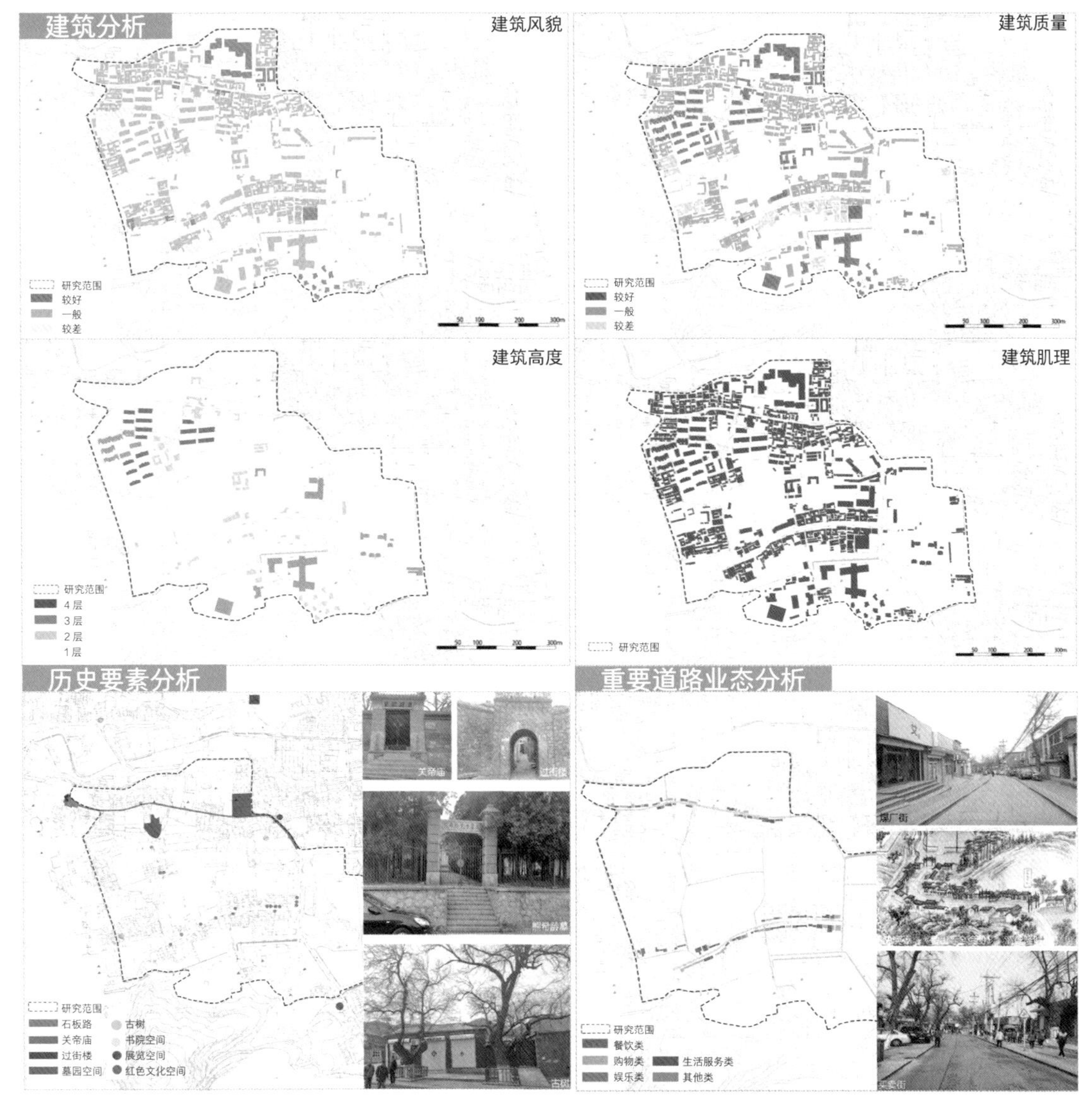

策略：历史要素主要包括特色街道、特色空间、寺庙、墓园、遗址，这些要素都是需要在设计中保留和发扬的。

策略：买卖街店铺数量高于煤厂街，且餐饮和购物类等容易聚集人流的店铺占比高于煤厂街。

规划策略及定位

城市定位及目标：旨在将此地块打造成一个以“香慈文化”和“三山五园”文化为主题的宜居宜游的复合功能区，以及文脉和生态过渡区。

	问题	如何解决
传承：文化	社区文化：早市环境恶劣 书院琴院凋敝	集市改造、流动市场 集中布置，形成磁核
	生态文化：绿地封闭 缺少与香山文化的呼应	开放绿地、网状分布 增加景观文化节点
	历史文脉：清代买卖街的氛围不再 传统建筑文脉断裂	线性业态和街道景观设计 存表去里、分类保护
共生：游客与居民	居住：居民居住环境差，大量棚户区 面向游客的居住如民宿有待增加	邻里复兴 特色民宿
	业态：针对居民的业态单一 针对游客的业态缺少吸引力	增加居民商业 恢复局部传统店铺
	交通：车行交通拥堵，步行空间得不到保障 居民与游客步行交叉	人车分流 居民游客分流

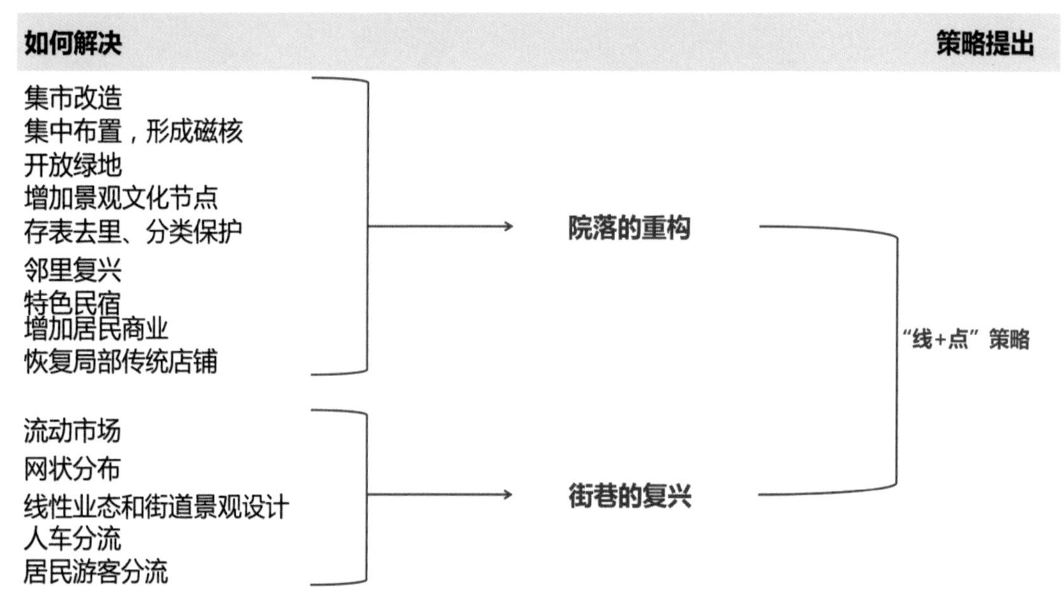

取　“松扉”意为翠松如屏障
“萝幄”意为精美的书屋

松街萝院

方案生成

Step1：提取希望保留的组团及院落

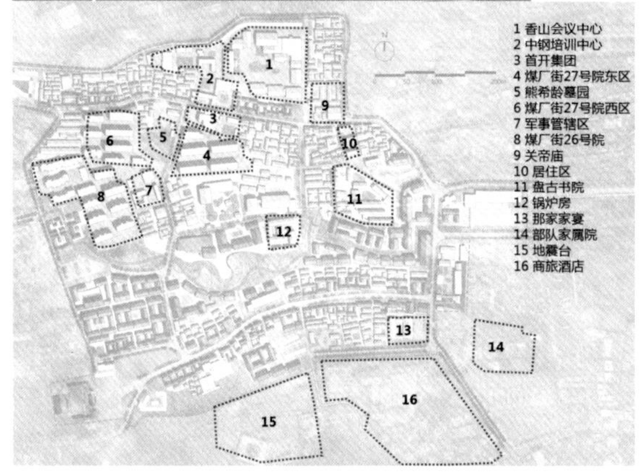

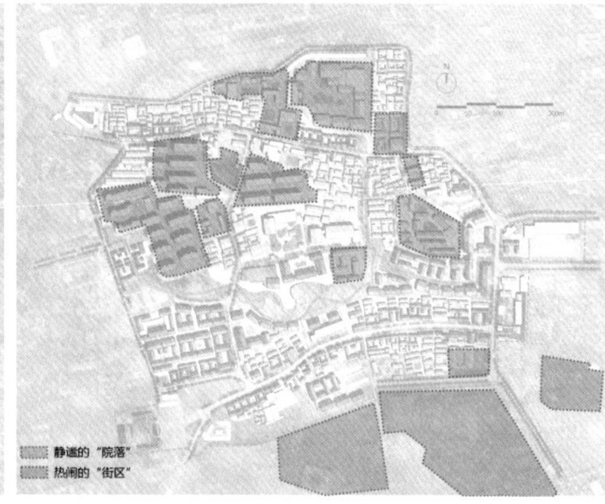

经过对这些院落的分析发现，这些组团大体呈现两种氛围：静谧的"院落"氛围（如：居住、书院、集团、香山会议中心）、热闹的"街区"氛围（如：餐厅、商旅酒店）。

Step2：叠加关于两条主要道路的分析

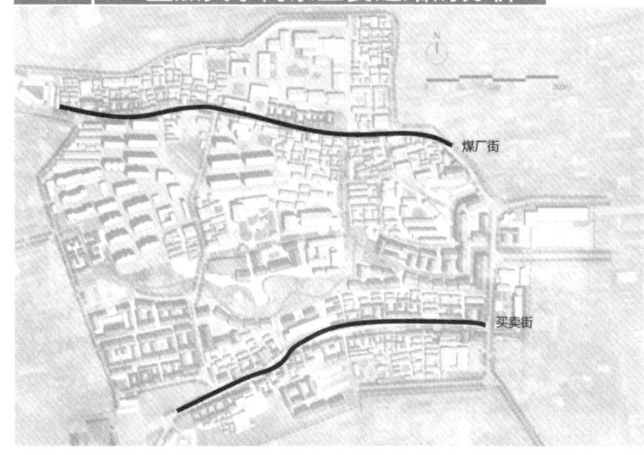

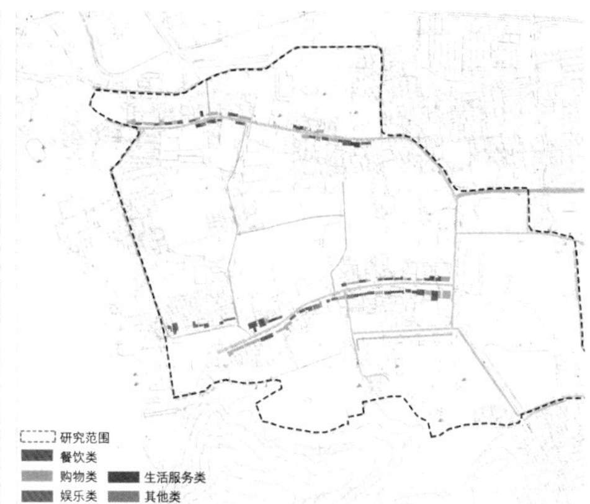

街道名称：煤厂街

街道业态调研			2018 年	
业态	小类	数量	合计	占比
餐饮类	小吃特产	4	11	24.44%
	餐厅	6		
	中高档餐厅	0		
	咖啡茶座酒吧	0		
	冷饮	0		
	干果炒货	1		
购物类	工艺礼品	6	19	42.22%
	武术器械	2		
	佛教礼品	0		
	登山用品	0		
	超市商店	9		
	书店	2		
娱乐类	艺术工作室	3	7	15.56%
	养生保健	2		
	创意体验	2		
生活服务类	美发店、洗衣店	3	6	13.33%
	电子通讯	3		
其他	彩票	2	2	4.44%
合计		45	45	100%

街道名称：买卖街

街道业态调研			2018 年	
业态	小类	数量	合计	占比
餐饮类	小吃特产	5	23	33.33%
	餐厅	4		
	中高档餐厅	1		
	咖啡茶座酒吧	7		
	冷饮	1		
	干果炒货	5		
购物类	工艺礼品	11	28	40.58%
	武术器械	0		
	佛教礼品	1		
	登山用品	2		
	超市商店	14		
	书店	0		
娱乐类	艺术工作室	3	11	15.94%
	养生保健	5		
	创意体验	3		
生活服务类	美发店、洗衣店	4	5	7.25%
	电子通讯	1		
其他	办公	3	2	2.90%
合计		69	69	100%

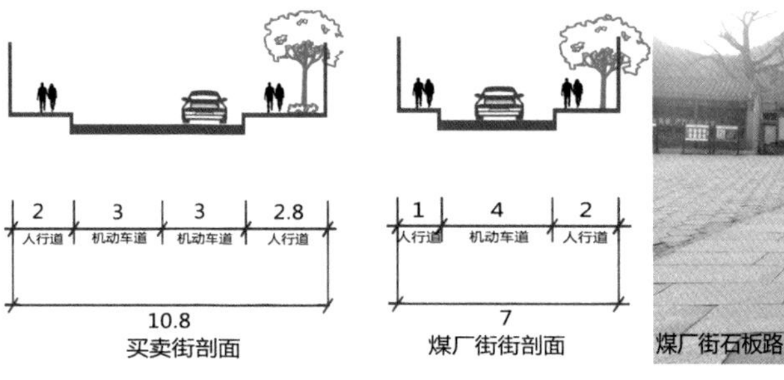

买卖街剖面　　煤厂街剖面　　煤厂街石板路

经过对这两条街道的业态分析对比发现：买卖街的店铺数量高于煤厂街，且餐饮和购物类等容易聚集人流的店铺占比高于煤厂街，因此从业态上看买卖街的氛围比煤厂街更热闹。

经过对这两条街道的剖面对比发现：买卖街宽度大于煤厂街，更利于汇聚人流，且煤厂街历史文化价值高于买卖街，有值得保留的石板路，不希望其被过多的改造和破坏。

因此，设计希望将煤厂街打造成相对静谧的氛围、买卖街打造成相对热闹的氛围。这样两条街道也对应两种不同的氛围。

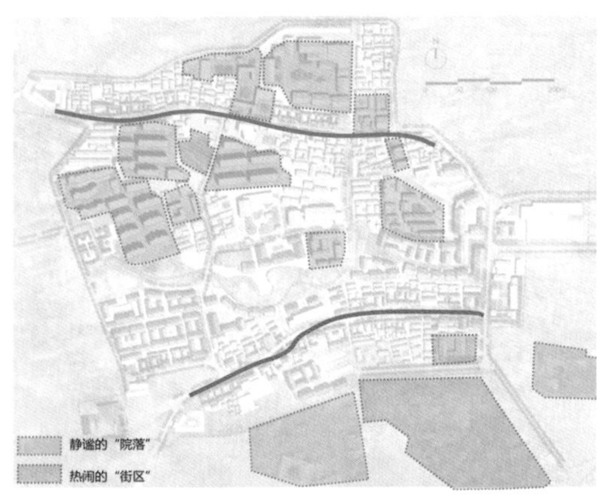

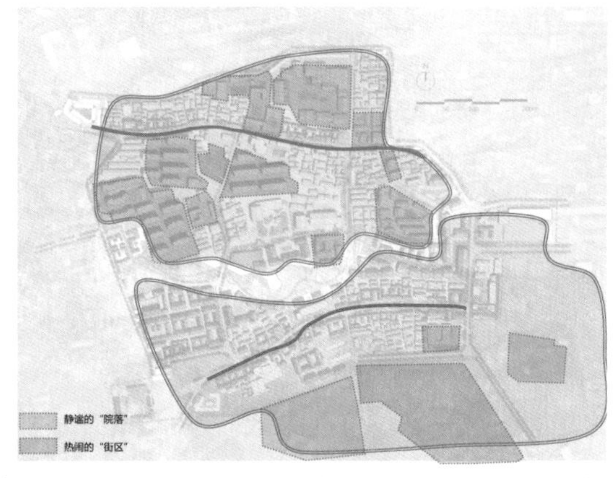

因此将这块场地分为了两大片区：静谧的院落（主要包括：居住区、居民服务设施、会议中心、书院、琴院、寺庙、墓园以及少量商业），热闹的街区（主要包括：餐厅、酒店、大量沿街餐饮小吃、游客服务中心、文化馆、剧场、交通枢纽、民宿）。

香山东门地段城市设计

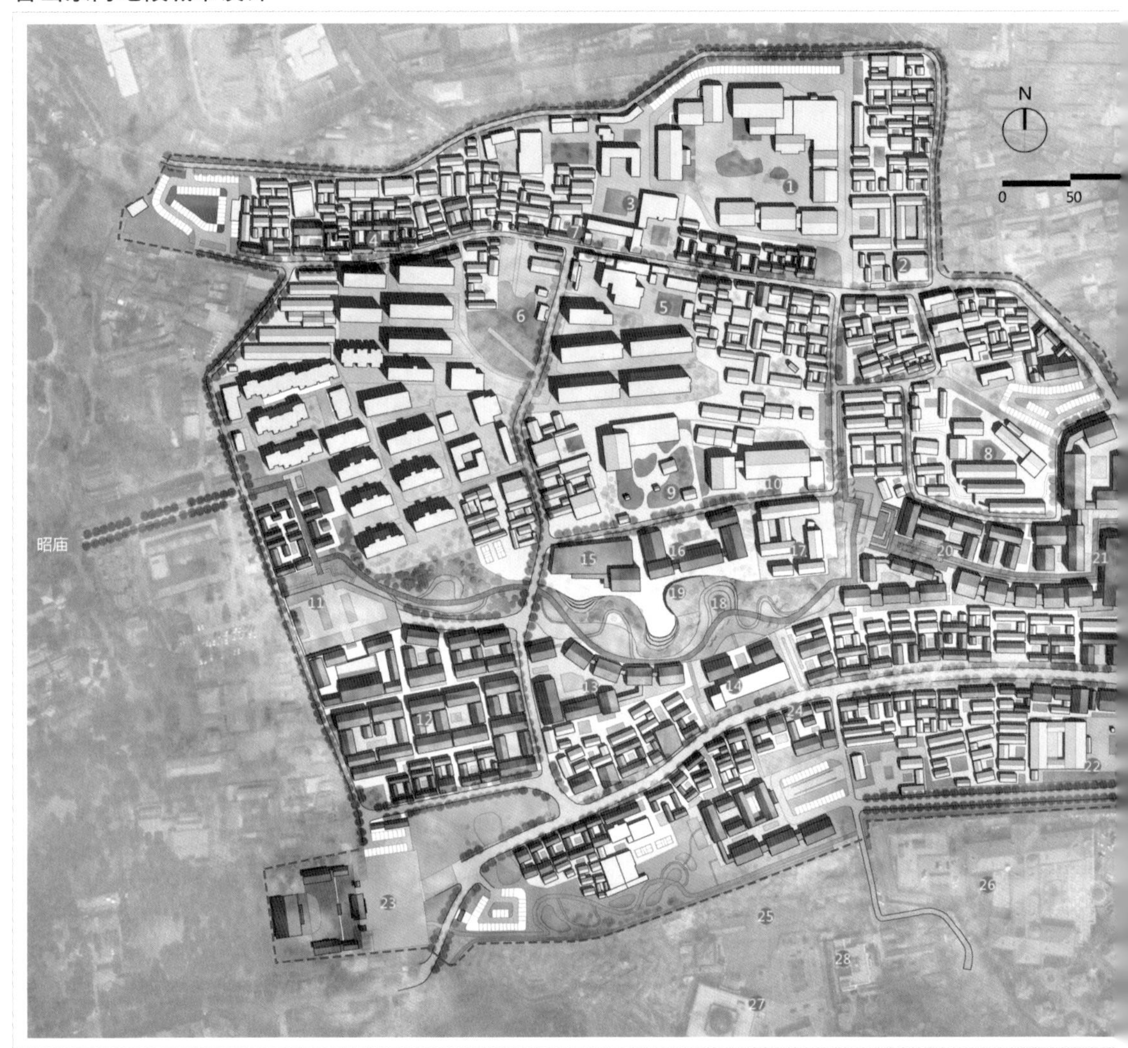

Step3：如何建立两区的分隔和连接？

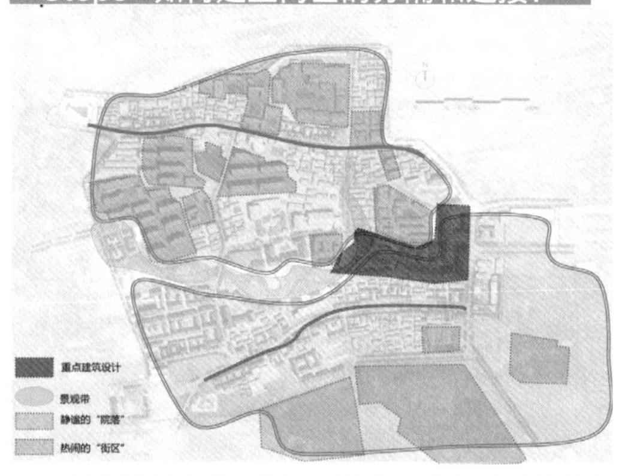

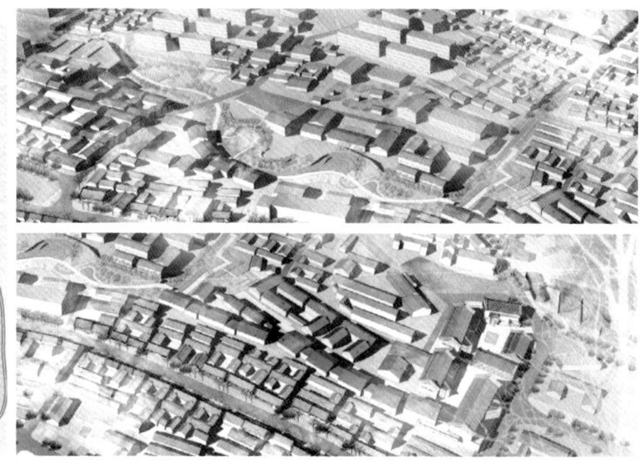

希望两片区相对独立，但是又不希望其衔接得太过生硬，于是衔接的界面如何处理就显得尤为重要，主要通过了两种手法，西侧依据现状高差通过地形景观处理，形成景观带，东侧希望与西郊站结合通过建筑的手法分隔。

总平面图

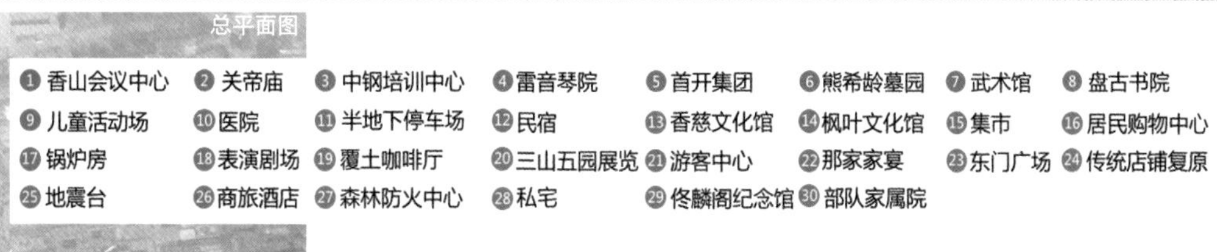

用地代码	用地名称		用地面积（公顷）	占城市建设用地比例（%）
R	居住用地		10.92	30
A	公共管理与公共服务用地		3.64	10
	其中	行政办公用地	1.092	3
		文化设施用地	1.82	5
		医疗卫生用地	0.728	2
B	商业服务业设施用地		12.74	35
S	交通设施用地		3.64	10
	其中	城市道路用地	2.184	6
		交通场站用地	1.456	4
G	绿地		5.46	15
	其中	公园绿地	4.368	12
		广场用地	1.092	3
H11	城市建设用地		36.4	100.00

经济技术指标

规划用地面积	36.4公顷
建筑占地面积	182000平方米
建筑总面积	291200平方米
建筑密度	50%
容积率	0.8
绿地率	21

设计地段位于北京市西北部地区三山五园范围内，三面环山，区位优势明显，设计旨在将此地块打造成一个以“香慈文化”和“三山五园”文化为主题的宜居宜游的复合功能区，以及文脉和生态过渡区。经过调研和设计，将这块场地分为了两大片区：静谧的院落和热闹的街区，将此地块打造成两轴两带两片区的结构，两轴为旅游商业主轴，书香文化次轴，取“松扉”意为翠松如屏障，“萝幄”意为精美的书屋，此为“松街萝院”。

鸟瞰图

规划设计分析

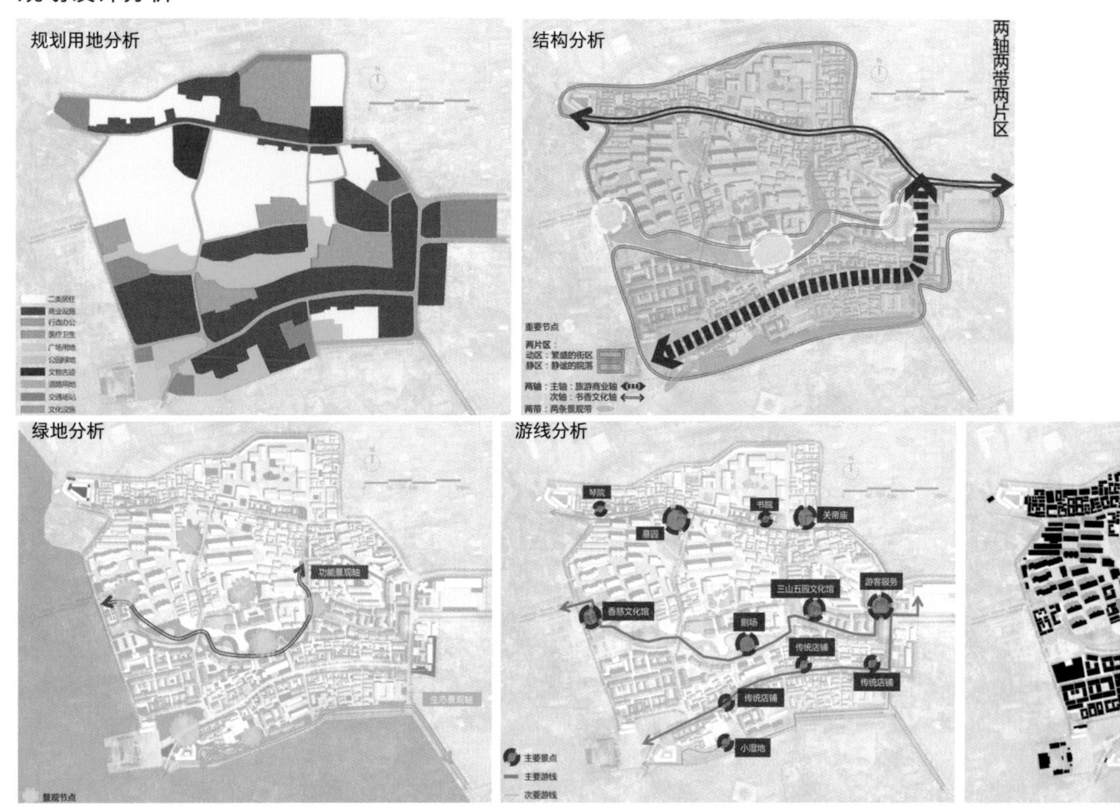

规划用地分析
二类居住
商业设施
行政办公
医疗卫生
广场用地
公园绿地
文物古迹
道路用地
交通枢站
文化设施
结构分析
两轴两带两片区
重要节点
两片区：
动区：繁盛的街区
静区：静谧的院落
两轴：主轴：旅游商业轴
次轴：书香文化轴
两带：两条景观带
绿地分析
功能景观轴
生态景观轴
景观节点
游线分析
琴院
墨园
书院
关帝庙
三山五园文化馆
游客服务
香慈文化馆
剧场
传统店铺
传统店铺
传统店铺
小湿地
主要景点
主要游线
次要游线

形象塑造

买卖街人视

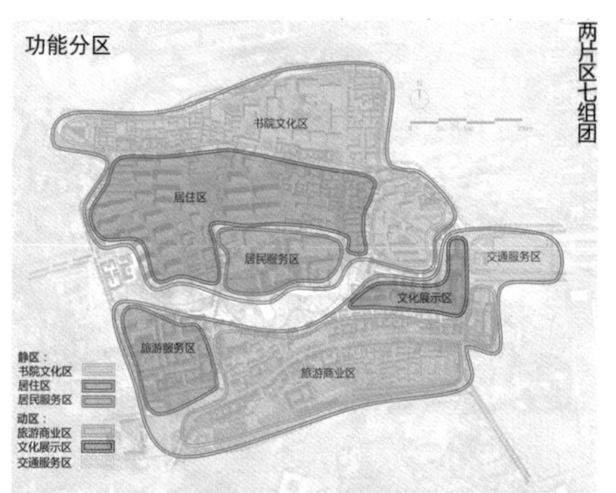
功能分区
两片区七组团
书院文化区
居住区
居民服务区
交通服务区
文化展示区
旅游服务区
旅游商业区
静区：
书院文化区
居住区
居民服务区
动区：
旅游商业区
文化展示区
交通服务区

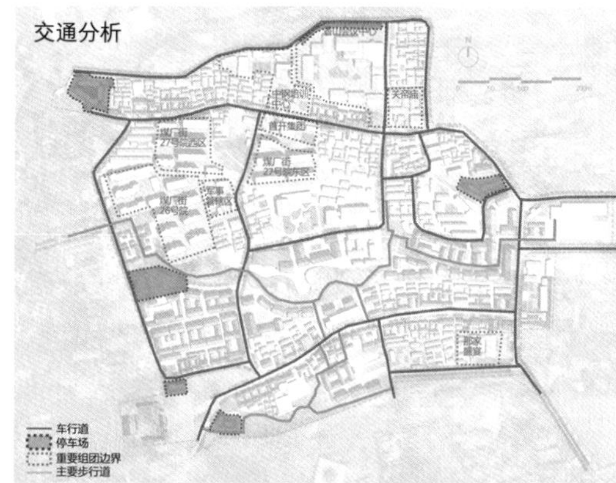
交通分析
车行道
停车场
重要组团边界
主要步行道

建筑保留情况
保留建筑
新建建筑

建筑高度
一层
二层
三层
四层

游客服务中心鸟瞰

游客服务中心人视

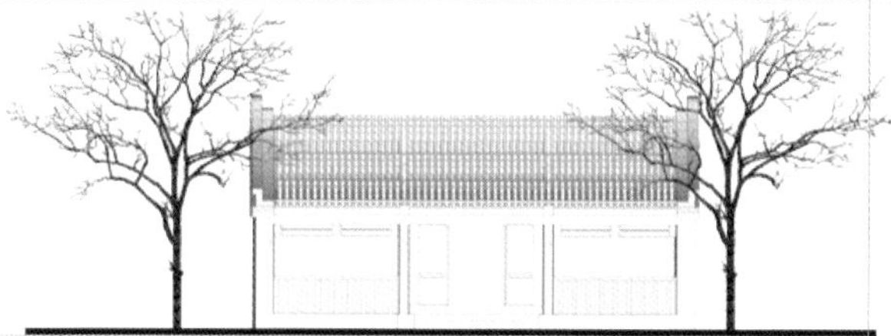

买卖街建筑立面

遐迩之名，枫语见山

——香山煤厂街—买卖街地段城市更新研究及城市设计

专业：城乡规划；作者：贾家妹、王雨晴；指导教师：钱云、徐桐

项目摘要

香山位于三山五园地区的最西侧，是北京著名的景点，也是三山五园皇家园林历史线的西向终点，在历史文化、休闲游憩等方面均承担着重要的总结作用。本研究所选地块为香山公园西侧入口前区，但存在着现状城市肌理凌乱、历史建筑无充分保护、文化特色未充分发掘等问题，其布局结构和功能需要进行调整和改善，以重新焕发活力。

该研究及设计以问题为导向。首先调研梳理地块特色资源以及现状问题，结合理论研究和相关案例，寻找解决问题、发扬特色资源的策略，然后确定目标定位、功能结构、空间布局方案等，最后选择场地内最具有历史特色的核心地段进行城市设计。

笔者希望通过以上的工作充分展示地块的主题形象和意境氛围，使香山公园前区在新时期焕发出新的魅力，并呼应“三山五园”整体保护的时代要求。

研究框架

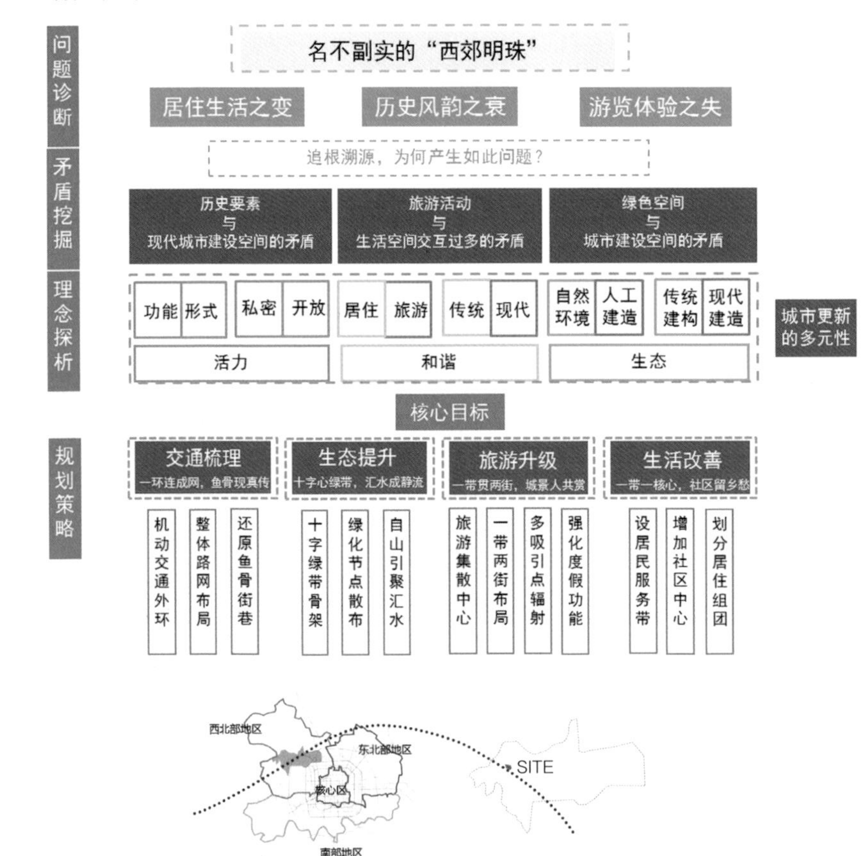

煤厂街—买卖街片区位于北京市海淀区西北部，三山五园地区的西部，香山公园入口前。北临西山林场，西临碧云寺、香山公园，东至北京植物园、中科院植物园，范围为香山南路以西、杰王府路以北的区域。占地面积约70公顷，三面环山，是香山景区对外的主要窗口。

基地区位

区位意义

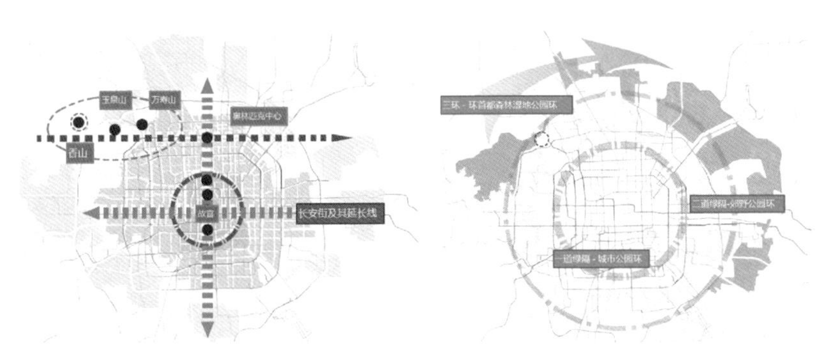

该片区是北京西郊重要的旅游区，周边旅游资源丰富，具有重要的文化和旅游意义；场地位于“二道绿隔郊野公园环”上，是北京西北郊历史文化公园的一部分和市区西北部重要的生态基础设施。

历史沿革

明朝：重建香山寺，扩建碧云庵（寺），成为禅林圣境

康熙十六年：香山地区修建行宫

乾隆十二年：命名为静宜园

清朝末年：静宜园与圆明园、清漪园等皇家园林先后遭英法联军和八国联军火焚，一代名园毁于一旦

民国期间：1290 年香山慈幼院由熊希龄先生创办于静宜园，香山地区也由此成为中国慈善事业的发源地之一，诸多民国名流曾活动于此

1949 年

1956 年：香山公园正式对外开放

1992 年：熊希龄墓园迁至香山脚下

问题诊断

问题一：历史风韵之衰

① 关帝庙大门紧闭
② 熊希龄墓园无人问津
③④ 香慈遗址建筑衰败

■ 历史遗迹丰富，但是保护状况欠佳，利用程度很低

红线内古代建筑遗存为煤厂街沿线的两个城关和关帝庙；近代建筑则以香山慈幼院的遗址为主。以上历史建筑是该片区内进行历史遗产保护的首要对象，是场地内文化底蕴的重要载体，是该片区旅游潜力的重要体现。

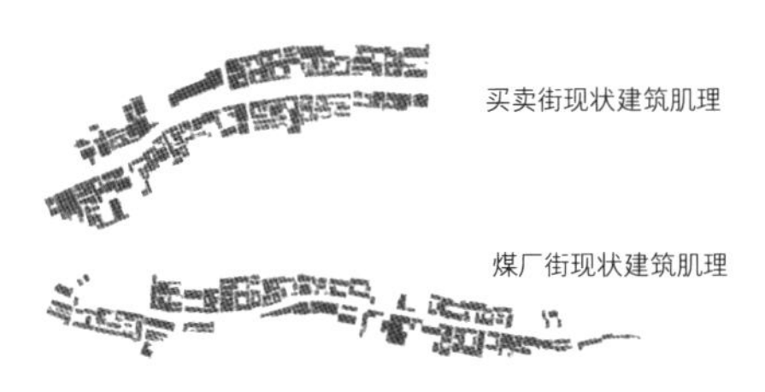

问题二：居住生活之缺

■ 公共活动空间极度匮乏，游客对居民生活存在较大影响

现状公共活动空间仅有场地中部的香山菜市场和社区小广场。菜市场仅在上午开放，而社区广场绿化不足，环境质量低端，鲜有人群聚集。在香山游览高峰，尤其是红叶节期间，大量的客流给居民的生活带来极大不便。

问题三：游览体验之失

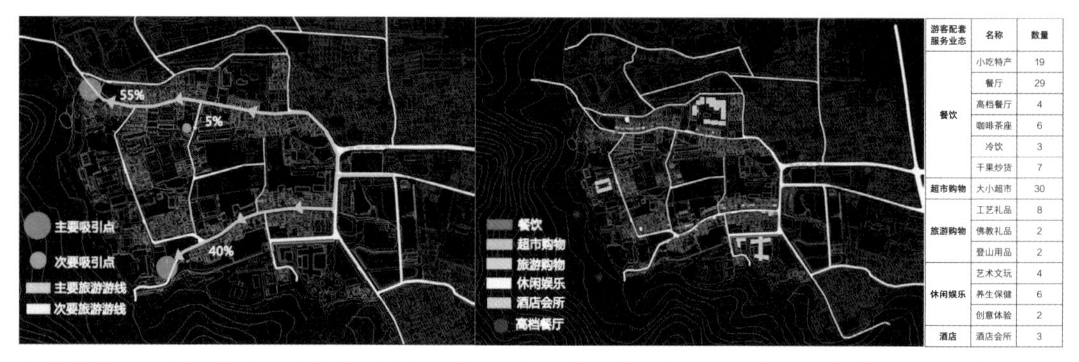

游客配套服务业态	名称	数量
餐饮	小吃特产	19
	餐厅	29
	高档餐厅	4
	咖啡茶座	6
	冷饮	3
	干果炒货	7
超市购物	大小超市	30
旅游购物	工艺礼品	8
	佛教礼品	2
	登山用品	2
休闲娱乐	艺术文玩	4
	养生保健	6
	创意体验	2
酒店	酒店会所	3

■ 游客流失：主要都是经过性质，没有人的聚集与停留

■ 买卖街和煤厂街两条主街业态低端，分布零散，香山脚下门户地区旅游体验丢失

矛盾挖掘

历史要素与现代城市建设空间的矛盾

■ 历史肌理逐渐消失

■ 城市建设逐渐推进

旅游空间与生活空间交互过多的矛盾

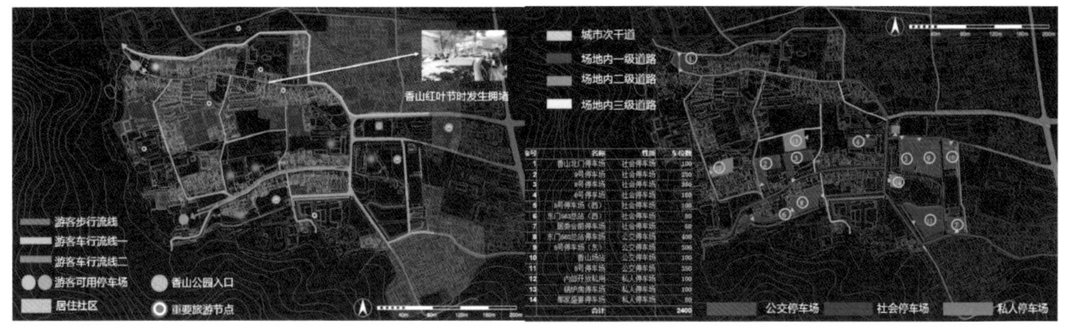

■ 主街共用，交通拥堵，人流冲击　　■ 居民与游客停车场共用，资源分配不协调

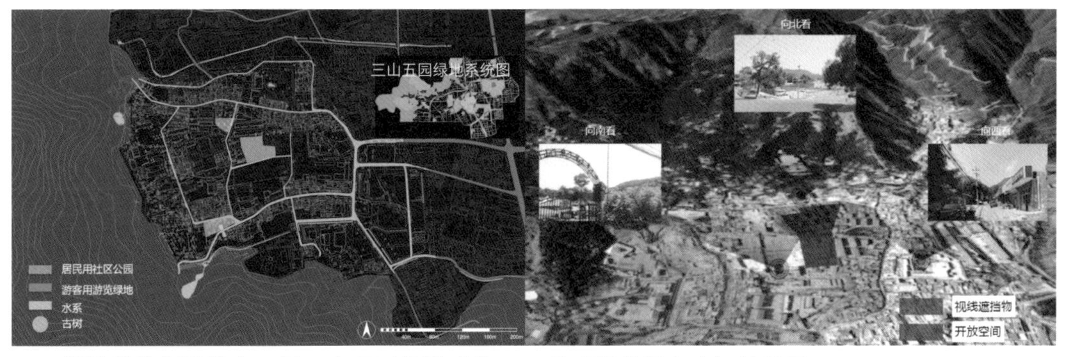

■ 可供游憩的绿地较少，是三山五园绿地系统中空白的部分　　■ 景观视线通廊未加以利用

理念指引

寻找游客与居民的平衡点

针对基地内不同的活动类型梳理了对应主体人群、活动时间和活动场所。街巷和绿地是人群活动使用频率最高的场所。

根据居民和游客不同类别的人群的需求，对公共空间进行点状空间、面状空间以及线状空间三类划分，在各类空间中植入对应功能来达到居民和游客使用的相对独立，同时提高地区包容性、功能多样性，改善生活和游览体验。

■活动类型	■活动主体	■主要时间	■活动场所
步行出行		早晨 / 傍晚	街巷
交通工具存放		早晨 / 傍晚	街巷 / 停车场
购物		白天	街巷 / 市场
治安 / 医护		全天	街巷 / 居委会

■活动类型	■活动主体	■主要时间	■活动场所
散步		白天	绿地 / 广场 / 街巷
休憩		白天	绿地 / 街巷 / 开放空间
健身		早晨 / 傍晚	街巷 / 绿地
文化		全天	街巷 / 文化场所

■活动类型	■活动主体	■主要时间	■活动场所
嬉戏		傍晚	街巷 / 广场
聚会 / 交友		下午 / 傍晚	街巷 / 开放空间
餐饮		白天	饭店
民俗节庆		节庆日	街巷 / 居委会

定位与目标

通过对场地特色资源的总结，提出以下设计定位：以“北京市区西北部品质最高、最具吸引力的历史文化旅游区”为前提，在满足为皇家园林景区服务的前提下，打造香山脚下独具风情的特色的旅游集散区、休闲度假区，创业创意区、历史文化区、居民生活区；营造个性鲜明、活力十足的旅游、商业环境，悠闲惬意、历史内涵丰富的文化环境，舒适、宜人的居住环境。

设计分为三个层次：微观上，对两个特色街区的发展提出策略，进行场地内核心区的详细设计；中观上解决历史与现代生活的碰撞，游客与居民生活的协调，以及旅游与商业文化的融合。宏观上来说，我希望通过对香山脚下的改造与提升能对三山五园区域发展做出一定的贡献。

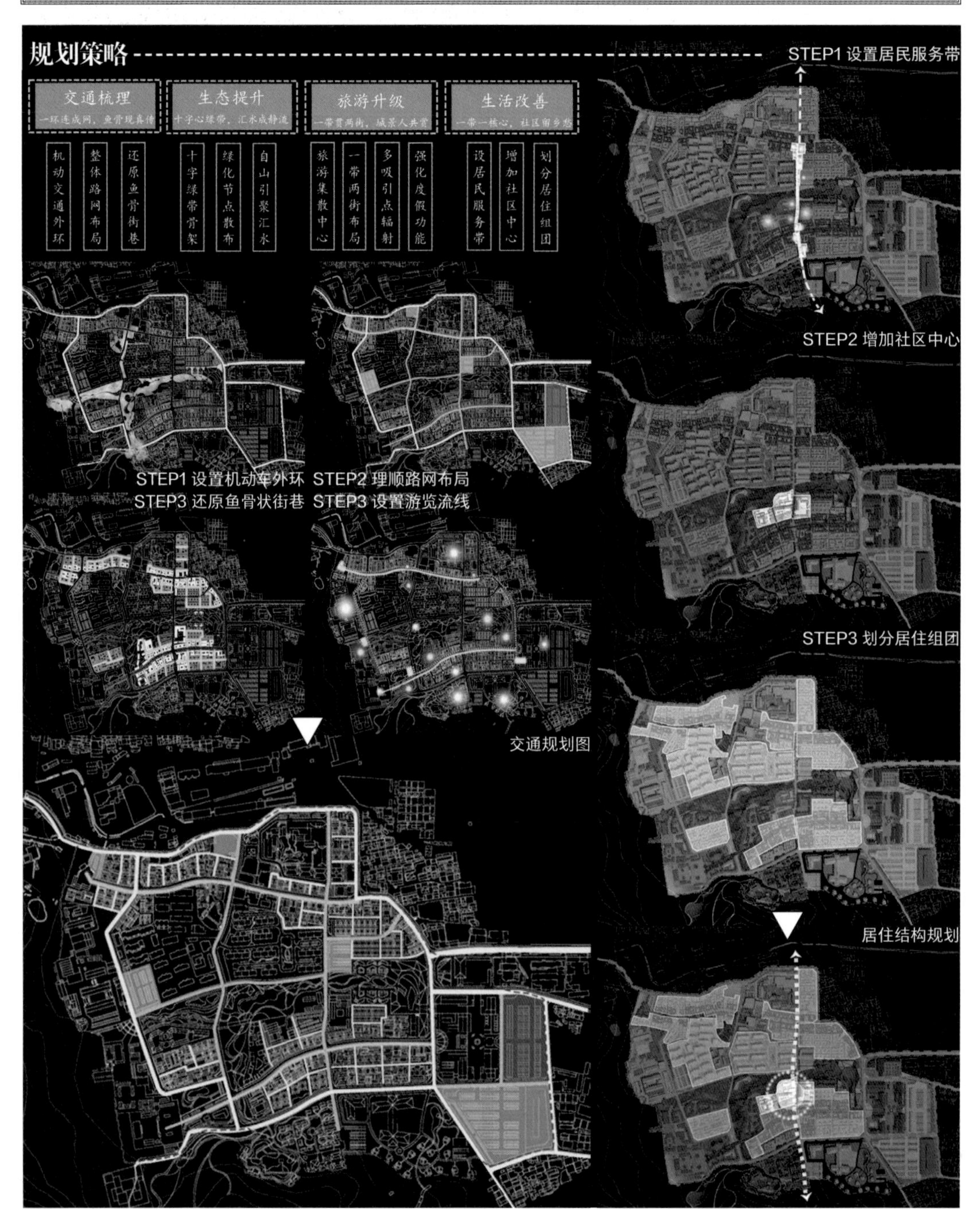

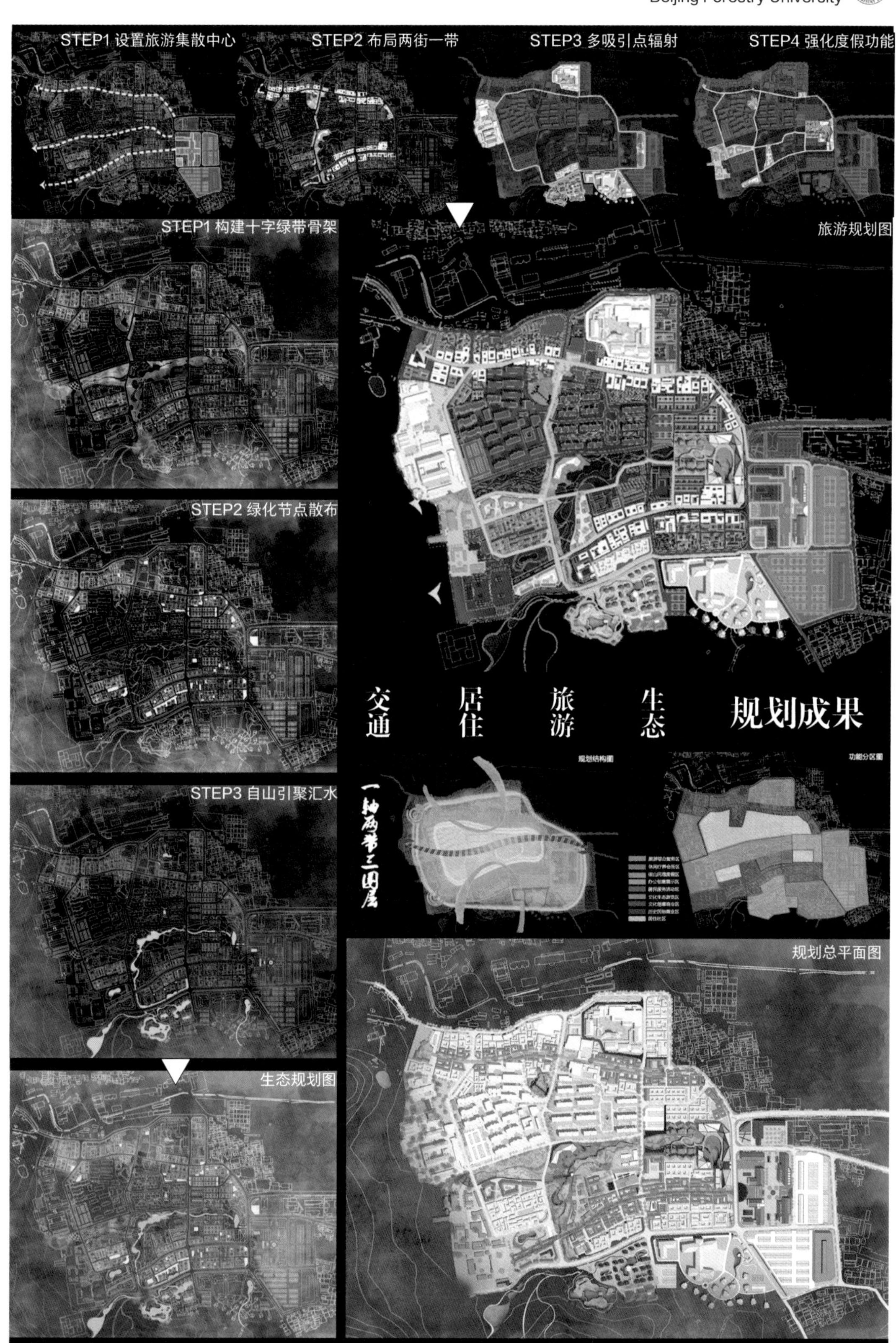
STEP1 设置旅游集散中心
STEP2 布局两街一带
STEP3 多吸引点辐射
STEP4 强化度假功能
STEP1 构建十字绿带骨架
旅游规划图
STEP2 绿化节点散布
交通
居住
旅游
生态
规划成果
规划结构图
功能分区图
一轴两带三圈层
STEP3 自山引聚汇水
规划总平面图
生态规划图

寻古问今片区方案设计

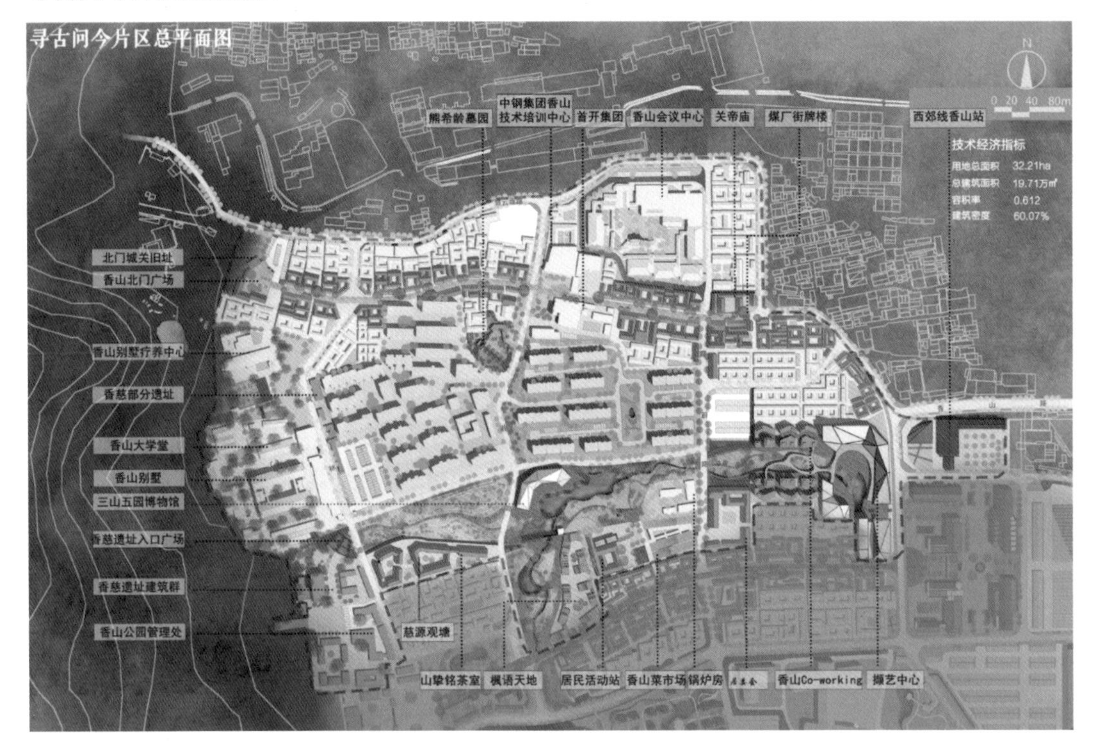
寻古问今片区总平面图
熊希龄墓园
中钢集团香山技术培训中心
首开集团
香山会议中心
关帝庙
煤厂街牌楼
西郊线香山站
技术经济指标
用地总面积 32.21ha
总建筑面积 19.71万㎡
容积率 0.612
建筑密度 60.07%
北门城关旧址
香山北门广场
香山别墅疗养中心
香慈部分遗址
香山大学堂
香山别墅
三山五园博物馆
香慈遗址入口广场
香慈遗址建筑群
香山公园管理处
慈源观塘
山肇铭茶室
概语天地
居民活动站
香山菜市场
锅炉房
香山Co-working
獭艺中心

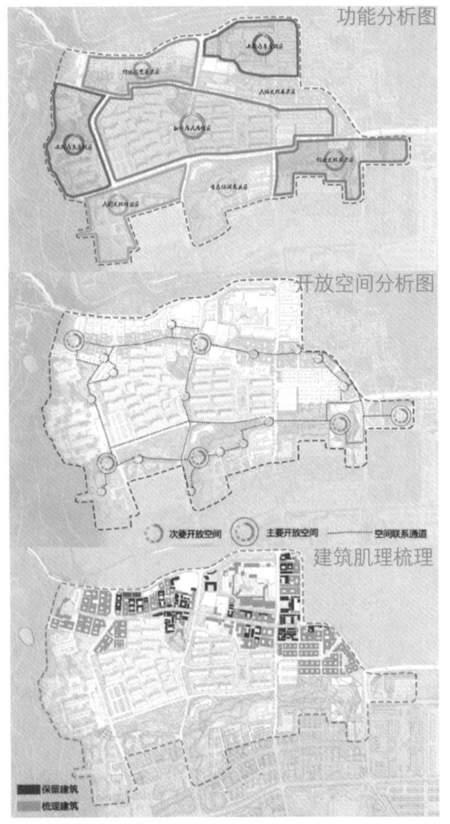
功能分析图
开放空间分析图
次要开放空间
主要开放空间
空间联系通道
建筑肌理梳理
保留建筑
梳理建筑

煤厂街经历了时间的洗礼，映照着历史文化的传承和生活方式变迁，更将见证城市更新的过程。城市环境和基础设施的建设，经济发展模式以及城市大规模建设的推进，在带来便利性的同时，却给历史文化的传承蒙上了阴霾。

以人为本，落实到城市更新的过程当中，应反映为更新模式的控制、塑造街区风貌的把控、功能更新的多元化，文化发展的传承和平衡、经济社会民生等多方面的和谐。

因此，我们认为，作为一个拥有悠长历史沿革、丰富历史遗迹及文化的煤厂街及熊希龄墓园片区的更新模式应该是：

植入式

渐进式

多元式

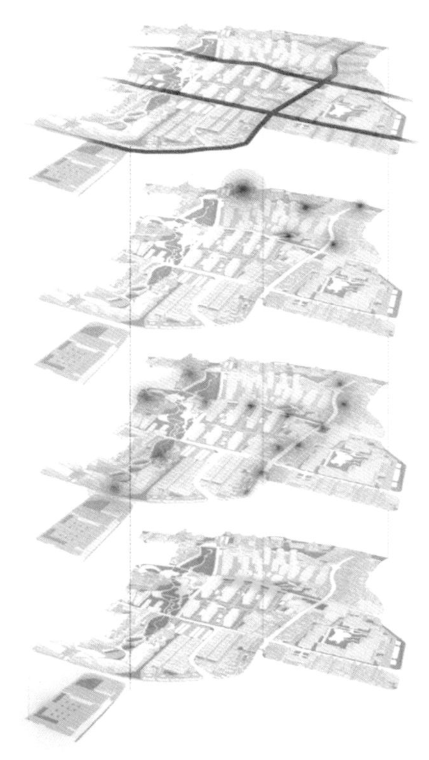

STRATEGY 1
历史街巷尺度的重构。传统的鱼骨街巷是反映传统历史街区的重要方面，对其重构有利于激活历史街区的活力，保护原味市井。

STRATEGY 2
历史遗产的利用焕活。改造和修缮场地内香慈遗址、煤厂街古城关、熊希龄墓园等历史遗迹，激活场地内历史文化资源，提高知名度与旅游吸引力

STRATEGY 3
多元活力吸引点植入。在煤厂街沿线植入琴艺、茶艺、棋艺、花艺、武艺等艺坊，多元活力与文化特征可保证片区成为北京的一张城市文化名片，香山脚下片区也因此不再单调。

STRATEGY 4
在中心绿地景观轴线内布置多个公共空间场地；在居住街巷内开辟多个微型公共空间，补足公共设施。提升景观绿化，增加康体设施，完善文化交流空间。

归园入市片区方案设计

归园入市片区是场地内中心绿轴及其以南的区域，设计的内容包括旅游服务中心、撷艺中心、创业小镇——香山 co-working、“绿心”景观、枫语天地美食区、清仿集市、栖云里民宿度假区以及买卖街。采用一轴、一带、一核心的规划结构，以游客服务中心为核心通过买卖街步行商业轴和以撷艺中心为起点的文化生态带，将游客引至香山东门。

其中买卖街是场地内最重要的旅游场所和活力载体，是现代活力与新中式建筑完美结合的文化创意街区。对买卖街的设计和改造是本次设计对历史街区更新的探索中最重要的研究对象。

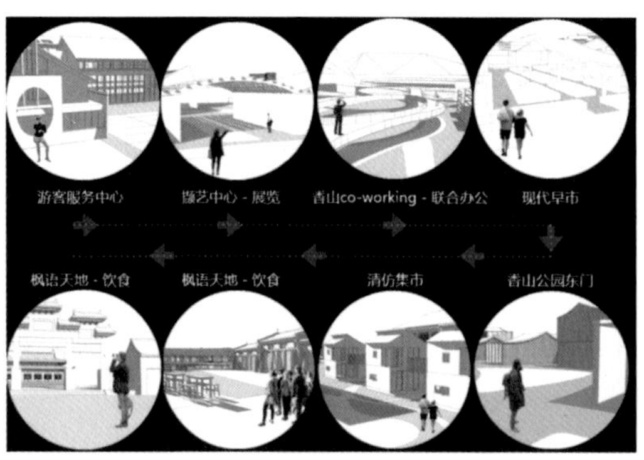

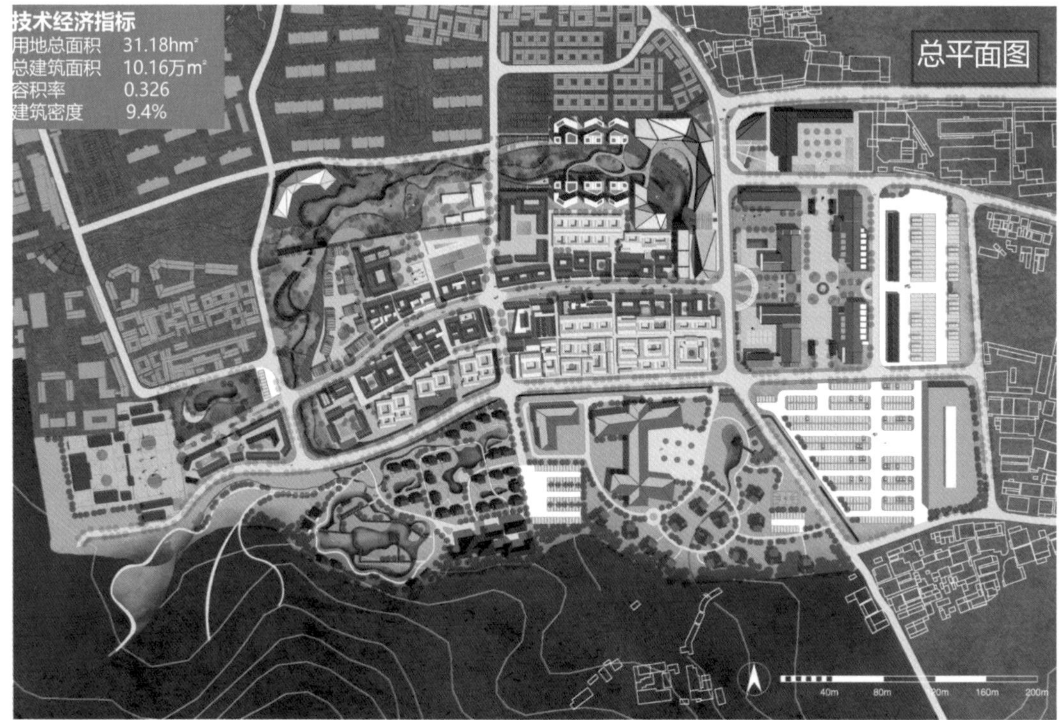

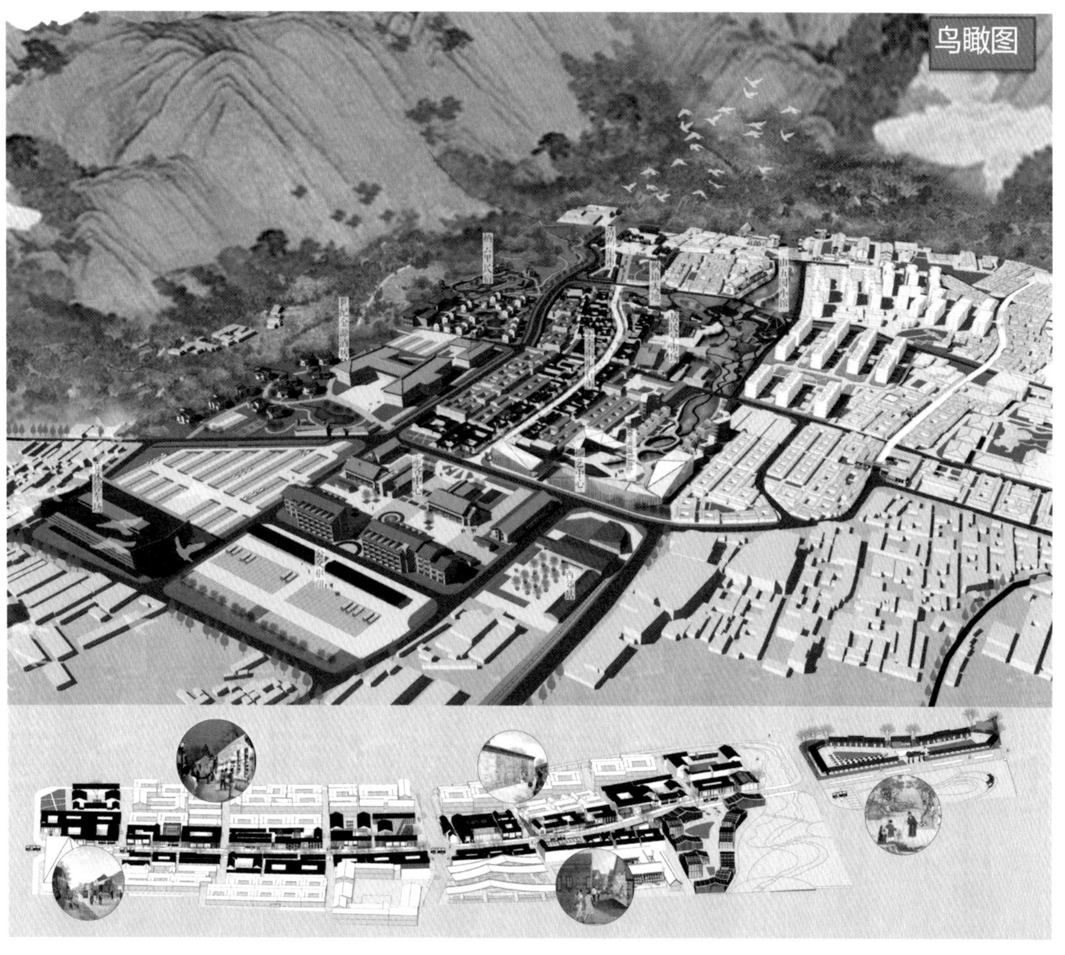
鸟瞰图

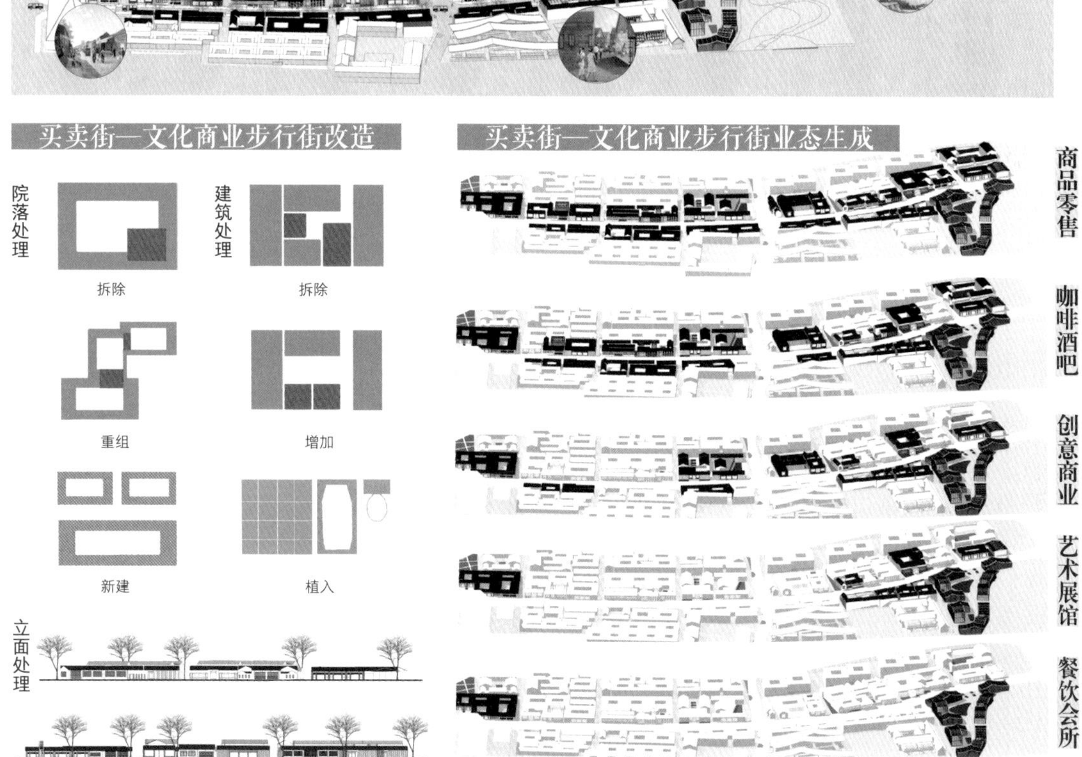
买卖街—文化商业步行街改造
院落处理
拆除
重组
新建
建筑处理
拆除
增加
植入
立面处理
买卖街—文化商业步行街业态生成
商品零售
咖啡酒吧
创意商业
艺术展馆
餐饮会所

煤厂街沿街立面

枫语天地效果图

煤厂街局部轴测图

煤厂街入口效果图

栖云里民宿区效果图

旅游服务中心效果图

撷艺中心效果图

传承与共生

——香山煤厂街—买卖街地段城市更新研究及城市设计

专业：城乡规划；作者：周慧；指导教师：钱云

一 前期分析

设计范围

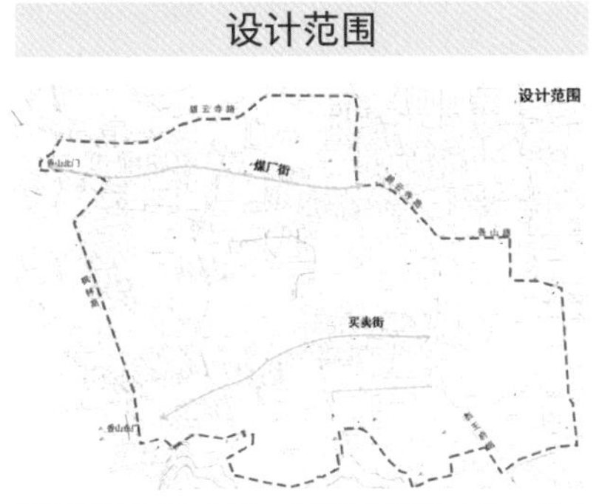

设计面积约 60 公顷，东至西郊线香山站、香山公交站，西至枫林路，南至香山东门山脉脚下，北至碧云寺路。

现状特色资源分析

优越的自然条件

秋色叶植物 古树资源 芳香植物 香山红叶 杏花山 山脉景观 植被景观资源 古时水渠景观

深厚的历史文化

熊希龄墓园 近代教育 运煤通道 寺庙文化 石板路 皇家园林 明清时买卖街 近代建筑遗迹

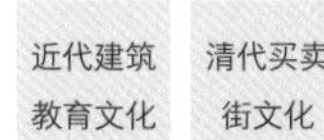

山体资源

场地南侧、北侧、西侧三面环山拥有良好的山体景观资源

水资源

南北侧均有古时水渠通过，场地地势较低，拥有丰富的水资源，可形成较好的山水景观格局

植被景观

场地有较多古树，香山公园拥有一、二级古树共 5866 株，芳香植物、秋色叶植物最有名

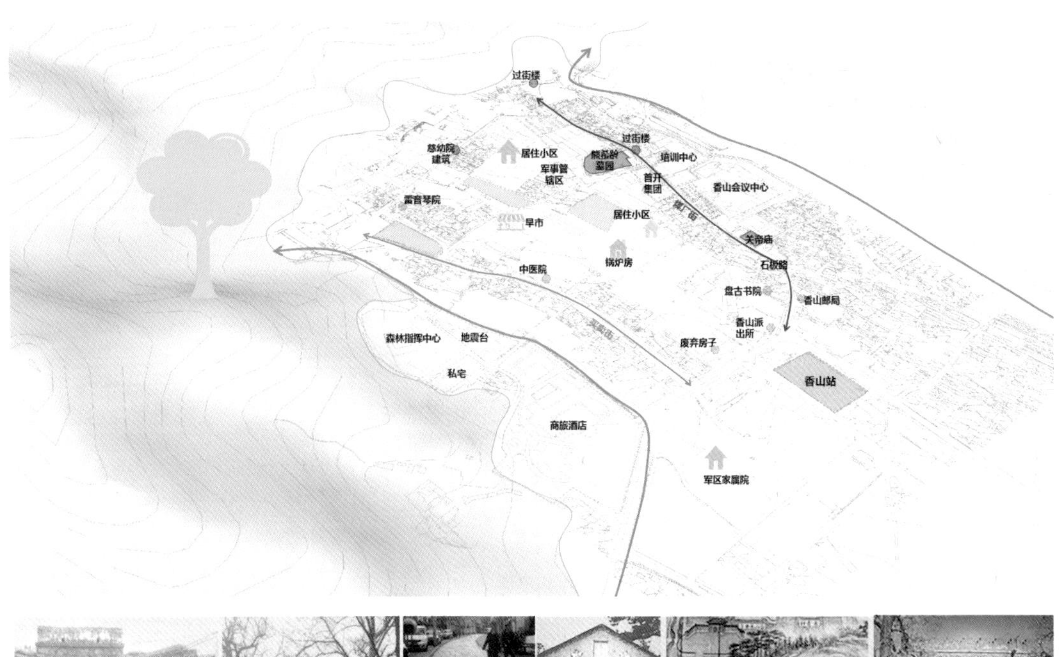

场地现状问题分析

问题	说明	现状照片
现状自然资源未利用	□ **现状基本未考虑山脉、水渠、植被景观的利用，现存大量废弃地，景观性较差**	 
历史文化保护不足，开放性不够	□ **煤厂街通车、破坏古时石板路，古城关内搭建棚户区，环境较差** □ **历史古迹开放性较差**，如熊希龄墓园、香山管理处的近代建筑入口位置较为偏僻，不利于人们进入	 
居民生活质量低下	□ **居住建筑质量差**：大面积私搭乱建，破坏传统四合院城市肌理，现存大量的棚户区 □ **居民基础设施数量不够，质量较差**：早市环境较差，社区绿地设计单一 □ **交通混杂**：场地断头路较多，交通可达性差，与游人通行交叉过多，高峰期影响居民出行	 
游客体验感较差	□ **商业建筑风貌**：买卖街店铺风格混杂，商业街业态有待提高 □ **游人交通**：场地西郊线附近停车位较多，买卖街及煤厂街又人车混行 □ **旅游服务设施**：缺乏游客服务中心等旅游服务设施	 

二　定位及策略提出

目标定位

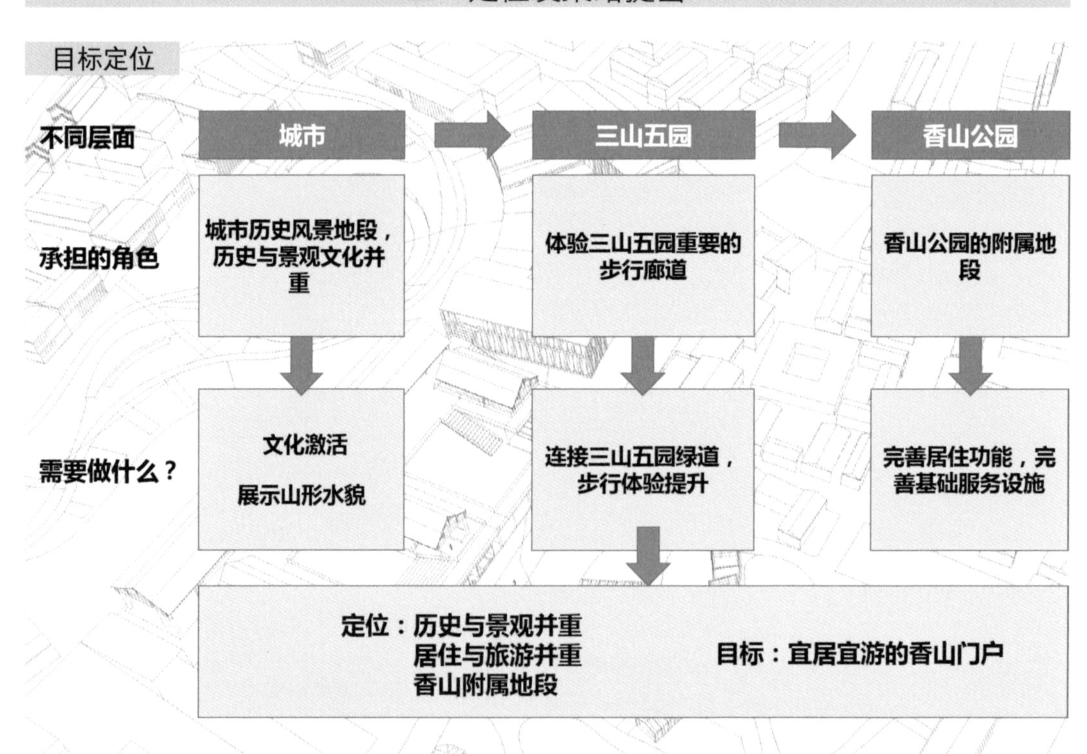

策略提出

空间策略

黄色的是现状较好的居住组团，以及社区服务功能的用地

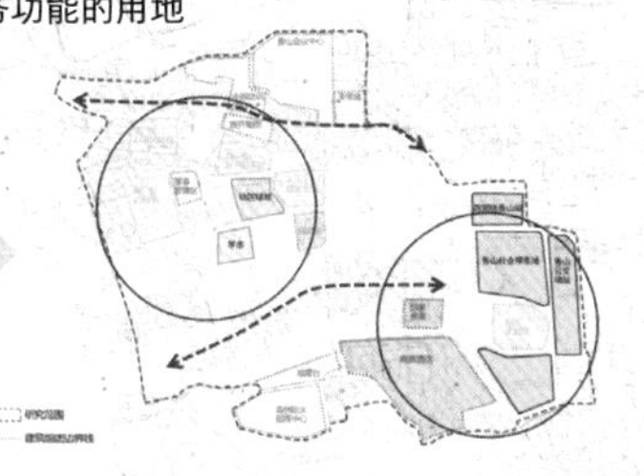

紫色的是现状酒店饭店组团，以及为旅游提供服务的停车用地

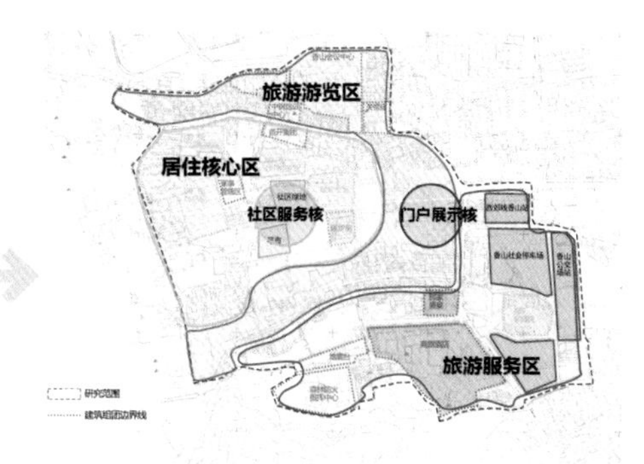

策略一：形成内部居住核心区，外部旅游游览区、旅游服务区三大分区

将旅游与居民生活区分，打造舒适的“居住内院”

策略二：置入活力核，形成核 + 网的空间结构

门户文化展示核 + 社区服务活力核

生态景观策略

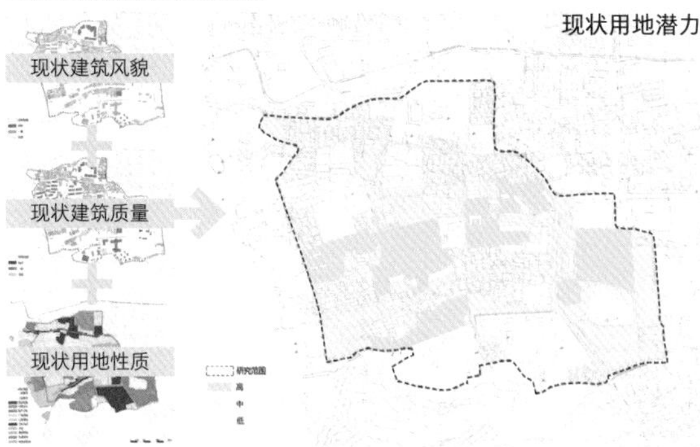

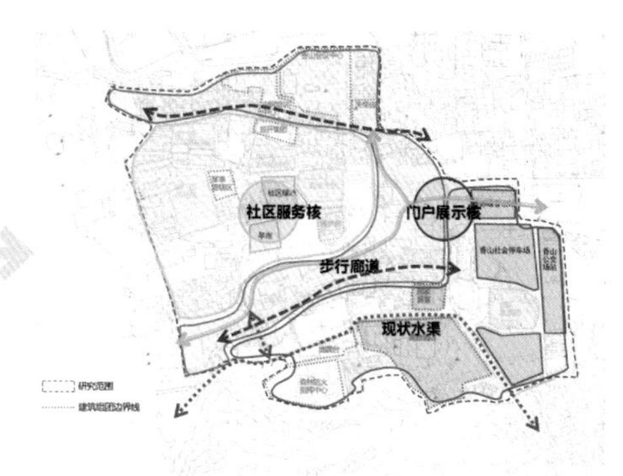

策略一：构建特色步行廊道

承接三山五园东西向轴线，形成视线通廊同时为煤厂街、买卖街进行分流

策略二：引水

利用场地地形、废弃地构建生态雨水花园展示历史风景地段山形水貌

文化策略

策略一：形成煤厂街、买卖街特色历史游览轴线

买卖街定位为浓荫里的传统商业古街，还原清代买卖街建筑风貌。煤厂街以街串点，形成文化创意展示街

策略二：形成社区文化网打造社区文化活动

结合现状打造十字形社区内部社区文化网，激活场地活力，提高居民文化参与度

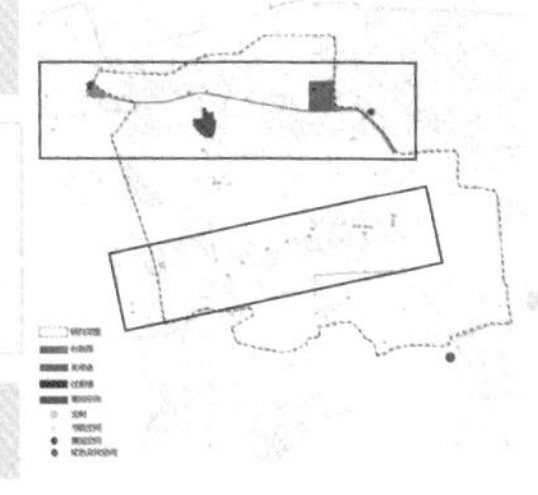

煤厂街历史文化遗迹多
买卖街古树多

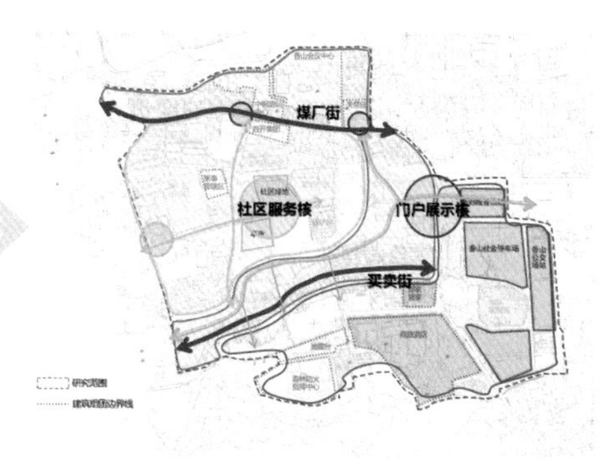

三　规划方案

规划结构

双核　双轴　一带　三片区

门户展示核：结合西郊线站点打造进入场地的一个门户文化展示节点

社区活力核：结合场地现状打造一个社区活力中心

文化展示轴：结合煤厂街历史，以街串联沿街的历史景点形成一条文化展示轴

传统商业体验轴：结合买卖街商业氛围，进行街道改造设计还原明清商业街风貌特点

一带：特色步行廊道

三片区：旅游服务区、旅游游览区、居住核心区

空间策略　生态景观策略　文化策略

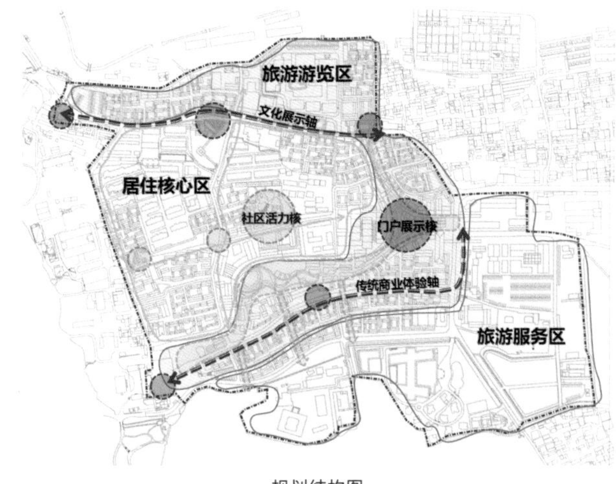

规划结构图

规划分区

文化创意展示游

以文化展览、书院、琴房、文化馆、博物馆、文化创意手工坊、艺术工作室等为主要业态，形成集中的文创产业区。

特色商业体验游

以咖啡、茶座、老字号小吃、纪念品等餐饮类和购物类为主要业态。

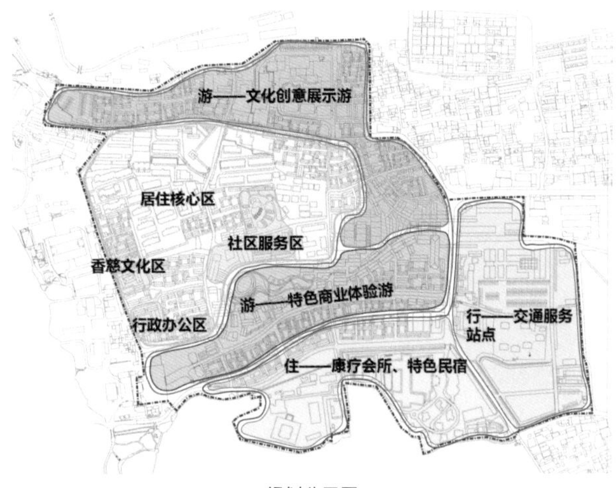

规划分区图

规划绿地结构

利用现状废弃地打造从西郊线至香山东门的特色步行绿带绿地景观体系。联系南侧山脉，形成对话。结合现状离地，打造社区十字形绿地，联系各个分区绿地节点形成绿地系统网络。

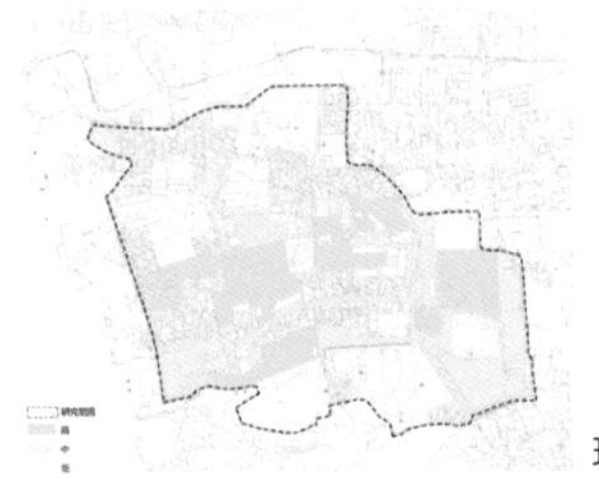

现状用地潜力

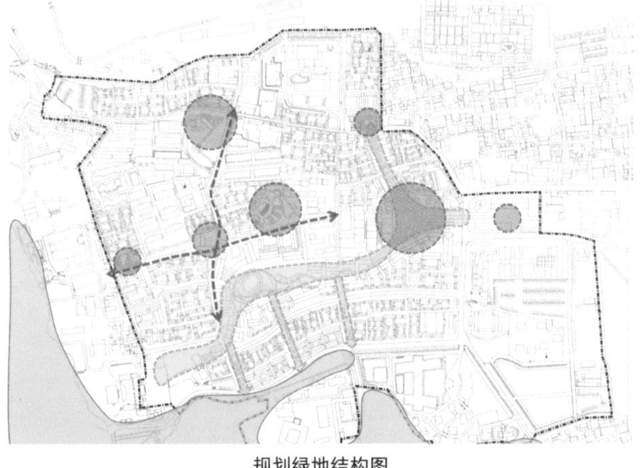

规划绿地结构图

总平面

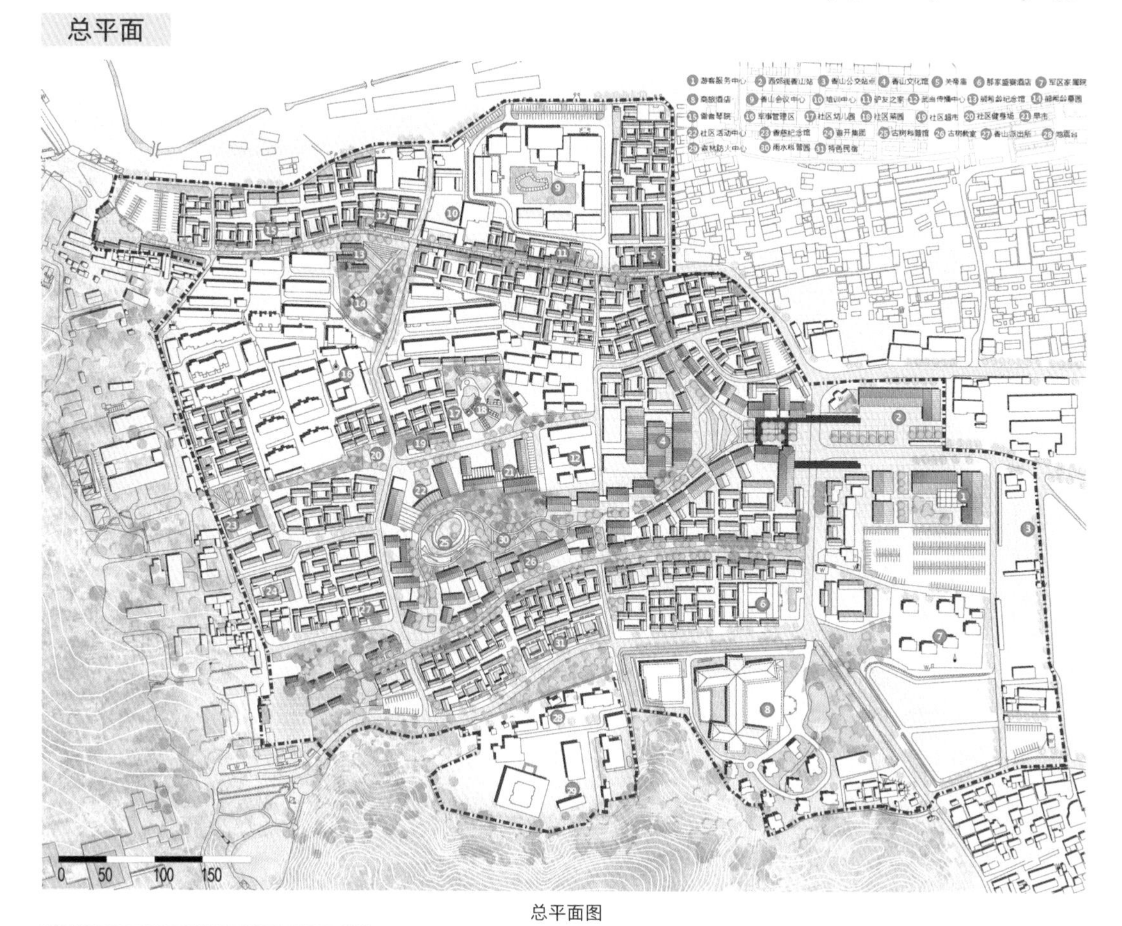

总平面图

方案功能调整分析

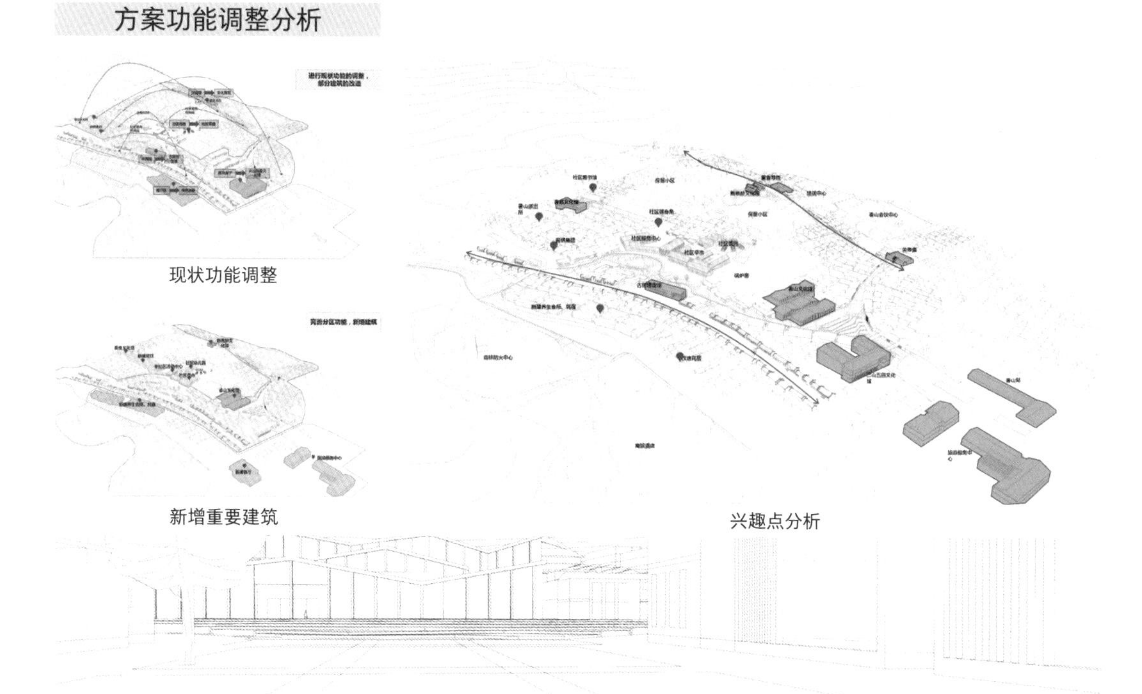

现状功能调整

新增重要建筑

兴趣点分析

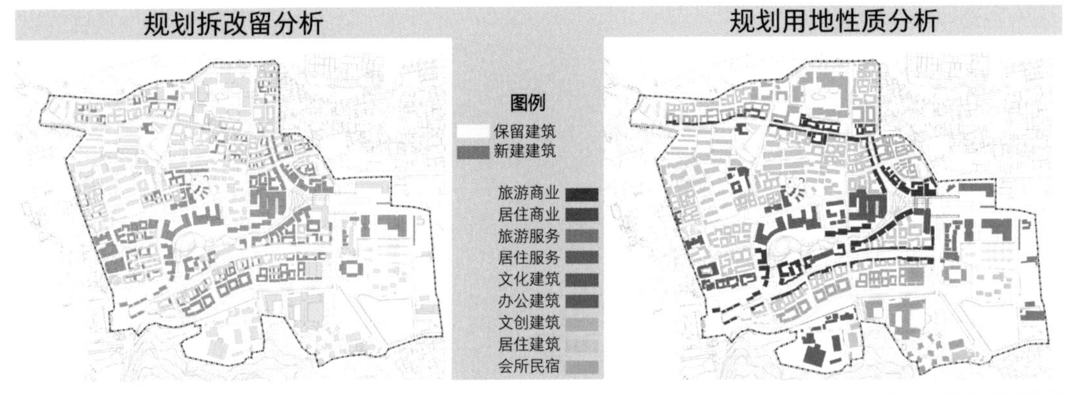

规划建筑肌理分析

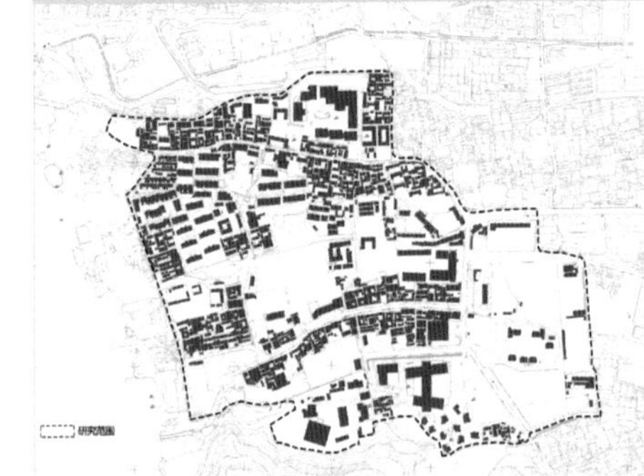

现状 VS 规划

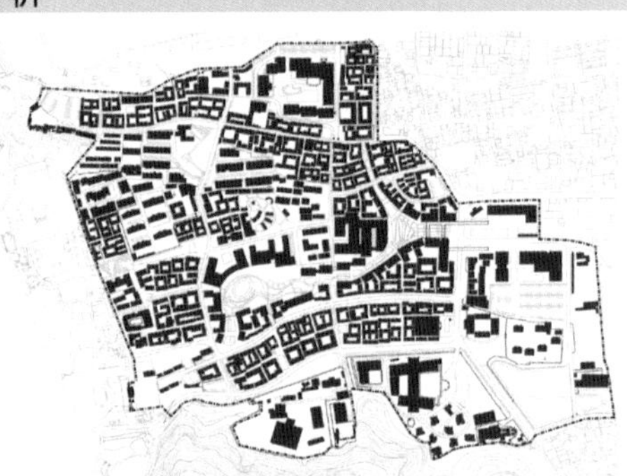

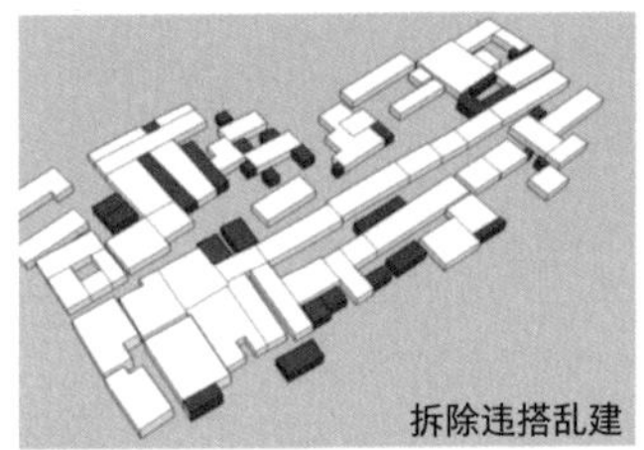

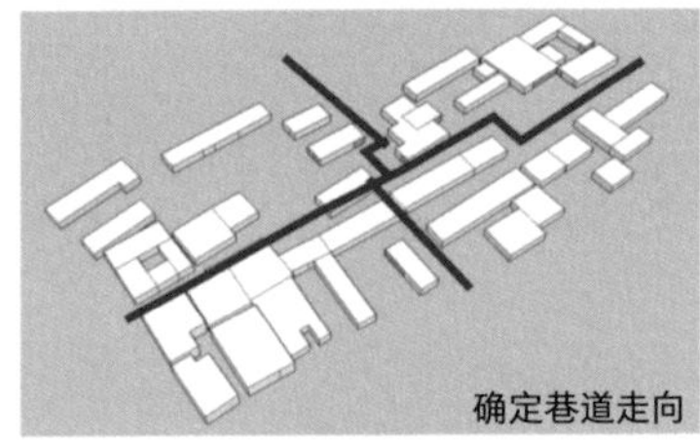

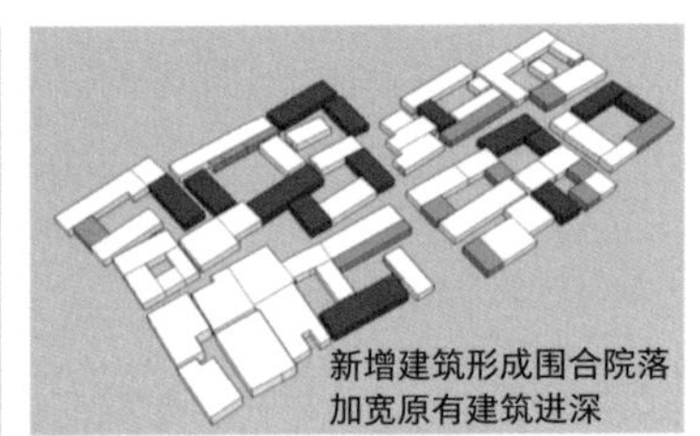

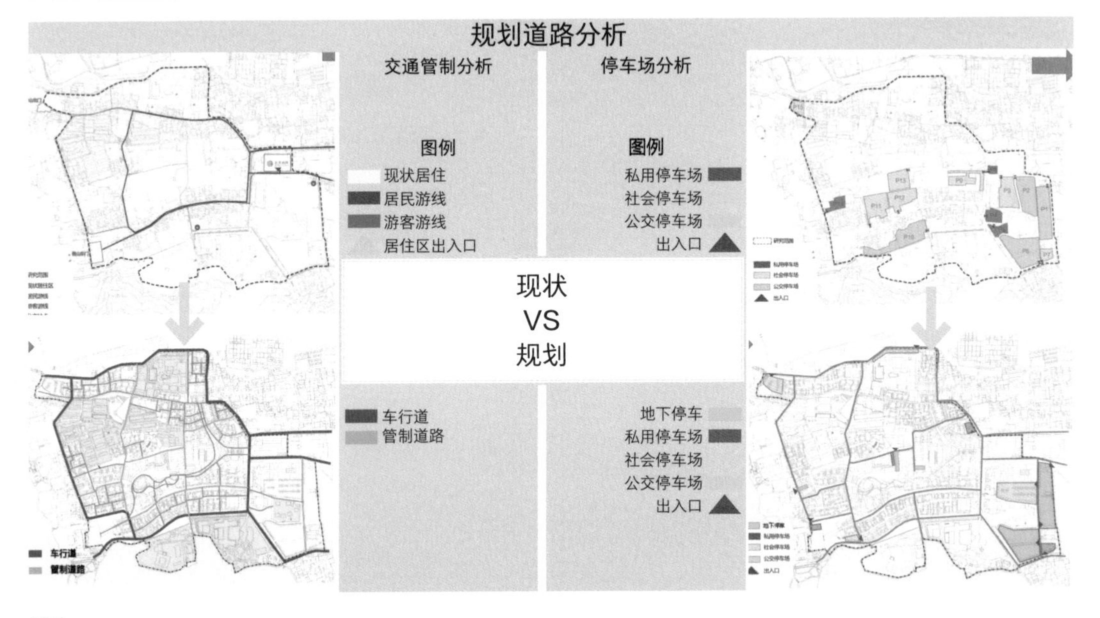

规划道路分析

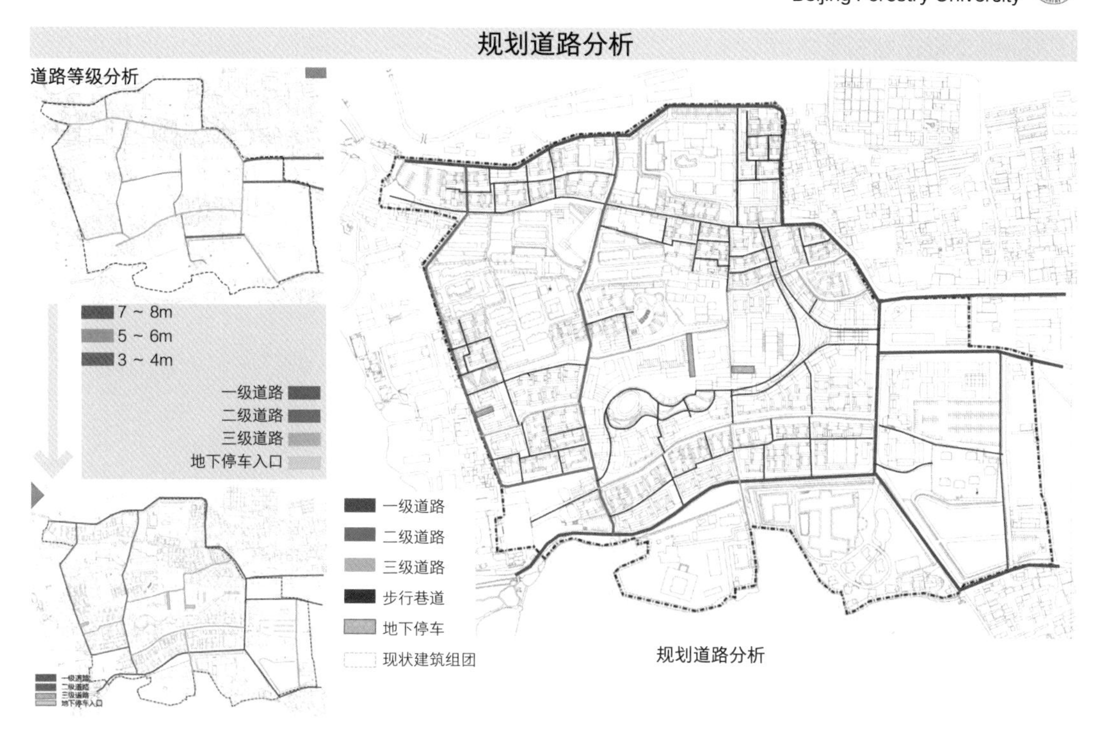

四　节点详细设计

节点一：门户展示节点

该节点主要进行门户文化展示，展示场地的山形水貌的展示。香山站前广场通过二层连廊将人们引入场地。节点主体建筑为香山文化馆，立面设计为山形的坡屋顶，使得人们可以在已进入场地时能看到前景的花田景观、山形的香山文化馆，以及远处的香山山脉。

节点分区图

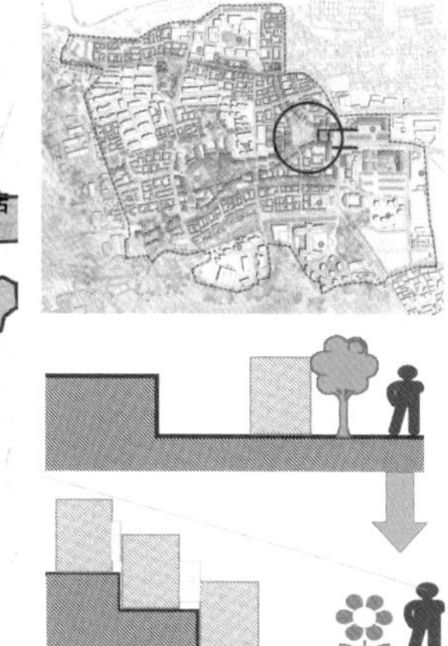

门户节点效果图

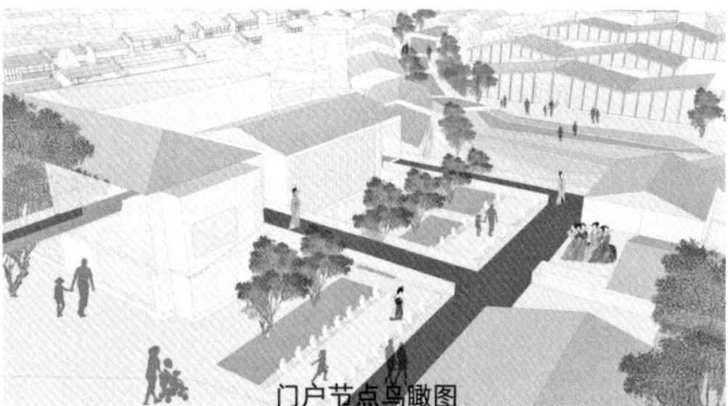
门户节点鸟瞰图

节点二：社区服务节点

该节点功能分区为社区服务中心、社区早市、社区幼儿园、社区健身角、社区菜园、社区公园。社区服务中心的建筑分区为社区医院、社区阶梯图书馆、社区展览廊、社区活动中心。

社区早市进行复合利用，早上可以形成市集提供社区居民购买食材，其他时间可以进行露天电影、社区晚会表演、社区跳蚤市场等复合利用。

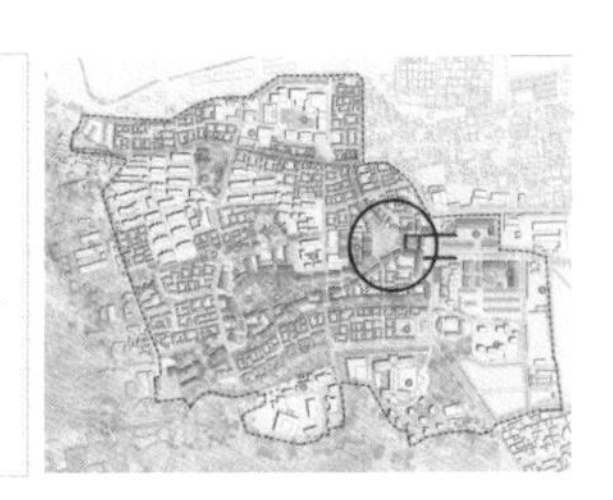

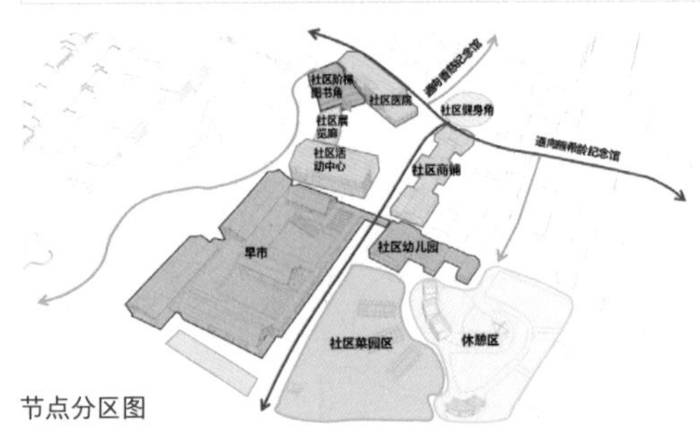

节点分区图

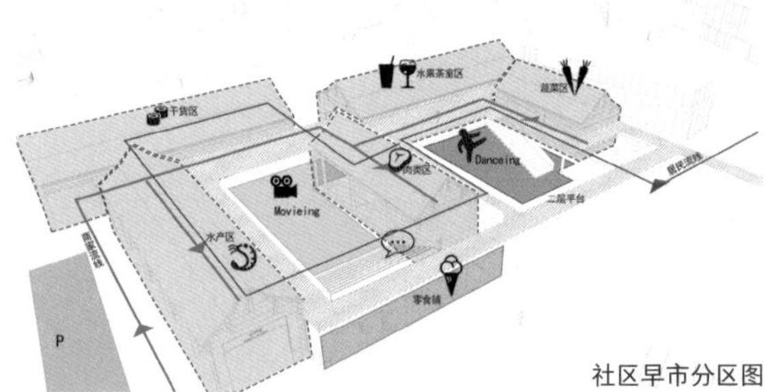

社区早市分区图

社区早市效果图

社区早市效果图

节点三：步行廊道中心节点

密林隔离区主要是将旅游区与居民区进行隔离，进行植物景观营造。跌水庭院是人们停留的一个较为安静的区域，可以看到雨水花园的跌水景观。开放草坪与科普馆、阶梯草阶结合，可做展演空间，较为开放的停留空间。

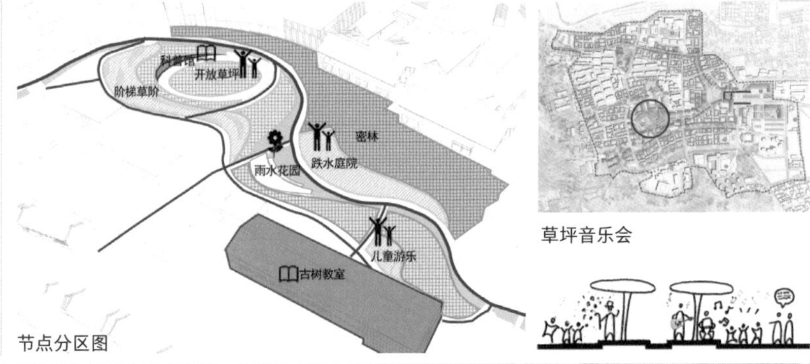

节点分区图

草坪音乐会

步行廊道中心节点鸟瞰图

步行廊道中心节点效果图

节点四：买卖街、煤厂街

买卖街沿街景观

买卖街主要通过建筑立面改造，恢复明清建筑风貌，并在整条街节奏性地插入公共茶室等休憩空间，打破原有枯燥的街道界面，打造富有节奏变化的街道景观。

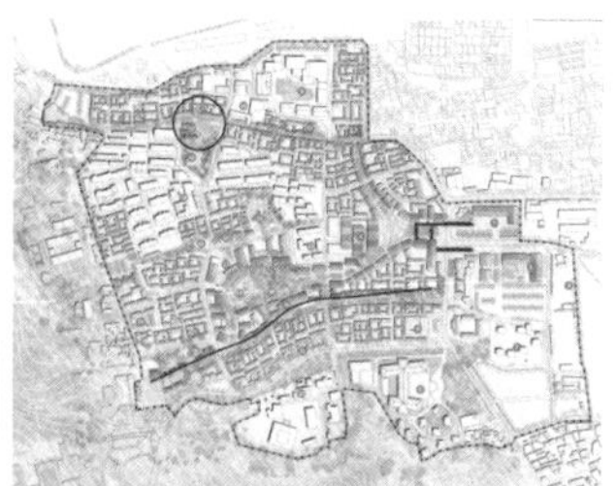

买卖街

买卖街效果图

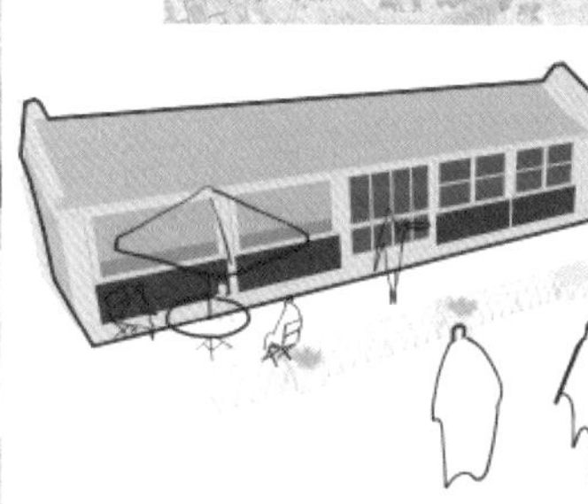

煤厂街沿街改造意象

艺术画廊展

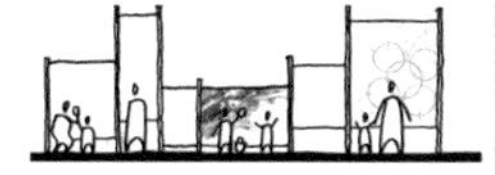

创意商店

建筑立面改造

煤厂街

熊希龄墓园节点改造

熊希龄墓园效果图

节点五：香慈文化区

该区域分为香慈文化馆、活力草阶、阅读树林、社区图书馆。对慈幼院遗留的建筑进行立面元素提取，新建香慈文化馆，与香山管理处相呼应。

节点分区图

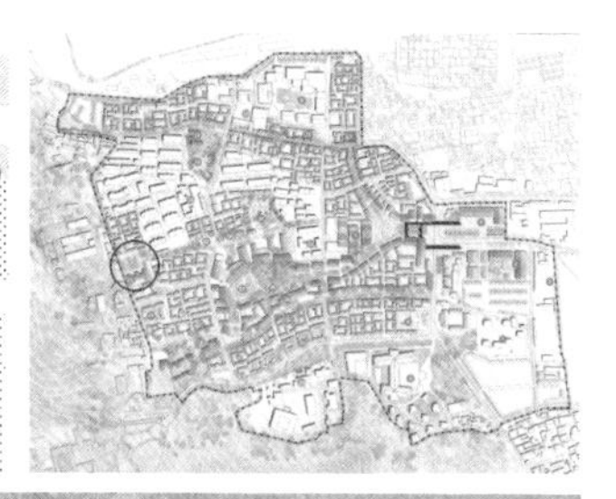

读书交流会

香慈纪念馆

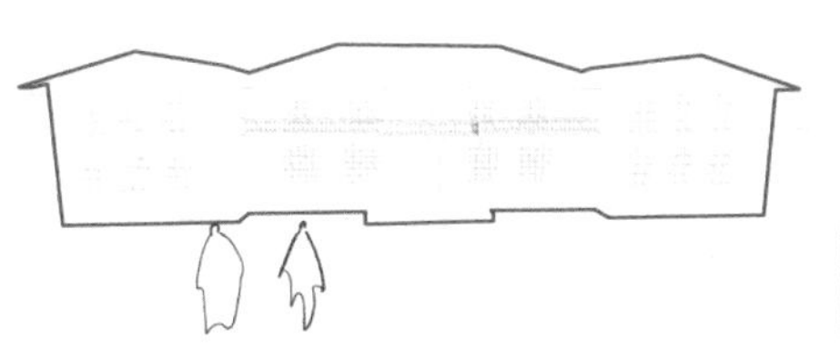

香慈纪念馆效果图

传承与共生

——北京三山五园一亩园地块城市街区规划及建筑设计

专业：城乡规划；作者：李鑫瀚；指导教师：钱云、段威

一　前期分析

区位条件

海淀——三山五园

三山五园——场地

场地周边

北京市海淀区一亩园社区，紧邻圆明园，东接达园宾馆，西邻颐和园，南与挂甲屯相毗邻，北至圆明园西部。一亩园地块位于三山五园地区交通枢纽地段，在地铁 4 号线和地铁 16 号线接驳处，是游客前往三山五园地区游览时理想的落脚点。目前该区域已经完成房屋整治拆迁工作，区域新定位、新功能呼之欲出。

定位发展

"三轴、两核、九重心"总体框架

区域定位
北京历史文化名城的重要有机组成部分（"双核"之一）

区域性质
首都西北部重要的城市功能区

区域职能
历史文物保护区
古都风貌代表区
文化科技融合区
教学科研文化聚集区
世界高端旅游目的地

区域发展目标
建设成为具有世界影响力的文化遗产科学保护示范景区和文化旅游创新发展示范景区

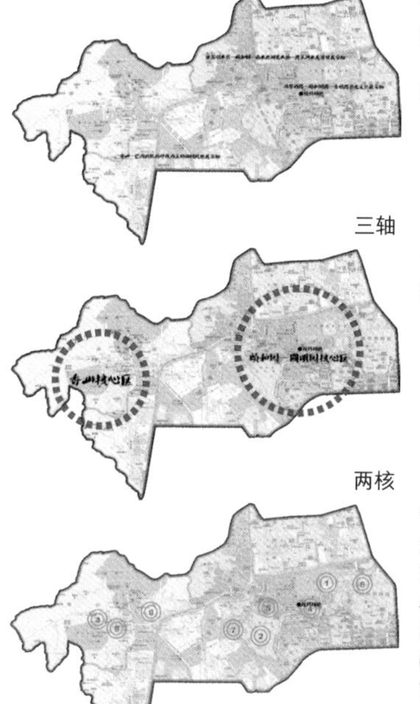

三轴

1. 清华西路—颐和园路—香颐路历史文化展示轴
2. 京密引水渠—颐和园—南水北调蓄水池—昆玉河水系景观展示轴
3. 香山—巴沟地铁西郊线为主的田园风貌展示轴

两核

1. "颐和园—圆明园"为中心的两园核心区
2. 香山为中心的香山核心区

九重心

1. 圆明园考古遗址公园全面整治．提升建设
2. 颐和园保护．维护建设
3. 香山静宜园的整理和恢复建设
4. 圆明园大宫门地区环境整治建设
5. 颐和园北宫门地区环境整治建设
6. 圆明园东墙外环境整治建设
7. 颐和园西墙外环境整治建设
8. 香山四王府地区环境整治建设
9. 香山中心地区环境整治建设

历史文化

雍正年间

每年春天帝后出园在此举行亲耕之礼

嘉庆年间

一亩园“耕耤礼”逐渐废弃

光绪年间

慈禧“垂帘听政”，其御前掌印太监刘诚印在一亩园旧址修了宅院及家庙，后逐成村落，称一亩园村

如今

原一亩园的大部分建筑被毁，但尚有遗迹可寻

宏观分析

三山五园区域内有 5A 级景区颐和园一处，4A 级景区若干，为重点旅游景区相对集中的区域之一。

三山五园区域内交通发达，有 3 条地铁线路、12 个地铁站点和两条城市快速路。

“三山”与“五园”位置

三山五园区域内有“北京皇家园林”一处世界遗产，拥有极高的历史地位。

三山五园包括香山、玉泉山、万寿山，清漪园、圆明园、静宜园、静明园、畅春园。

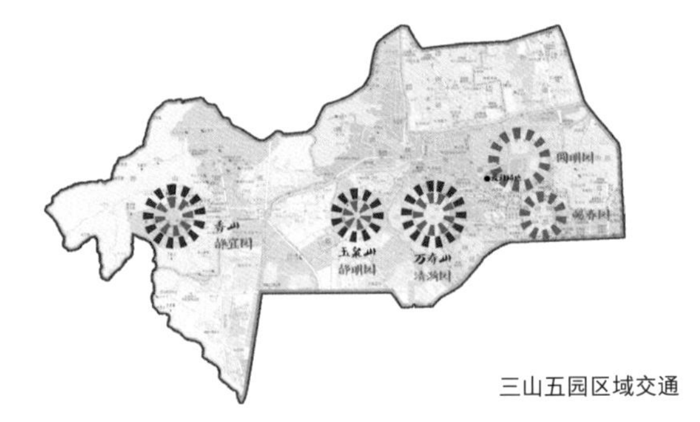

三山五园区域交通

中观分析

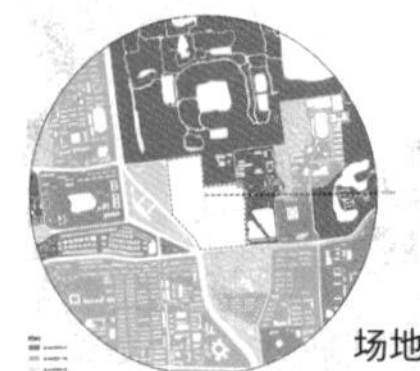

场地风貌

场地东、北部景观风貌较好，但相对集中；西、南部景观风貌参差不齐，与历史风貌不相协调。整个区域景观风貌相对一般。

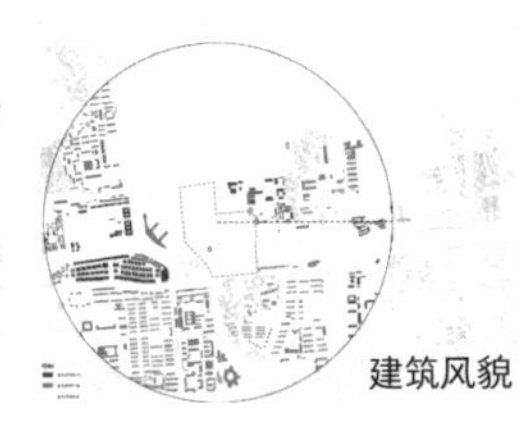

建筑风貌

场地东部部分历史建筑风貌较好；西部、西南部大部分现代建筑风貌一般；南部平房建筑风貌较差，整个区域建筑风貌一般。

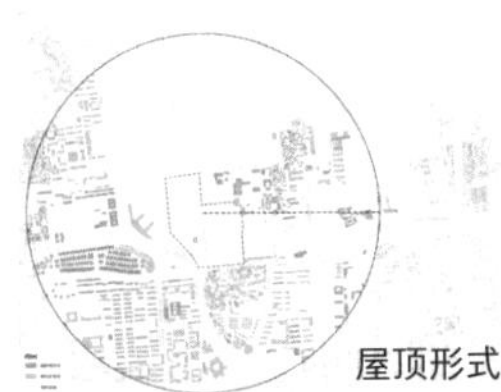

屋顶形式

场地附近传统坡屋顶式建筑居多，延续传统历史风貌。

建筑高度

受圆明园文物保护区影响，区域建筑高度受限值，不超过 12 米。同时，成片分布大量 6 米以下的低矮建筑。

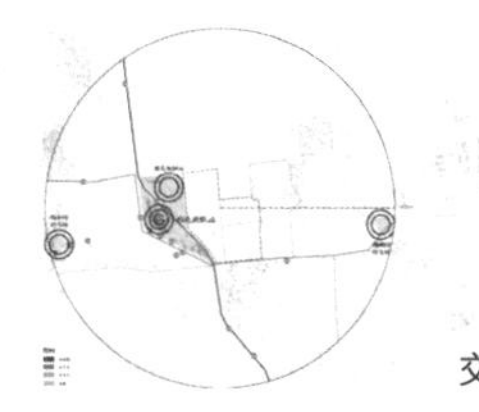

场地周边有重要的西苑交通枢纽，地铁、公交发达；社会公共停车场较少；一条南北快速路紧邻场地西侧，南侧为城市主干道。

文保

场地附近及内部文物保护单位众多，历史资源丰富。

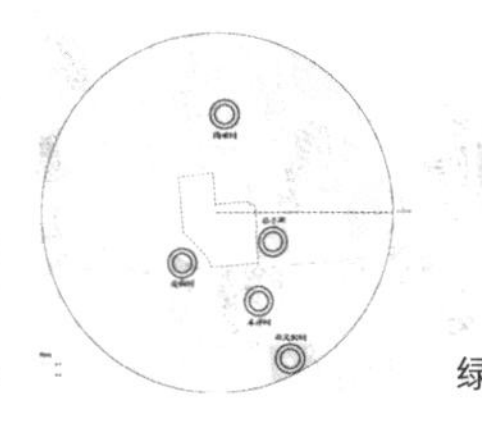

场地附近开放的公园绿地较少，水系景观丰富但相对封闭，不能满足群众的室外活动需求。

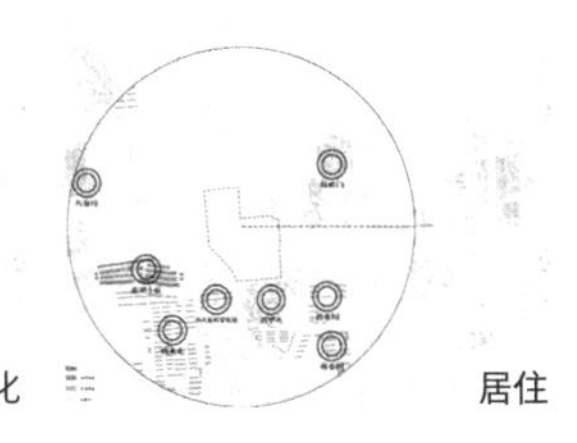

场地附近居住区较多，为场地提供人群活动基础；居住区中包括大量城中村，存在改造发展潜力。

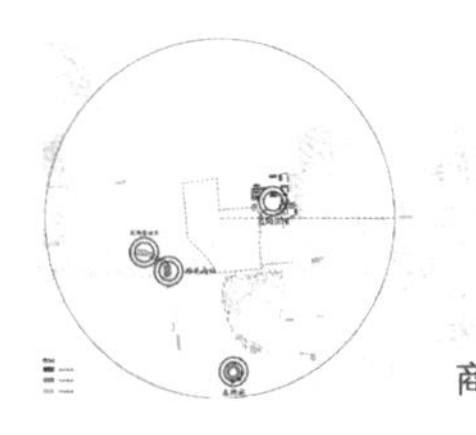

场地周边商业欠发达，零散低端的沿街商业较多；高端的达园宾馆不对外开放。

场地附近各类教育基地众多，为场地提供人群活动基础，有利于提高场地活力。

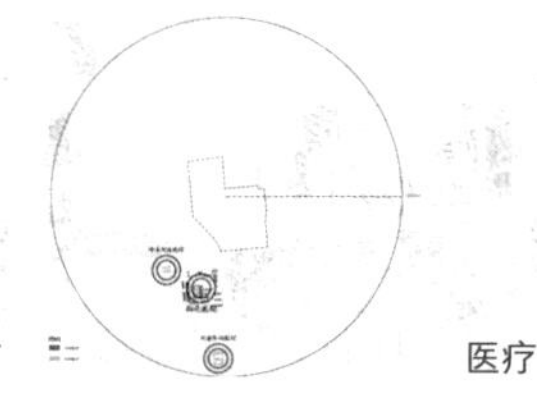

场地周边有大型医院西苑医院，需要优良的室外环境以服务于医院病人及家属。

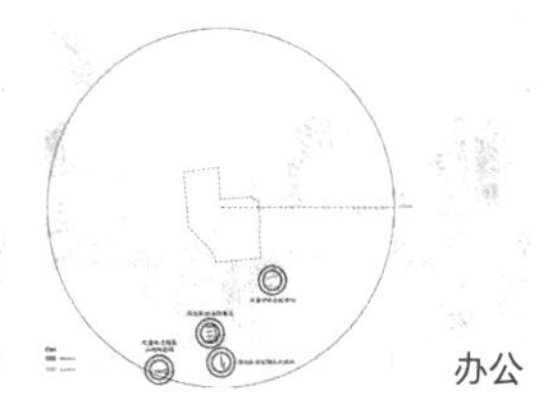

办公单位主要分布于场地南部，数量较少，但同样需要优良的室外环境以服务于工作人员。

微观分析

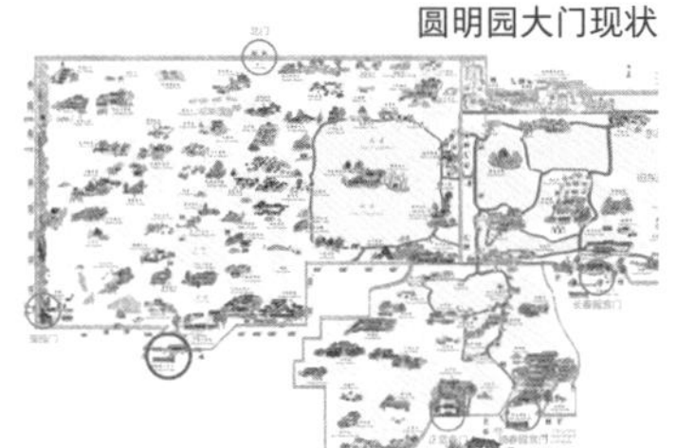

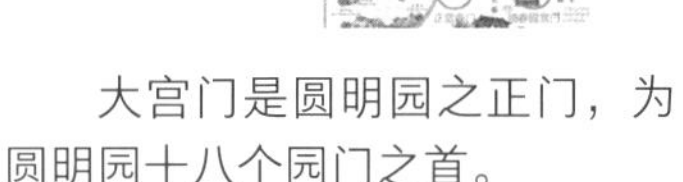

大宫门是圆明园之正门，为圆明园十八个园门之首。

游客服务中心、圆明园展览馆和清史书店是圆明园现有服务设施。其规模较小，设施欠发达，难以满足圆明园旅游发展的需求。

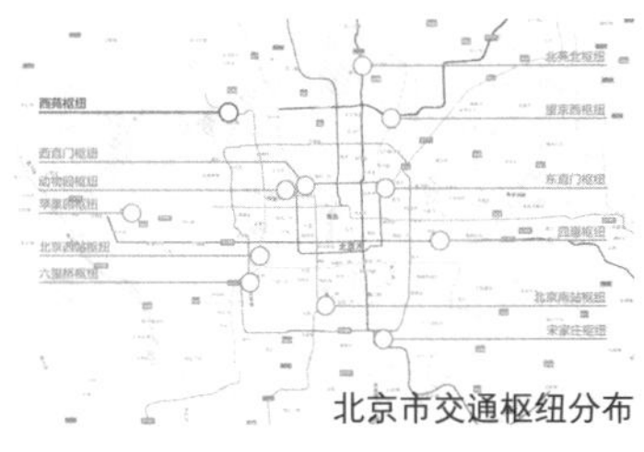

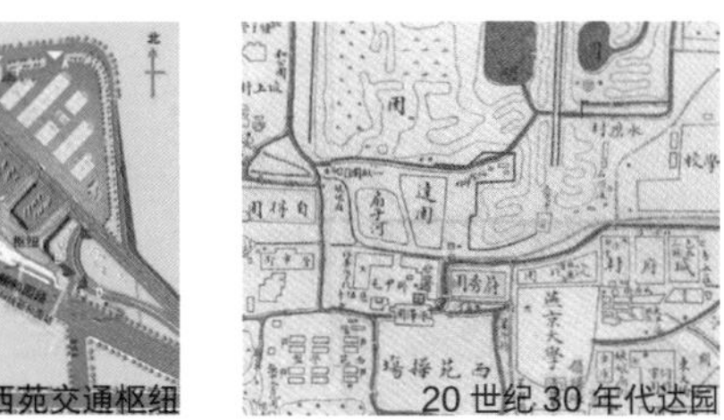

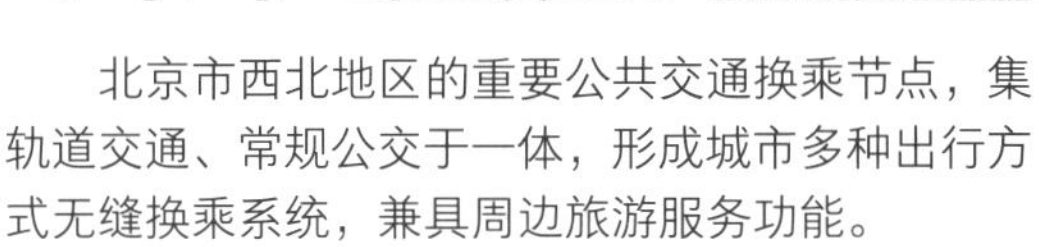

北京市西北地区的重要公共交通换乘节点，集轨道交通、常规公交于一体，形成城市多种出行方式无缝换乘系统，兼具周边旅游服务功能。

达园选址在圆明园大宫门外，这里曾经是一片空旷的沼泽地带，后开凿疏通成湖，竣工之后还铺砌添建了自水面中心直达大宫门的花岗岩石御路。

场地现状

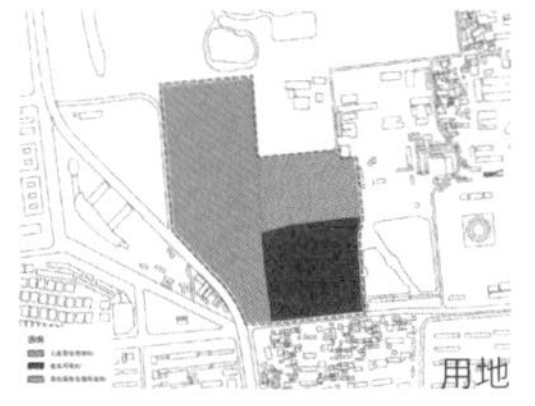

三类居住用地、商业用地和其他服务设施用地。

场地内有海淀区文物保护单位一亩园娘娘庙。

场地内分为6米宽和4米宽道路两种。

场地内仅西静园公墓内有些许绿化。

调查问卷

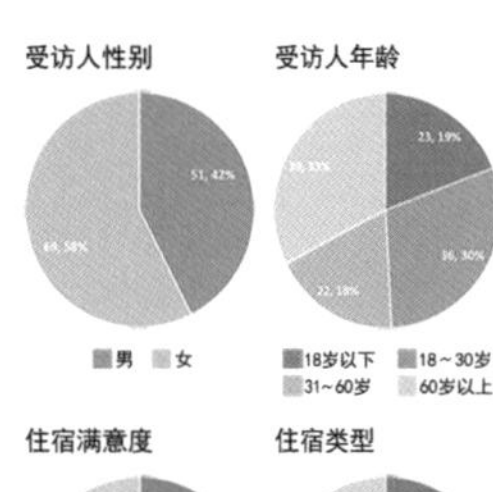
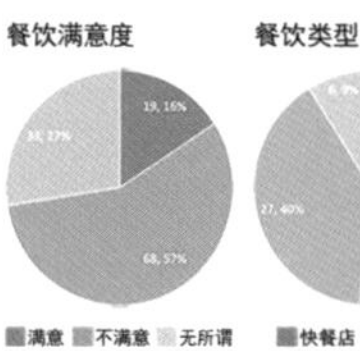
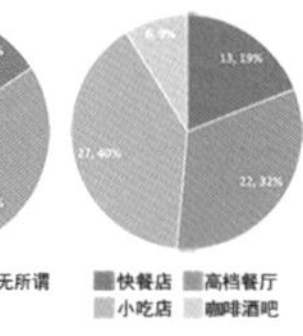
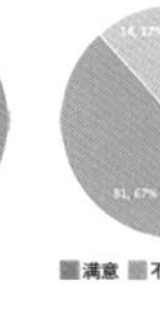
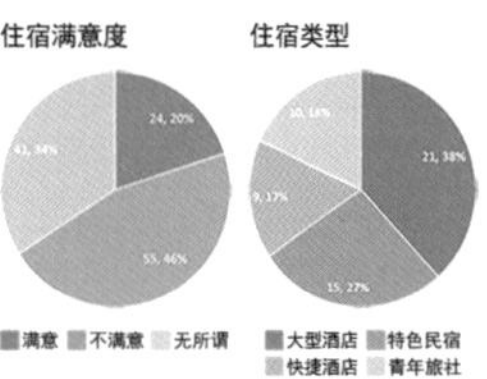
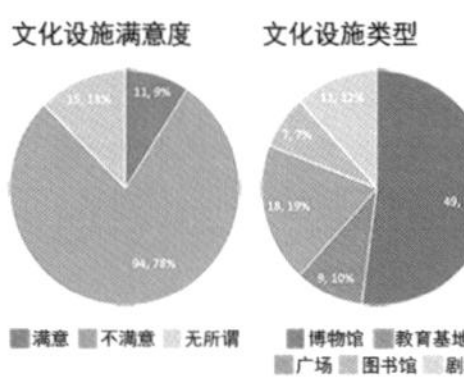

1. 更多的人偏爱小型沿街小吃店。
2. 旅游纪念品具有较大的市场需求。
3. 特色酒店和民宿受消费者喜爱。
4. 地铁是最重要的客来方式，场地周边停车状况存在一定问题。
5. 圆明园景区需要历史展示场所。

问题策略

1. 历史文物保护不足——加强历史文物保护

2. 历史文物独立散布——恢复加强历史文物联系

3. 历史景观遭受破坏——延续文脉，景观修复

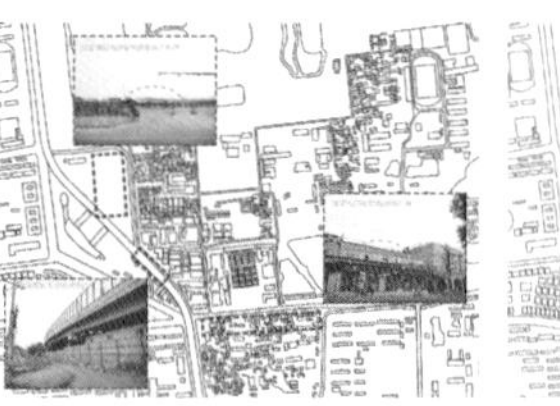

4. 周边城市风貌较差——地形设计、景观布置

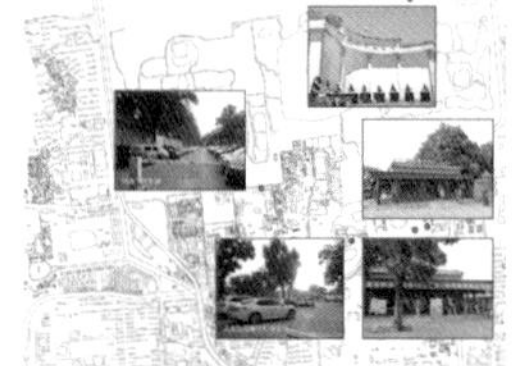

5. 区域服务功能缺失——丰富区域服务功能

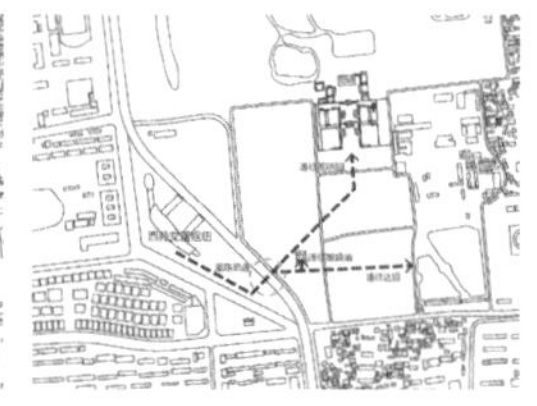

6. 交通联系存在障碍——重新梳理交通流线

二 规划设计

规划平面

用地平衡表

代号	用地名称	用地面积（hm^2）	比例
A2	文化设施用地	6.59	27.8%
B1	商业设施用地	7.81	32.8%
S1	城市道路用地	2.98	12.6%
S4	交通场站用地	0.43	1.8%
G1	公园绿地	2.51	10.6%
G3	广场用地	3.42	14.4%

技术经济指标

地块面积（hm^2）	建筑总面积（hm^2）	容积率	建筑基地面积（hm^2）	建筑密度	绿地率
23.74	10.95	0.46	4.21	17.73%	22.24%

规划分析

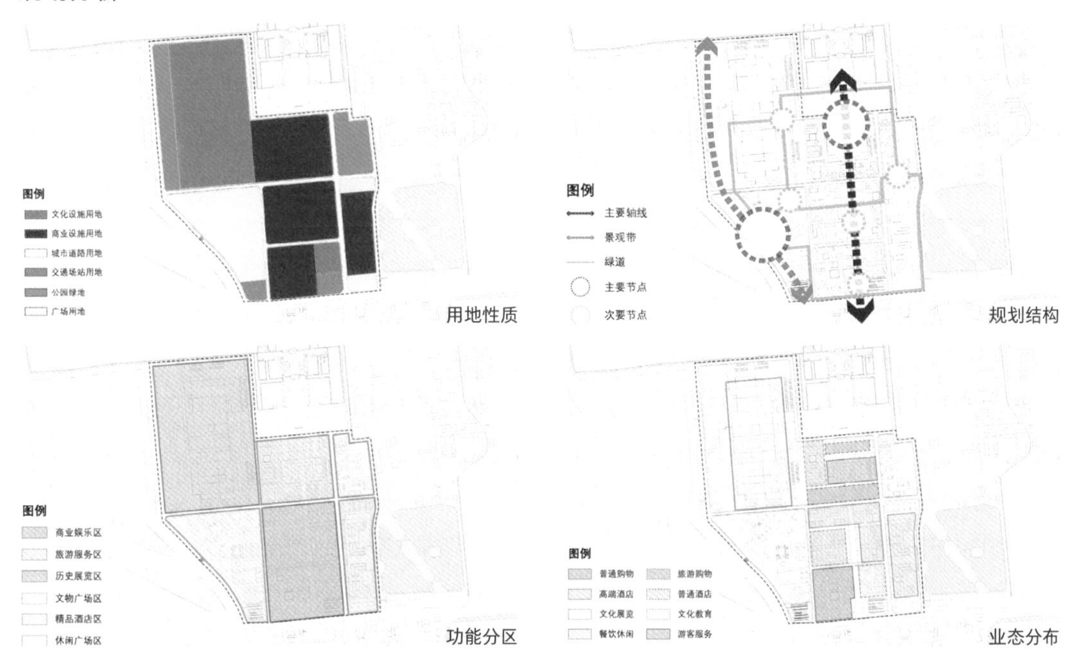

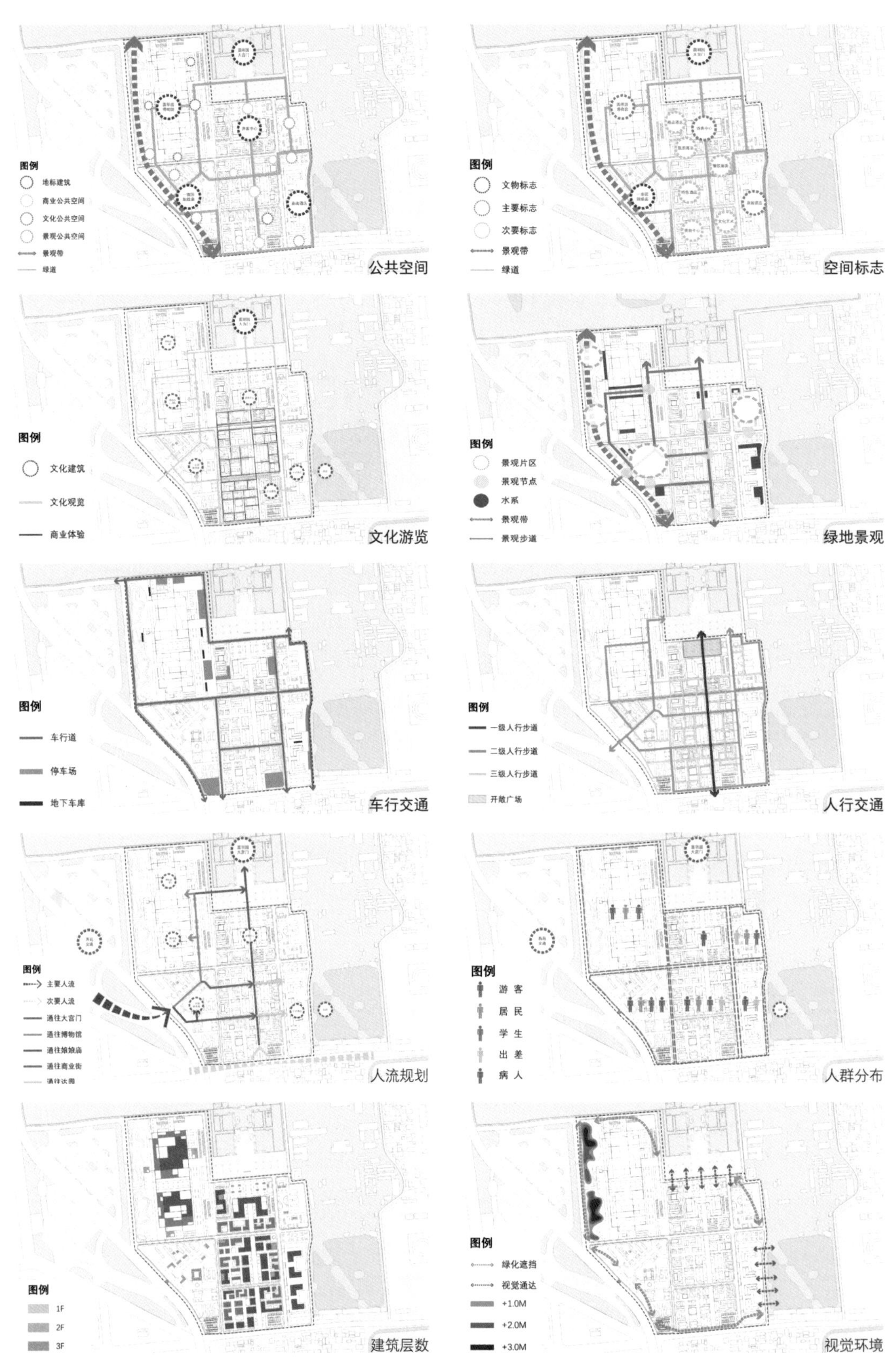
图例
地标建筑
商业公共空间
文化公共空间
景观公共空间
景观带
绿道
公共空间
图例
文物标志
主要标志
次要标志
景观带
绿道
空间标志
图例
文化建筑
文化观览
商业体验
文化游览
图例
景观片区
景观节点
水系
景观带
景观步道
绿地景观
图例
车行道
停车场
地下车库
车行交通
图例
一级人行步道
二级人行步道
三级人行步道
开敞广场
人行交通
图例
主要人流
次要人流
通往大宫门
通往博物馆
通往娘娘庙
通往商业街
人流规划
图例
游 客
居 民
学 生
出 差
病 人
人群分布
图例
1F
2F
3F
建筑层数
图例
绿化遮挡
视觉通达
+1.0M
+2.0M
+3.0M
视觉环境

规划鸟瞰

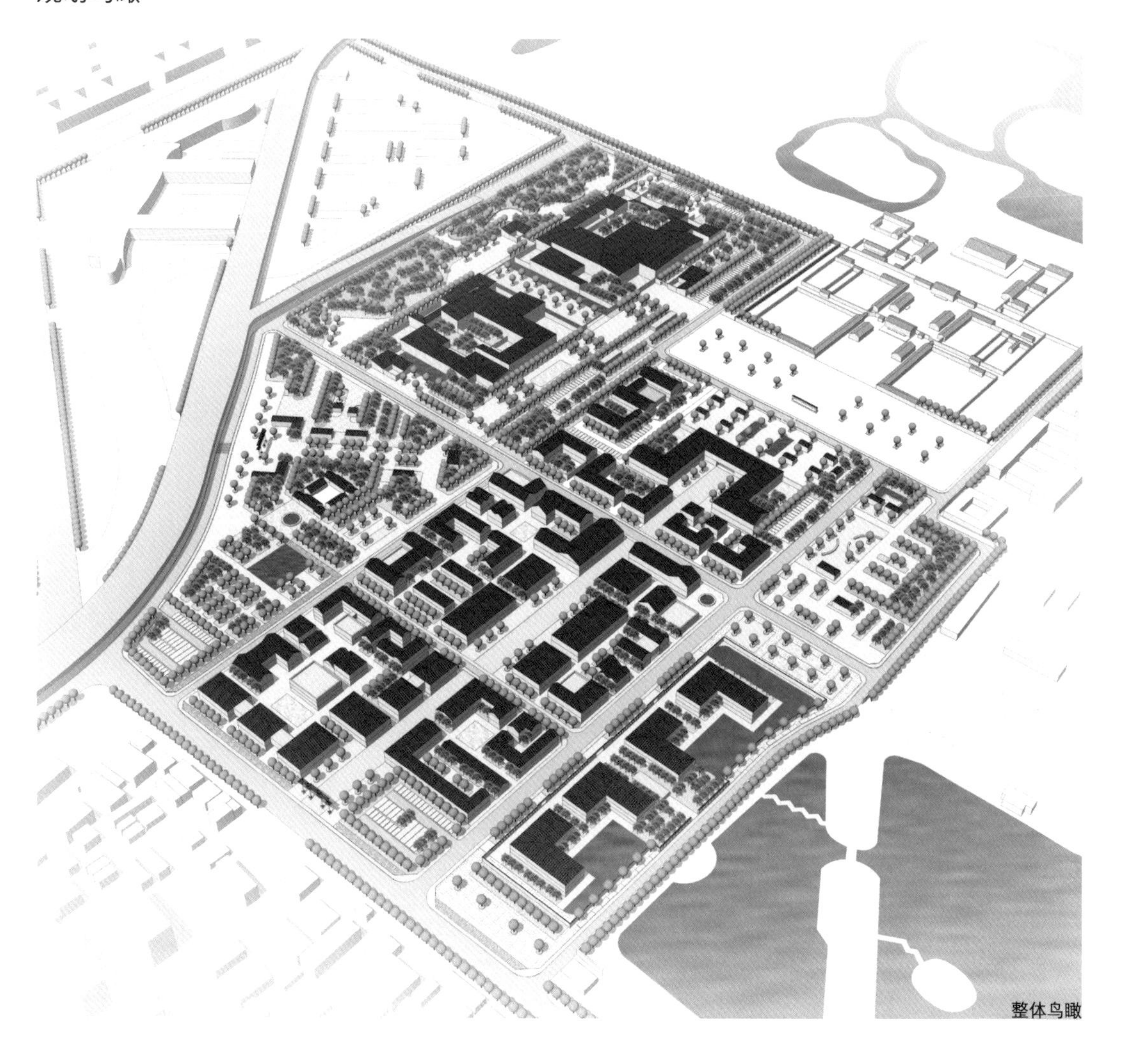
整体鸟瞰

设计说明：

1. 依据上位规划、现状调研，满足周边的功能需求；
2. 规划结构清晰，多节点设置丰富空间层次；
3. 加强文物保护和历史景观修复，在历史遗产之间建立交通联系；
4. 打破西苑交通与大宫门之间的原有隔阂，使场地成为便捷通达的落脚点；
5. 沿用圆明园传统院落形式，营造历史的空间感；
6. 建筑严格控制体量，采用传统的建筑风貌，适宜增加新材料新技术；
7. 坚持“留白增绿”的规划手段，通过绿地景观布置和地形起伏变化，营造舒适统一的视觉风格。

地块面积 23.74 公顷，建筑总面积 10.95 万平方米，容积率 0.46，建筑基地面积 4.21 公顷，建筑密度 17.73%，绿地率 22.24%。

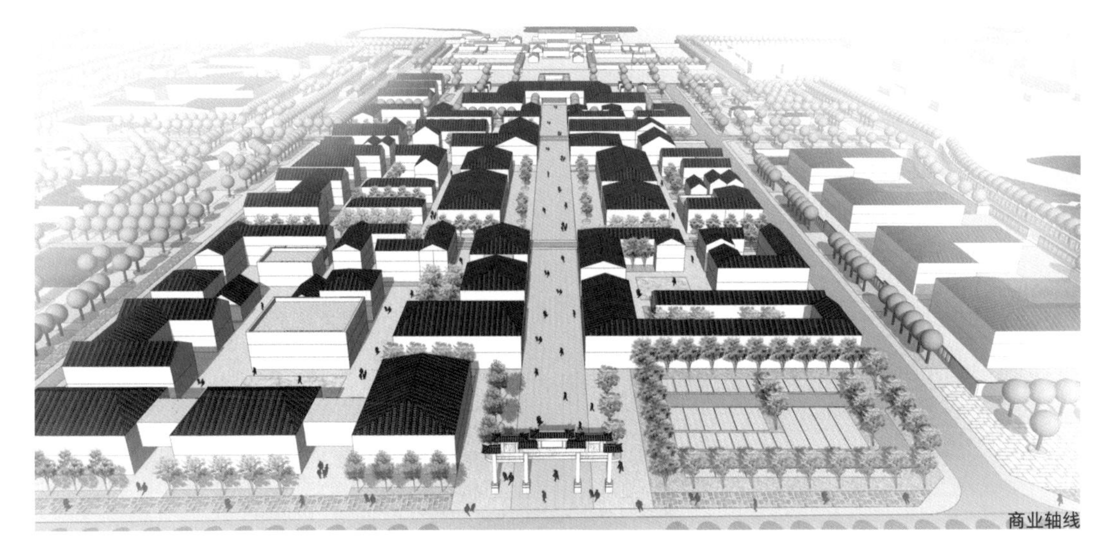
商业轴线

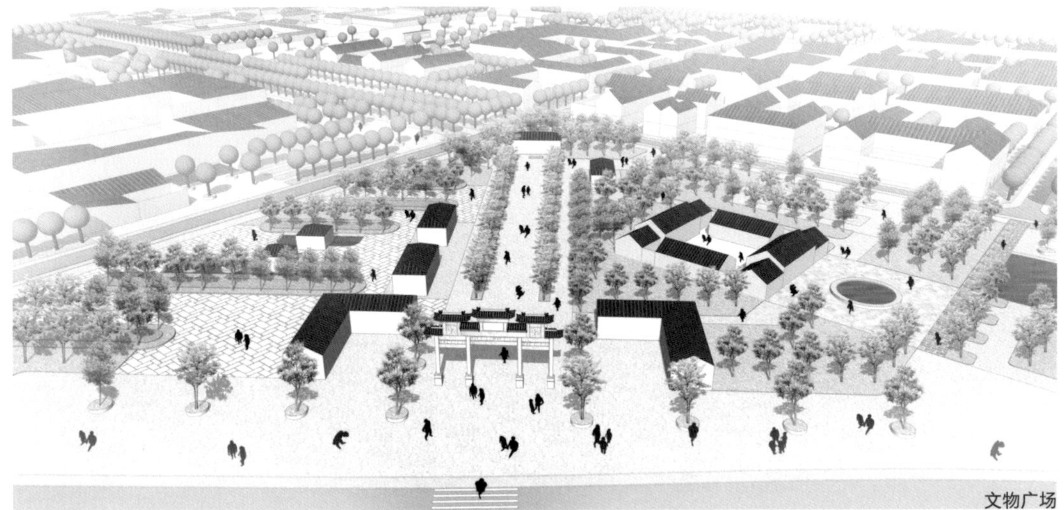
文物广场

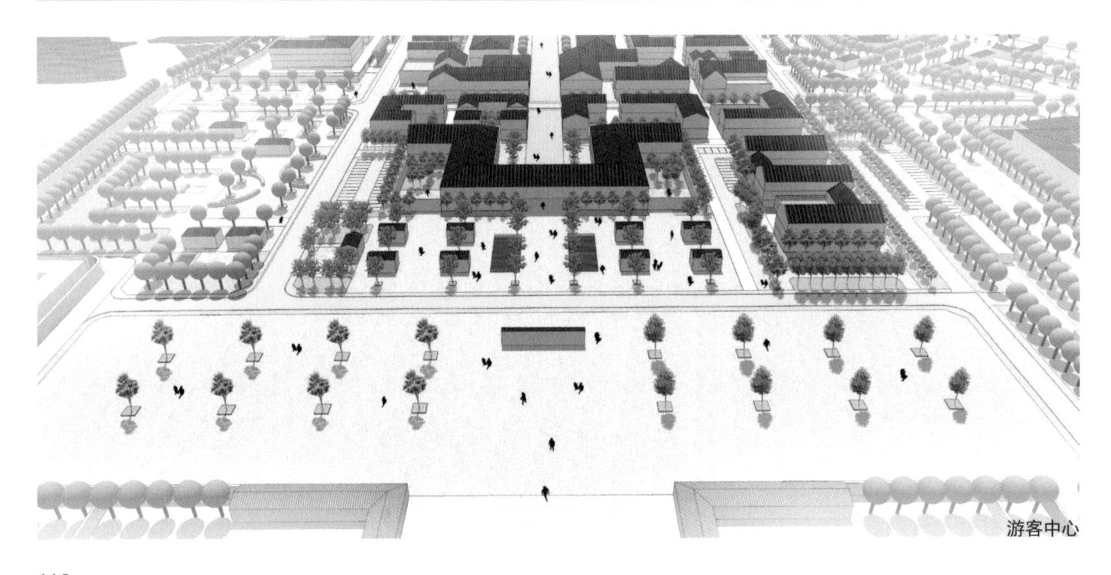
游客中心

三　建筑设计

设计理念

“院落”指由房屋、走廊或墙体围合出来的内向性空间。传统建筑的每个构成单位，基本都是由一组或者多组院落围绕着中心院落而组合成的建筑群体，上至皇城宫殿，下至百姓民居，大都是以院落形式组织的。

“加法”形成传统院落空间

“减法”形成现代院落空间

古代：地多屋少——院落大、房屋小，房屋以“加法”的形式由中心点向外铺开，形成院落空间。
现代：地少屋多——院落小、房屋大，需要通过对房屋做“减法”的形式，形成建筑内的院落空间。

设计原型

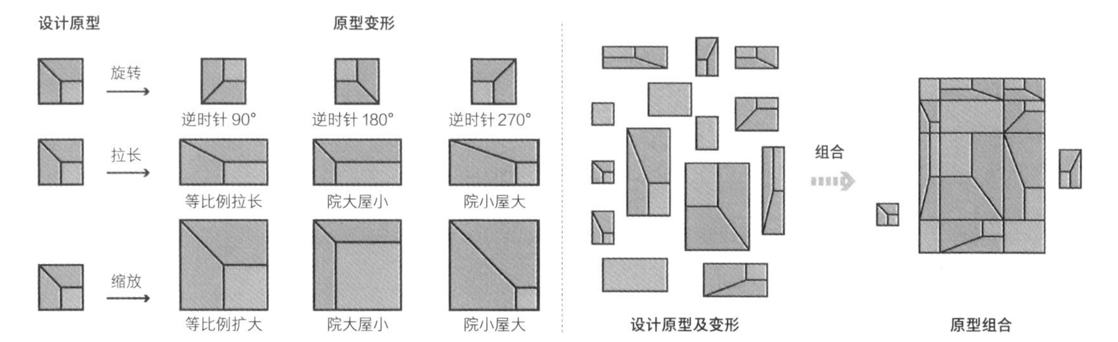

方案生成

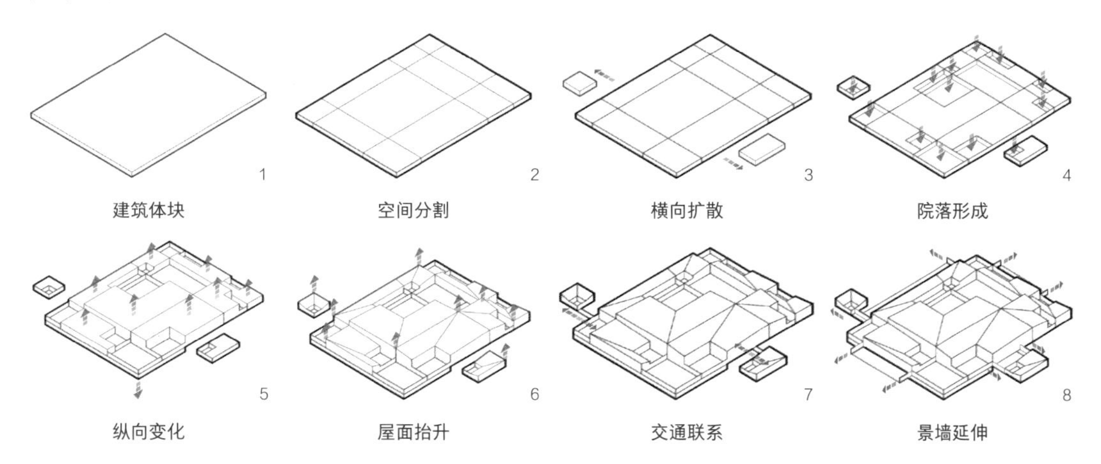

建筑平面

一层平面

1 建筑主门厅
2 前台办公室
3 文物展厅区
4 电子展厅区
5 休息活动厅
6 纪念品商店
7 休闲咖啡厅
8 报告厅前厅
9 报告厅正厅
10 行政区门厅
11 行政接待室
12 行政办公室
13 员工活动室
14 库房管理室
15 藏品储存室
16 教育办公室
17 教育接待室
18 博物馆教室
19 水吧咖啡馆
20 室外展厅区

二层平面

1 休闲咖啡厅
2 文物展厅区
3 电子展厅区
4 后勤区连廊
5 行政办公室
6 行政会议室
7 库房管理室
8 藏品储存室

地下一层平面

1 对外停车区
2 后勤停车区
3 设备用房
4 后勤储存室

设计说明

圆明园博物馆位于圆明园大宫门西侧，原一亩园村。项目总建筑面积22665平方米，容积率2.67，建筑地上两层、地下一层，最高高度为12米，符合圆明园文物保护区限高要求。博物馆功能完善，包括展示空间、报告厅、观众服务、儿童教室、商铺、行政管理、库藏等功能，是一座大型历史文化综合博物馆。

设计借鉴圆明园四十景等中国传统院落形式，融旧于新，从建筑的本质入手，重视建筑的使用功能，采用现代建筑材料和结构方式，同时选用圆明园传统建筑的色彩搭配，并充分挖掘传统合院建筑的空间品质，传承和发扬传统院落空间的精髓。建筑有大小院落共14个，建筑与景观相互融合渗透，室内与室外相辅相成，符合东方传统建筑观。

设计采用二合院建筑形式为设计原型，在形成围合院落的同时保证室内布局的合理性，而多重二合院落的结合弥补了空间围合感相对较弱的缺陷。在门、窗、墙、树池等细节构件的设计上，同样采用了设计原型的形式，与整个建筑相呼应，体现建筑的整体感。

建筑总平面

技术经济指标						
用地面积（m^2）	建筑基地面积（m^2）	总建筑面积（m^2）	建筑密度	容积率	绿地率	停车位
46855.41	8491.13	22665.49	18.12%	2.67	43.25%	地上 102 地下 183

建筑立面

建筑剖面

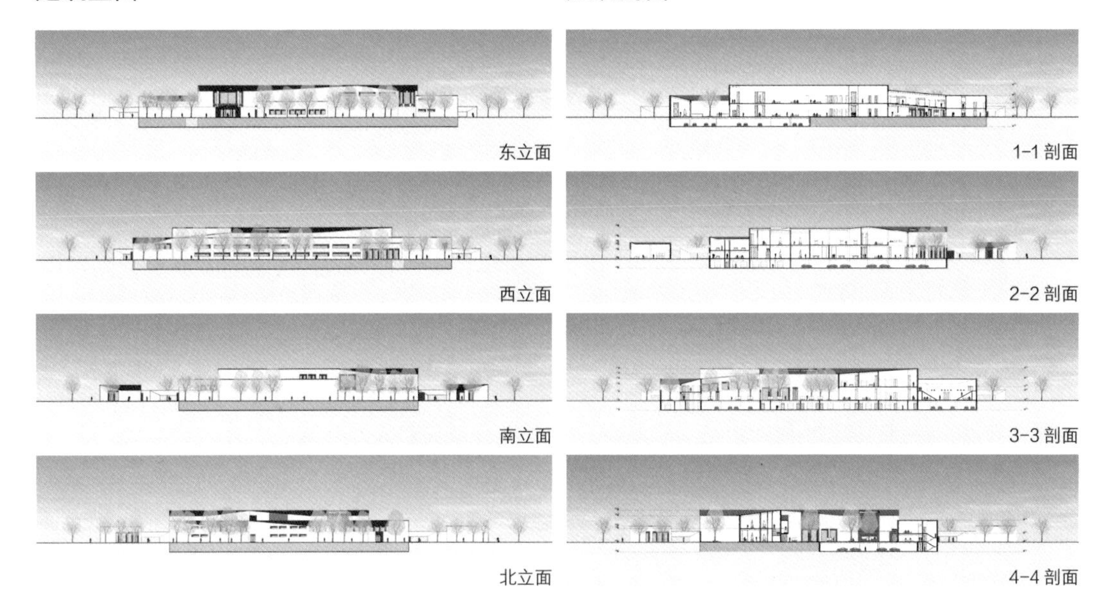

建筑分析

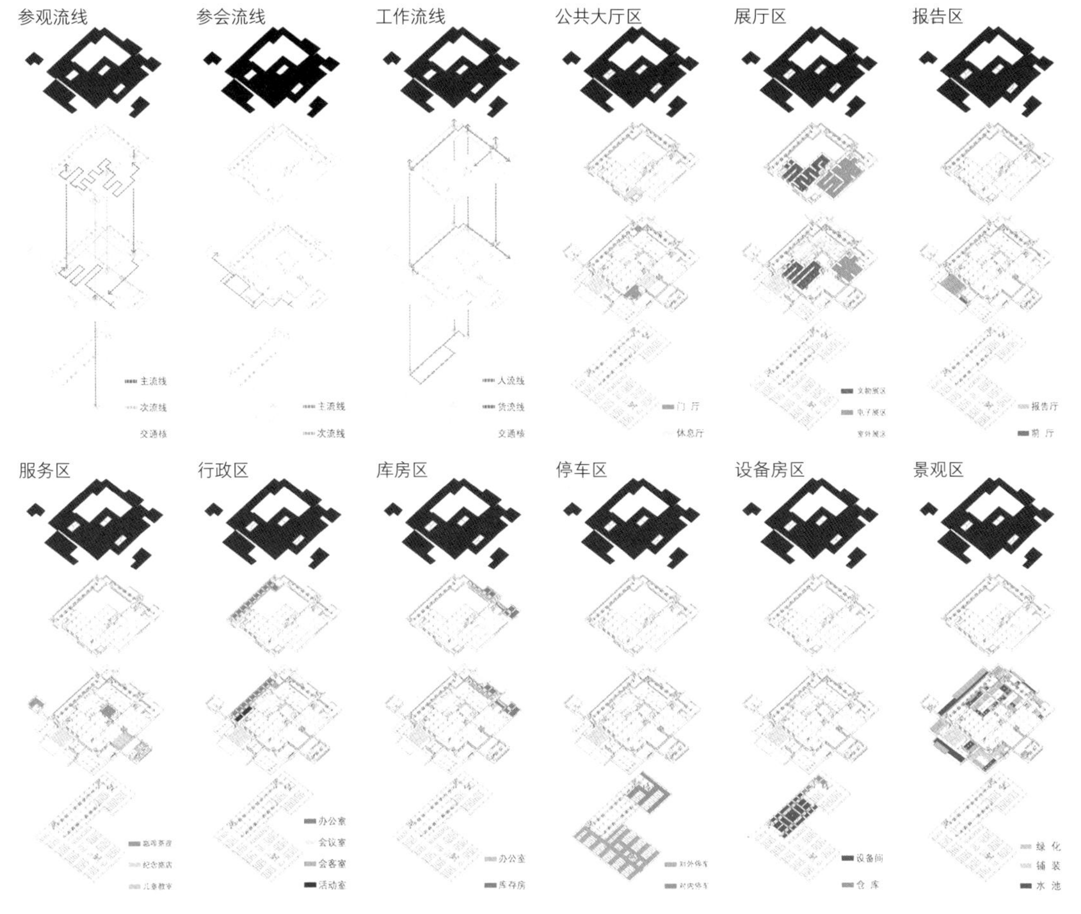

建筑鸟瞰

东南鸟瞰

西北鸟瞰

建筑人视

主入口

室外展区

外庭院

内庭院

香山静宜园虚朗斋复原设计

专业：风景园林；作者：徐奕菁、肖一乾、柯凯恩；指导教师：董璁

项目摘要

北京西郊“三山五园”是清代皇家园林的重要代表，其中香山静宜园以天然山地景观著称。是时正当清朝国力鼎盛，大兴园林，造园技艺、山水意匠日臻成熟，这几座园林可谓包罗万象，是中国皇家古典园林的集大成之作。香山占有其中的一山一园，其在中国古典园林中的地位可见一斑。

虚朗斋作为香山静宜园二十八景之一，位于北京西郊的香山山麓，作为皇帝游赏香山的寝宫使用，被称为中宫。历经了几百年的历史更替，现今被改建成香山饭店，无法展现香山静宜园的原始相貌。作者通过大量的史料搜集和研究，明确虚朗斋历史沿革。结合现存同时期清代皇家园林中宫建筑群的对比研究，通过对虚朗斋部分样式雷图档的收集与研究，对虚朗斋进行了从总体布局到单体建筑的复原设计，为静宜园二十八景的复原设计工作提供了参考。

研究框架

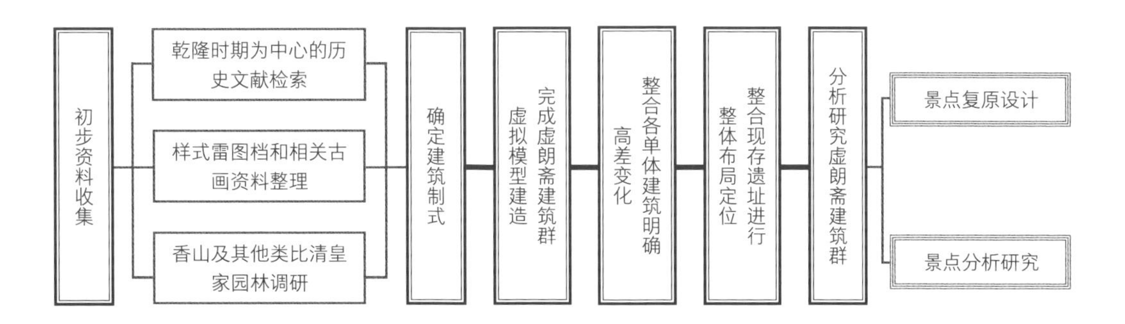

基地区位

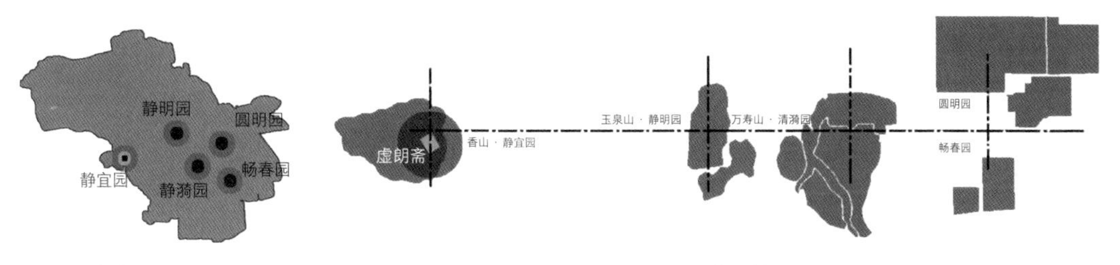

海淀区 · 香山公园　　三山五园 · 位置关系图

香山位于西山东坡的腹心之地，这里峰峦层叠、涧壑穿错。优良的自然环境造就了悠久人文历史，金世宗敕建永安寺，揭开了香山皇家园林建设的序幕，后经元、明两代不断的扩建，大小庙宇星罗棋布。

清代皇室看重香山这块风水宝地，康熙帝在香山佛殿旁建立了行宫。乾隆皇帝在康熙香山行宫的基础上大兴土木，形成大小园林景点 80 余处，乾隆赐名“静宜园”，与玉泉山静明园、万寿山清漪园、圆明园和畅春园构成三山五园皇家园林群。

基地区位

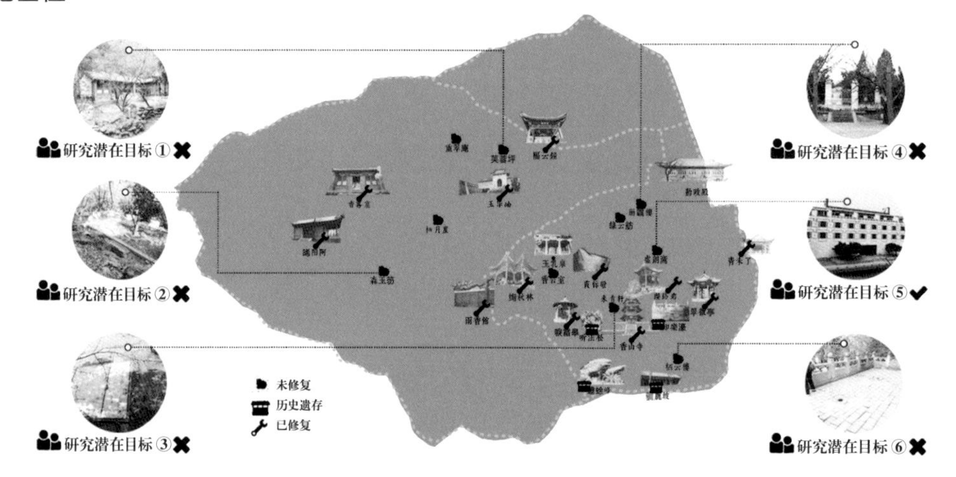

截至 2018 年 3 月底，静宜园二十八景具体修复情况如下：

（1）已修复景点包括：晞阳阿、雨香馆、绚秋林、香山寺、霞标磴等 13 处；正在修复景点：唳霜皋。

（2）未修复景点包括：现状遗迹保护 7 处，如栖月崖；远期发展适时恢复的 3 处：虚朗斋、绿云舫、丽瞩楼。

（3）遗存景点包括：知乐濠、听法松、驯鹿坡、蟾蜍峰 4 处，其中驯鹿坡将作为历史生态景观来进行恢复。综合考虑历史价值、场地范围和修复难度，选择虚朗斋作为复原设计景点。

历史沿革

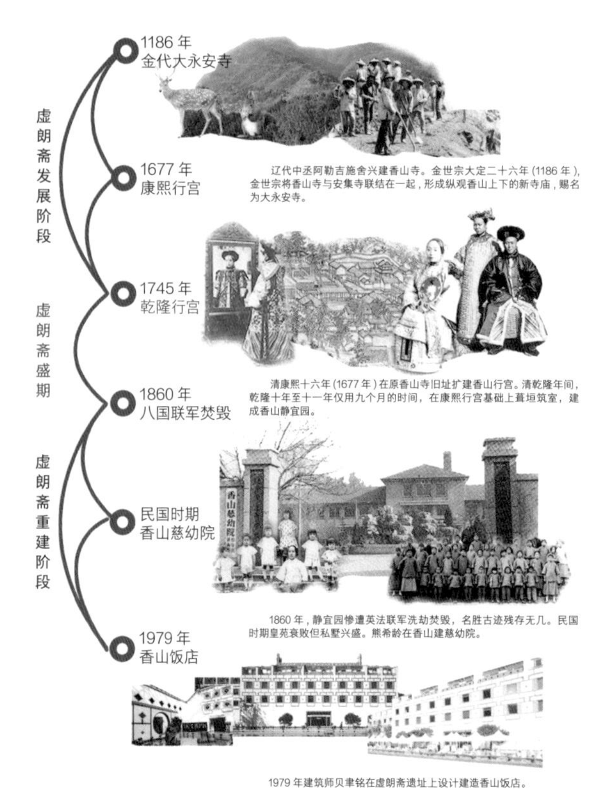

基地变化

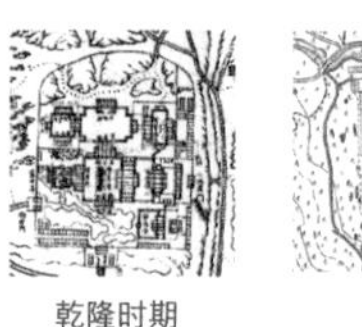

乾隆时期　民国时期　场地现状

虚朗斋的建设基本完成于清乾隆时期，也就是乾隆将香山行宫改扩建为静宜园后的这段时期。

修复依据

张若澄静宜园手卷　董邦达二十八景画轴　清桂、沈焕、嵩贵合绘全貌图

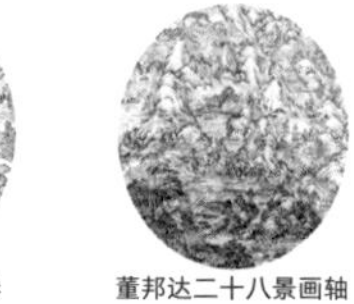

样式雷图档一　样式雷图档二　香山地盘图

张若澄所绘《香山二十八景图卷》与乾隆时期虚朗斋样式雷图上各殿位置与院落布置最为吻合。在建筑造型上主次分明，等级不一样的建筑屋顶的制式有区分。复原设计主要以此幅画作以及虚朗斋样式雷图作为参考依据，对建筑及其细部进行梳理还原。

基地定位

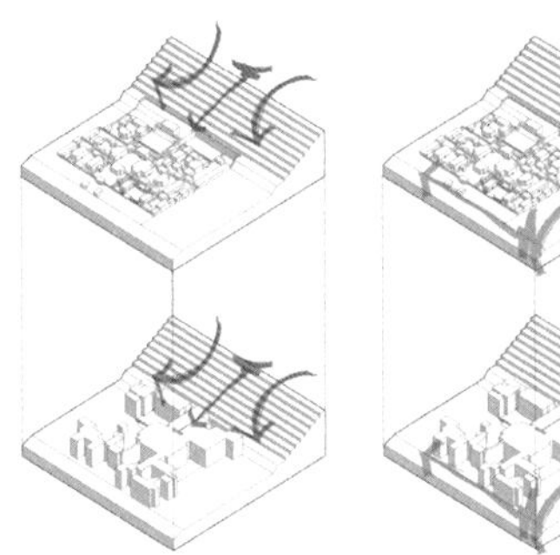

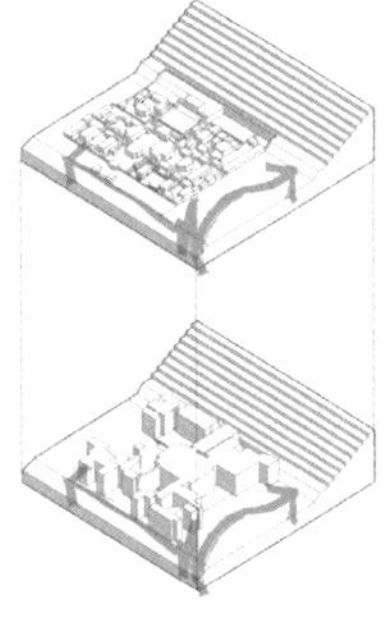

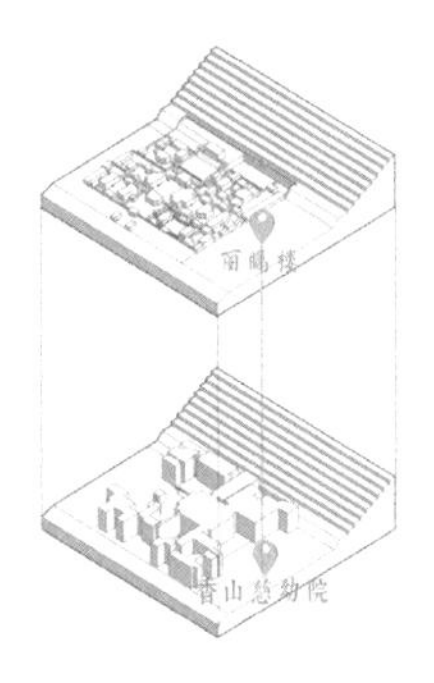

周围环境 · 山体走势　　场地基址 · 遗留路网　　邻近遗址 · 现存轴线

由于虚朗斋建筑群现已毁坏殆尽，而且原址上又已经建起了香山饭店，对于原来的建筑基址的遗存已经无从考证。通过周围山水环境，确定虚朗斋的大概位置；通过基址遗存和历史类似的周边道路，定位虚朗斋的出入口位置；通过周围景点建筑与虚朗斋基址相对位置，如丽瞩楼和“虚朗斋”存在轴线关系，定位内部重要建筑。

平面图

虚朗斋建筑群一共 58 个建筑，围合形成了十余个小院。由于中心建筑“虚朗斋”坐北朝南，虽然其主入口在东侧，依然可以判明其主轴线是南北向，依次分成西路、中路、东路，分别承担不同的作用。

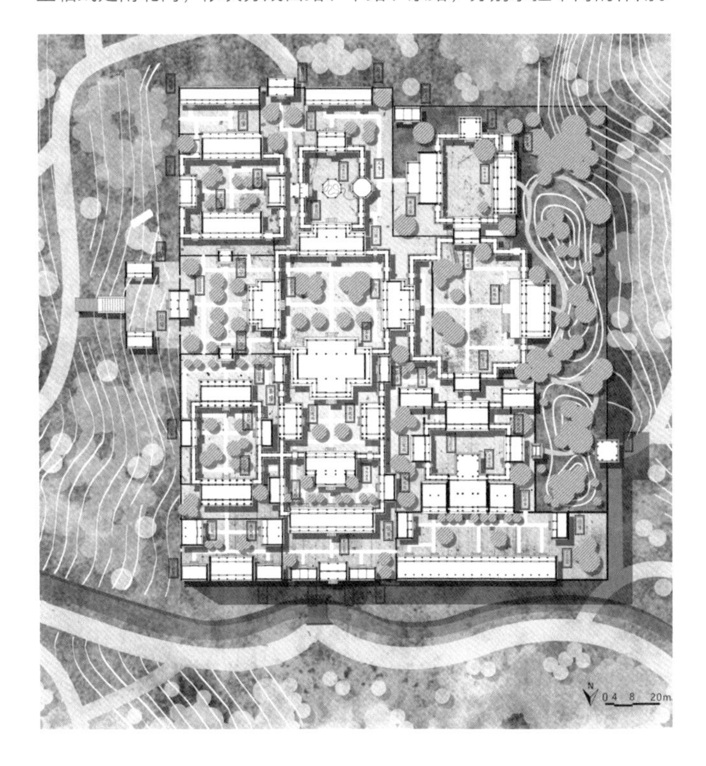

研究分析

竖向分析

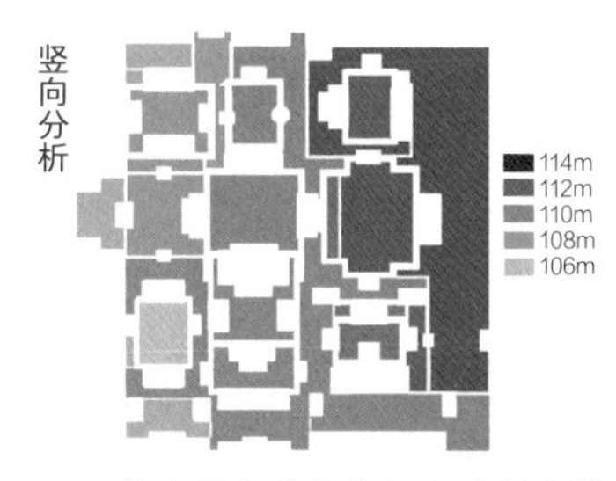

基本的高差变化与山体的高差变化趋势一致，均为西高东低。西侧建筑建于台地之上，部分院落采取爬山廊的方式来消化高差。

图底关系

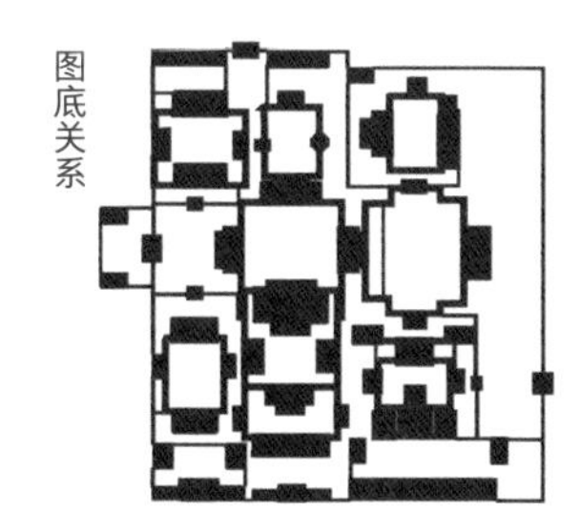

园林内部主要以建筑和铺装为主，园林绿化只占到全园四分之一不到，其中大部分的绿化还是来自于西部园墙圈入的香山区域。

空间分析

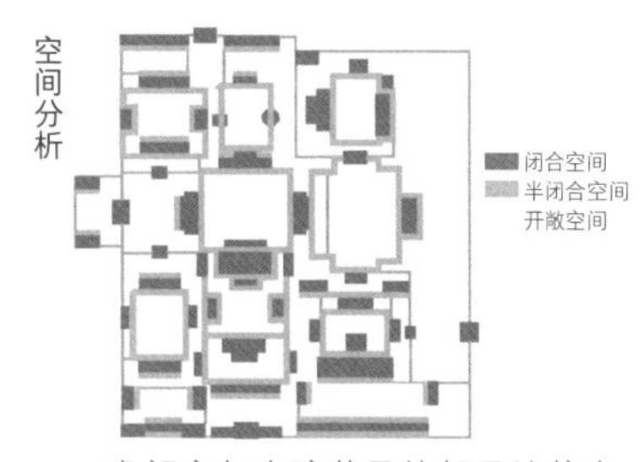

虚朗斋每个院落虽然都是比较内向，但是每一个院落的空间组织营造都有所不同，游廊的存在使空间变成半围合的虚空间。

植物分析

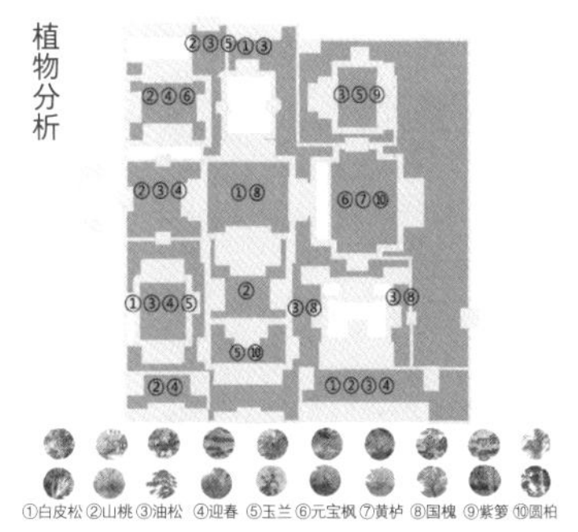

很多建筑的名字命名就跟院落中的植物景观有关。

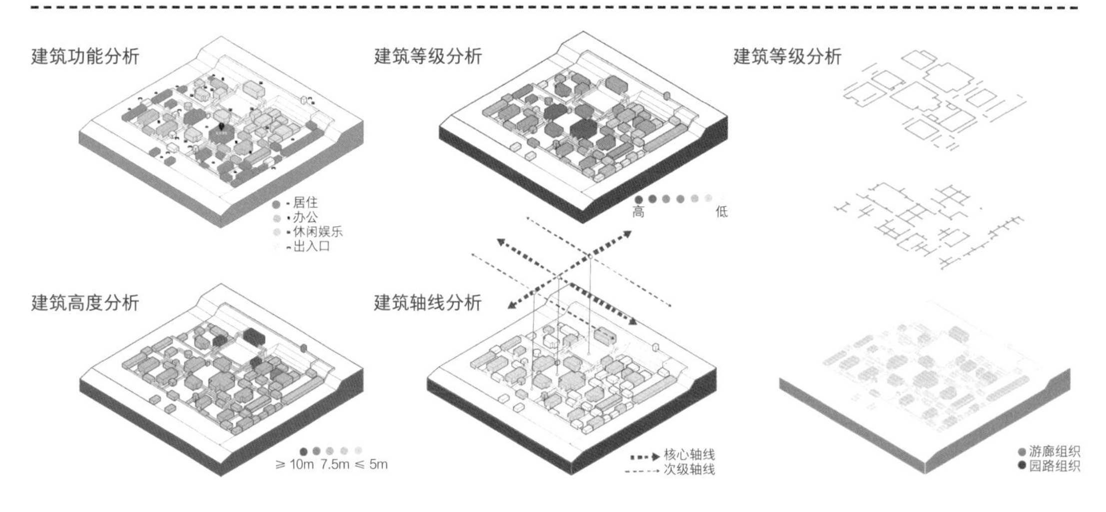

基地区位

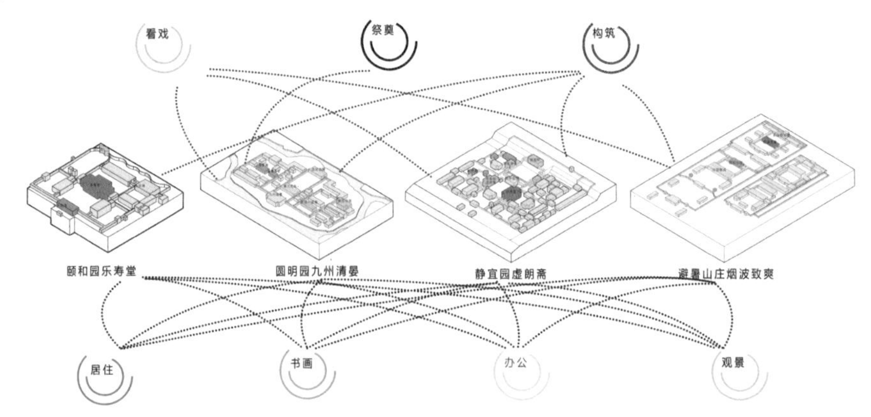

将同时期的三座皇家园林的皇帝寝宫区——颐和园的乐寿堂，圆明园的九州清晏以及承德避暑山庄的烟波致爽进行了类比分析。在建筑功能上，发现每一座寝宫都会有类似的功能，如居所、书画收藏、娱乐赏景、办公待客，更有甚者连建筑名字都一样，如乾隆时期九州清晏和虚朗斋中都有一所建筑取名为怡情书史。在造园风格上，则都是选择风景优美的风水上佳之地，不是临湖临水就是依山就势而筑，结合自然条件进行园林环境的处理。

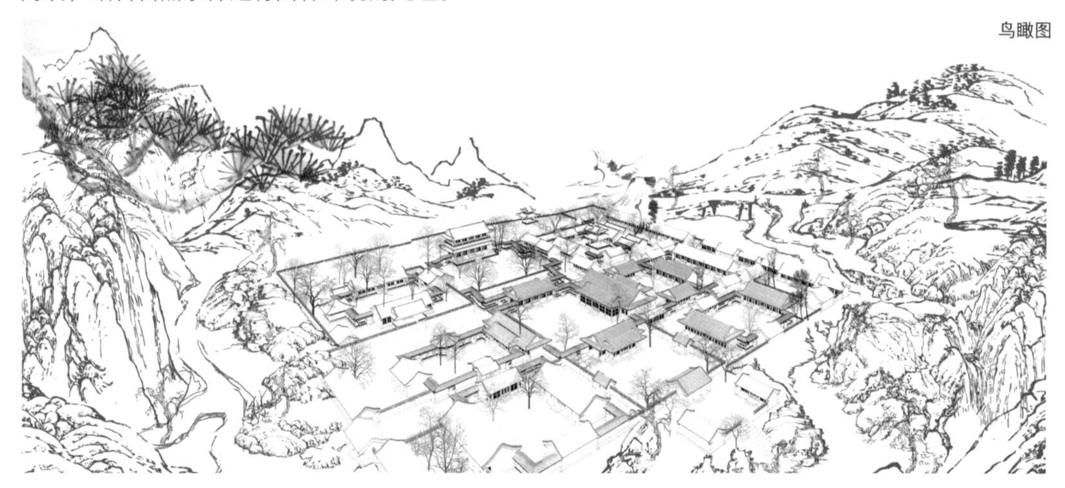
鸟瞰图

虚朗斋中路剖面

虚朗斋竖向变化主要体现在自东至西的方向。中路的竖向变化较少，高差无明显变化，竖向变化在院落之中主要体现为假山石的堆叠。整个虚朗斋的竖向设计顺应山势，但考虑到使用功能，对场地进行了平整。

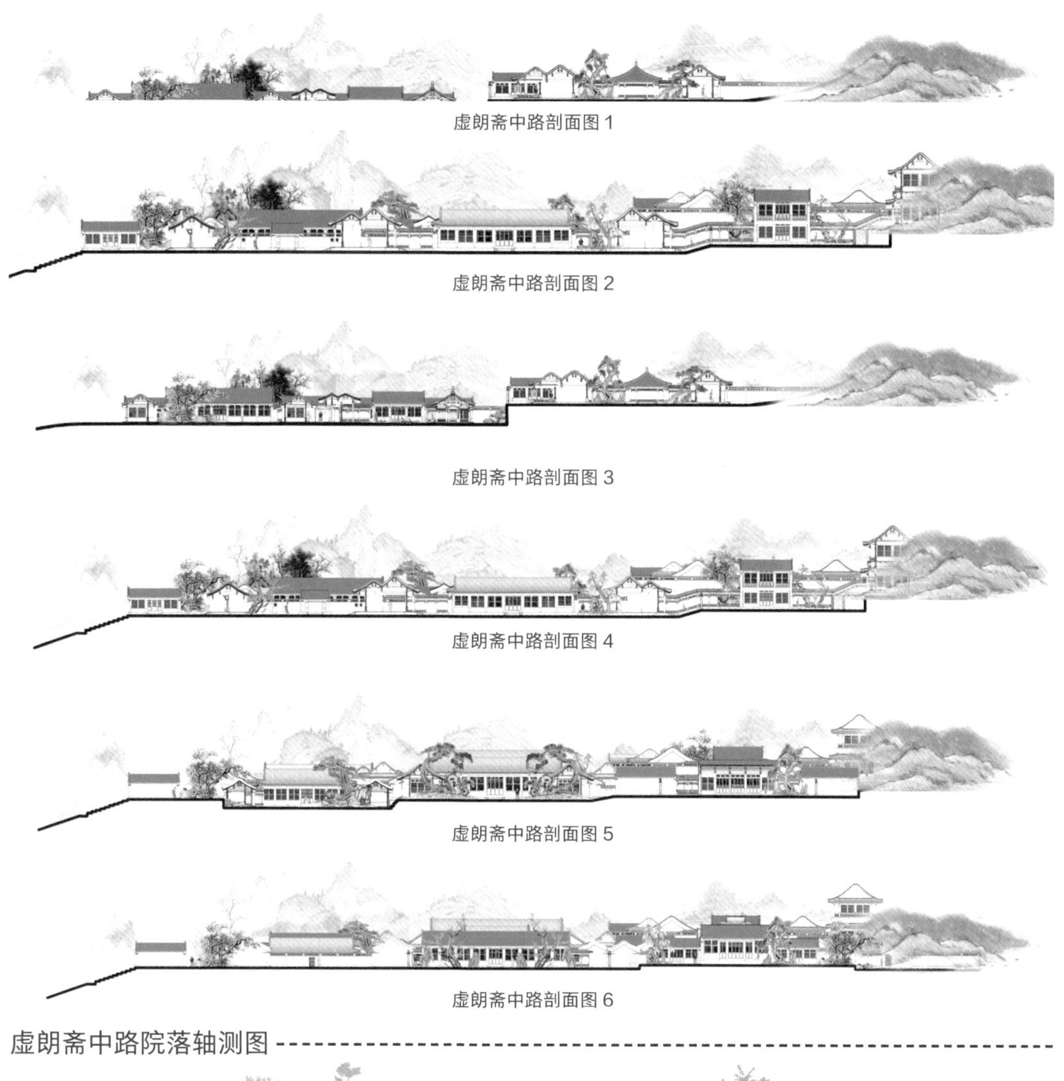

虚朗斋中路剖面图 1

虚朗斋中路剖面图 2

虚朗斋中路剖面图 3

虚朗斋中路剖面图 4

虚朗斋中路剖面图 5

虚朗斋中路剖面图 6

虚朗斋中路院落轴测图

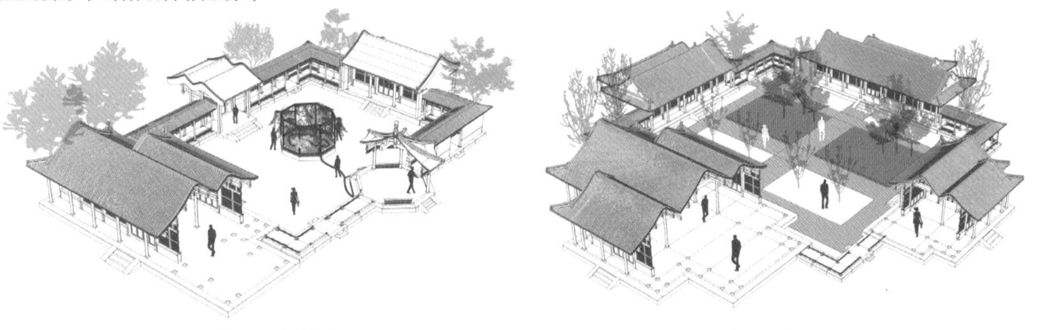

南一院落轴测图

南二院落轴测图

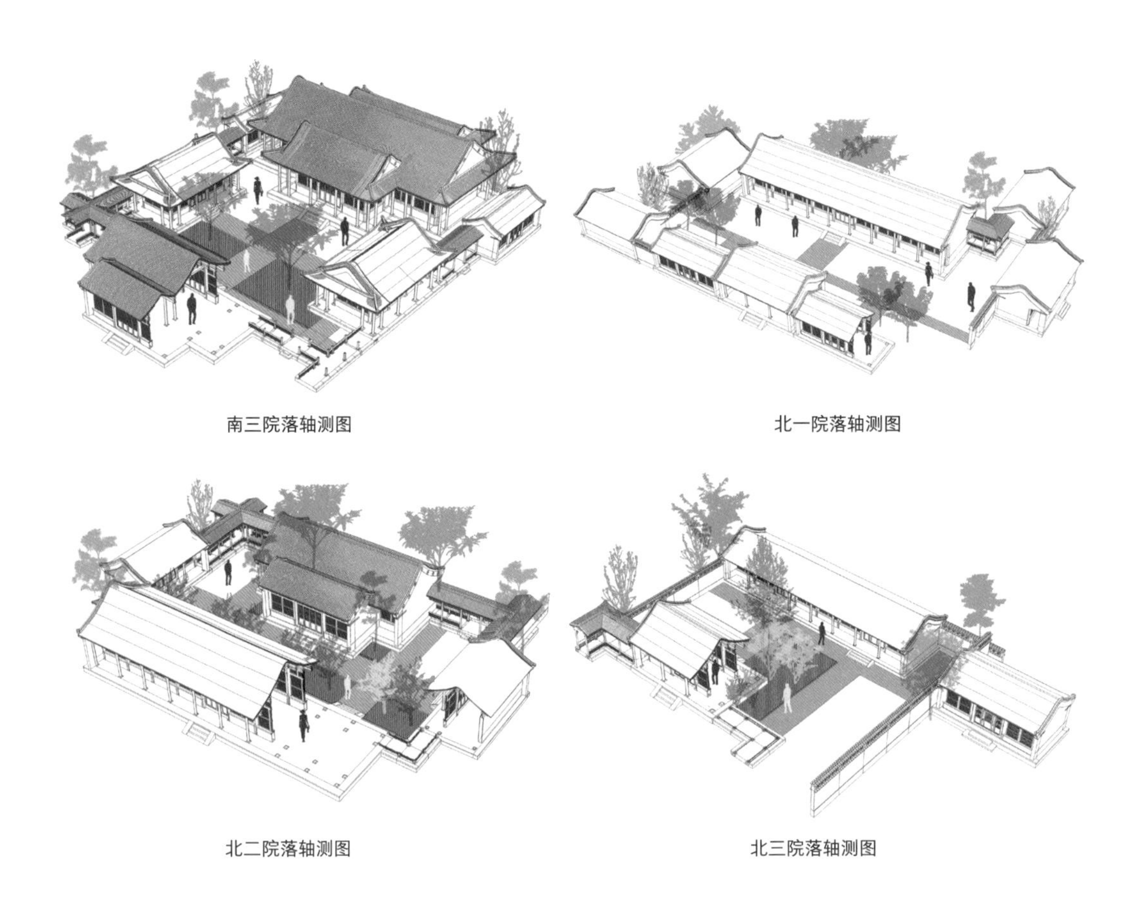

南三院落轴测图

北一院落轴测图

北二院落轴测图

北三院落轴测图

虚朗斋中路效果图

物外超然殿

物外超然位于中路南侧第四进和第五进院落相交处。“一座五间，内明间面宽一丈二尺，二次间各面宽一丈一尺五寸，二梢间各面宽一丈一尺四寸，进深一丈六尺一寸，随后抱厦三间，进深一丈二尺，外前后廊深四尺二寸，檐柱高一丈二尺。”主体为八檩双卷棚硬山，抱厦为五檩单卷棚硬山，柱径八寸，瓦作选用二号黑活瓦。参考案例为颐和园“玉澜堂”。

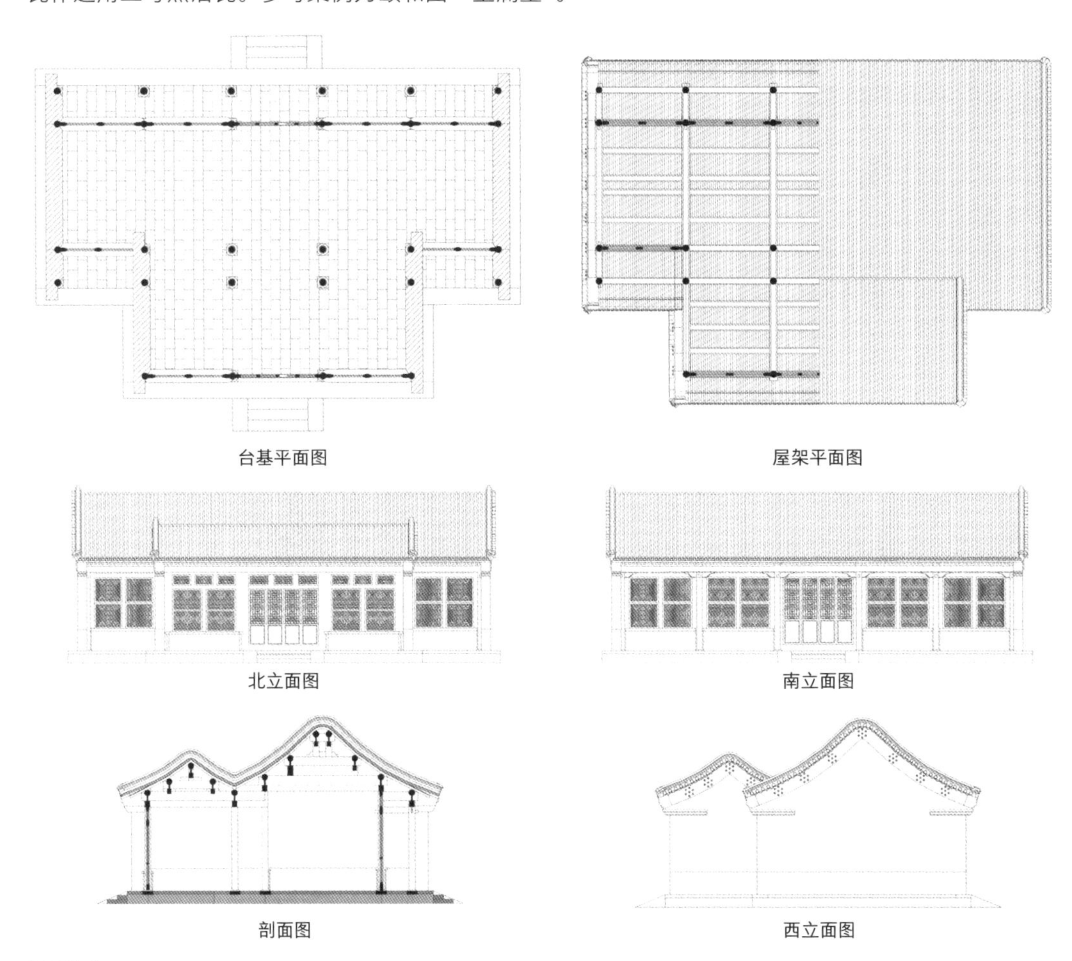

台基平面图　屋架平面图

北立面图　南立面图

剖面图　西立面图

画禅室

画禅室位于中路南侧第一进院落和第二进院落相交处，为乾隆帝欣赏书画的专室。“画禅室一座三间各面宽一丈一尺，进深一丈二尺三寸，外前后廊各深四尺二寸，檐柱高一丈。”为七檩单卷棚硬山建筑，柱径七寸，瓦作选用三号黑活瓦。参考案例为避暑山庄“清枫绿屿”。

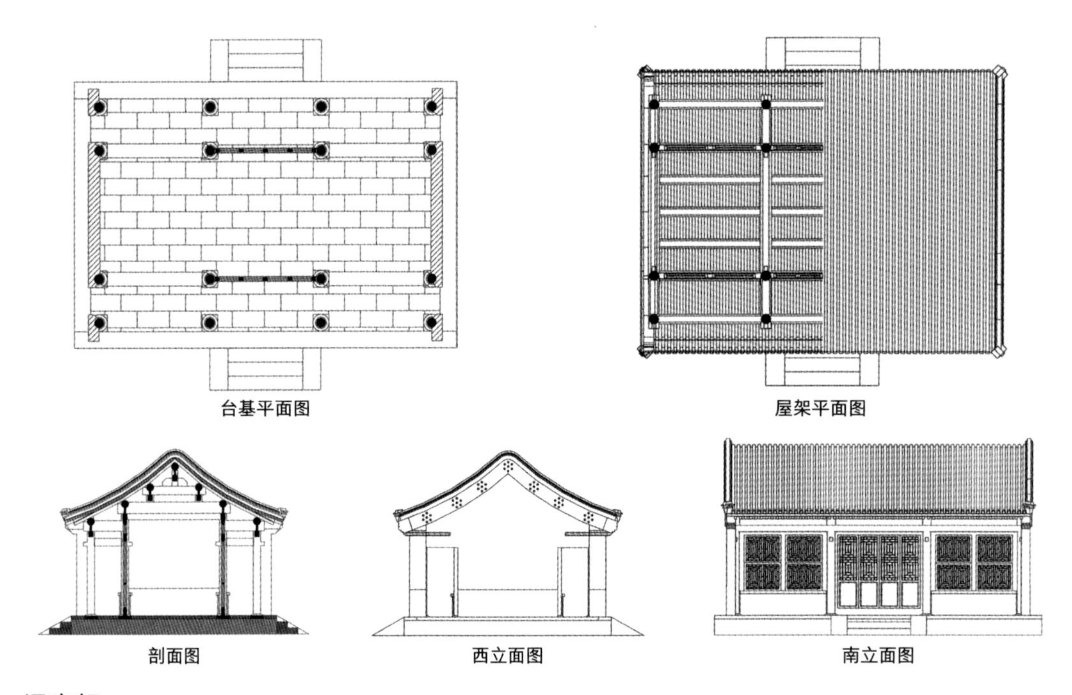

台基平面图　屋架平面图

剖面图　西立面图　南立面图

泽春轩

虚朗斋位于中路南侧第二进和第三进院落相交处，其实为泽春轩抱厦。“泽春轩一座七间，内明间面宽一丈二尺，二次间各面宽一丈一尺四寸，四梢间各面宽一张五寸，进深一丈六尺三寸，前后廊各深四尺二寸，随前抱厦三间，进深一丈二尺，三面廊深四尺二寸，檐柱高一丈一尺四寸。”泽春轩为八檩双卷棚歇山建筑，虚朗斋为六檩双卷棚歇山抱厦，抱厦与主体共用金檩形成勾连搭结构。柱径八寸，瓦作选用二号黑活瓦。参考案例为“普度寺大殿”。

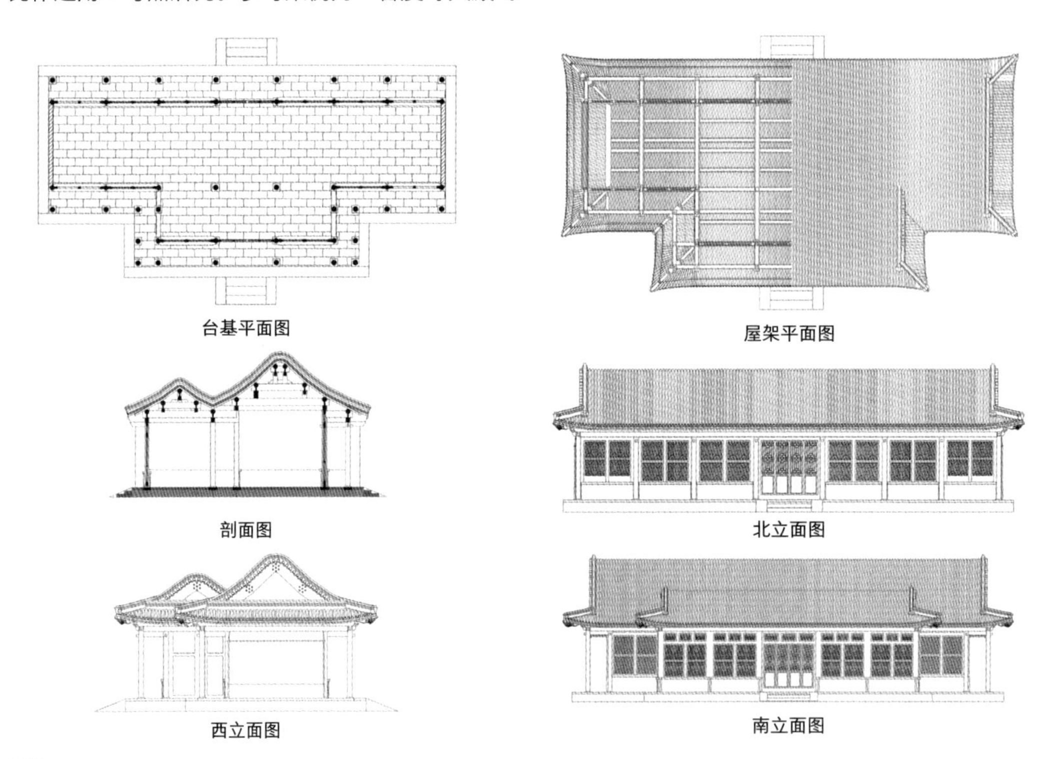

台基平面图　屋架平面图

剖面图　北立面图

西立面图　南立面图

学古堂

学古堂位于中路南侧第三进和第四进院落相交处。乾隆曾为学古堂题诗八首，写下“堂名因传说，家法始神尧”，“书堂题学古，学古要通今”等诗句，内含学古堂命名的意义、在学古堂的活动等信息。避暑山庄学古堂是乾隆的皇祖康熙御书，此处仿照避暑山庄题匾额名为学古堂。

根据样式雷图档黄签标注“学古堂一座七间，内明间面宽一丈三尺，六次间各面宽一丈一尺三寸，进深二丈九尺六寸，周围廊深五尺，随前抱厦五间，进深一丈六尺三寸，后抱厦三间，进深一丈六尺三寸，三面廊各深五尺，檐柱高一丈五尺。”可知建筑基本信息。

又据张若澄所绘静宜园手卷及清工部《工程做法则例》，推算学古堂主体为十檩双卷棚歇山建筑，前抱厦为六檩双卷棚歇山，后抱厦为八檩双卷棚歇山。抱厦与主体共用金檩形成勾连搭结构。柱径九寸，瓦作选用一号黑活瓦。知柱径从而根据《中国古建筑木作营造技术》可推算其他构件尺寸。参考案例为颐和园“乐寿堂”。

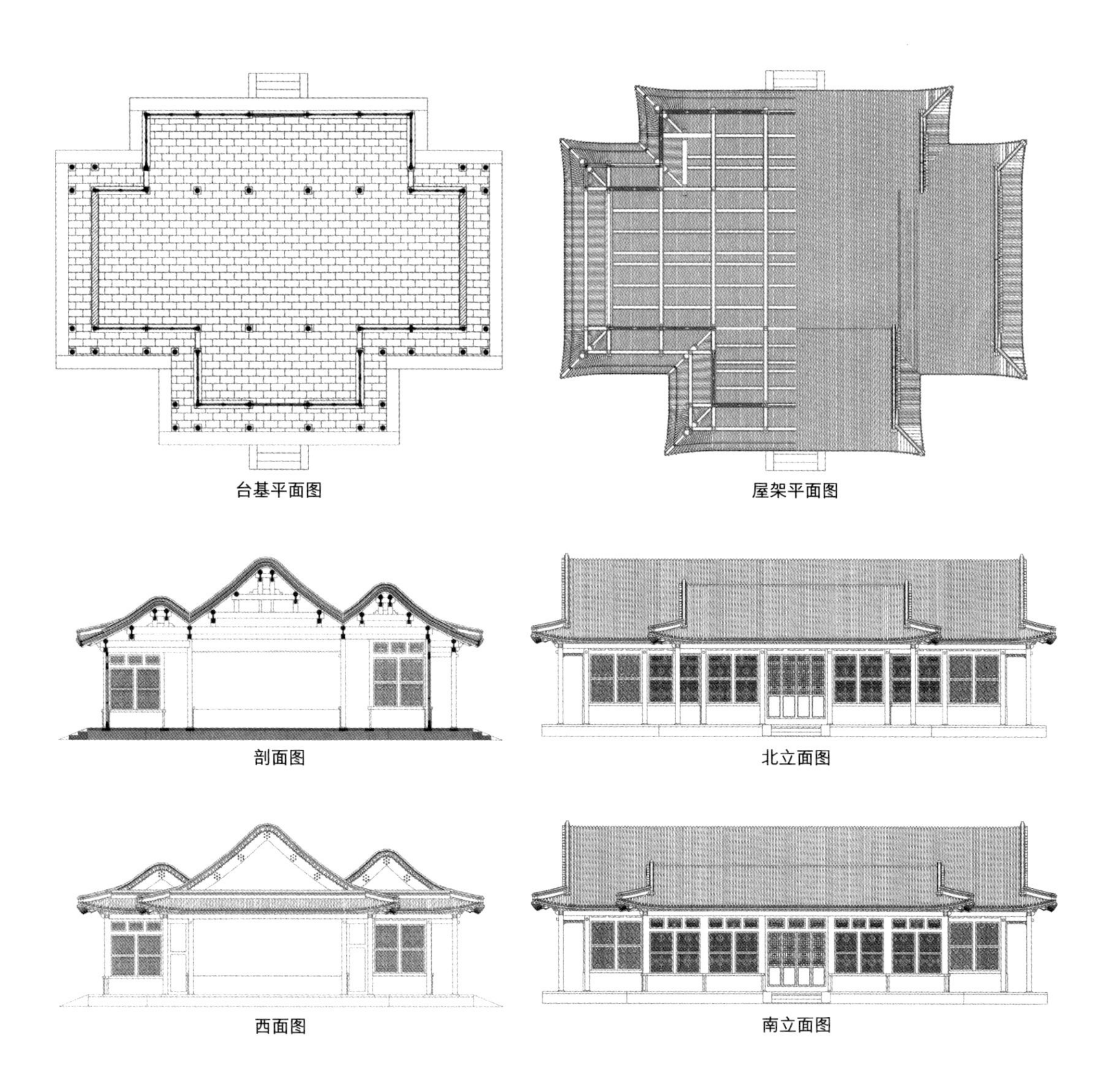

台基平面图　屋架平面图

剖面图　北立面图

西面图　南立面图

虚朗斋东路剖面图

东路共有五进院落，表现了乾隆所说的“澹泊志乃虚，宁静视斯朗”的意境，东路院落中比较重要的建筑有与东宫门对位的濠濮想（横跨东中两路院落）和郁兰堂南北殿。

虚朗斋中路院落轴测图

南北正殿院落剖轴测图

郁兰堂院落剖轴测图

东宫门院落剖轴测图

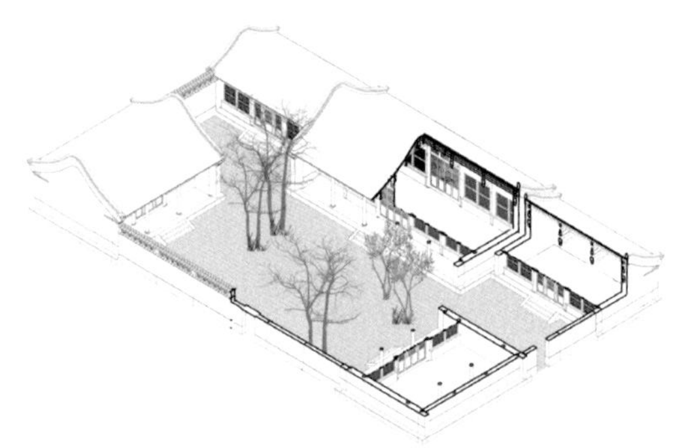

正房院落剖轴测图

虚朗斋东路入口鸟瞰图

东门下悬有康熙御题“涧碧溪清”匾额，为虚朗斋中等级最高的主要的入口。

建筑密度不大，空间布置疏朗，在东宫门与南宫门入口处，各设两座土山，更加增添了自然山林的意味。

南房

南房两卷，分别坐落于南宫门两侧，坐南朝北，檐墙与院墙相接。“南房一座十间，内五间各面宽一丈，内五间各面宽九尺，俱进深一丈四尺，前廊各深四尺，柱高九尺”和“ 南房一座八间，各面宽一丈，俱进深一丈四尺，前廊各深四尺，柱高九尺”。推算出南房为六檩双卷棚硬山建筑。瓦作选用二号黑活瓦，柱径七寸。

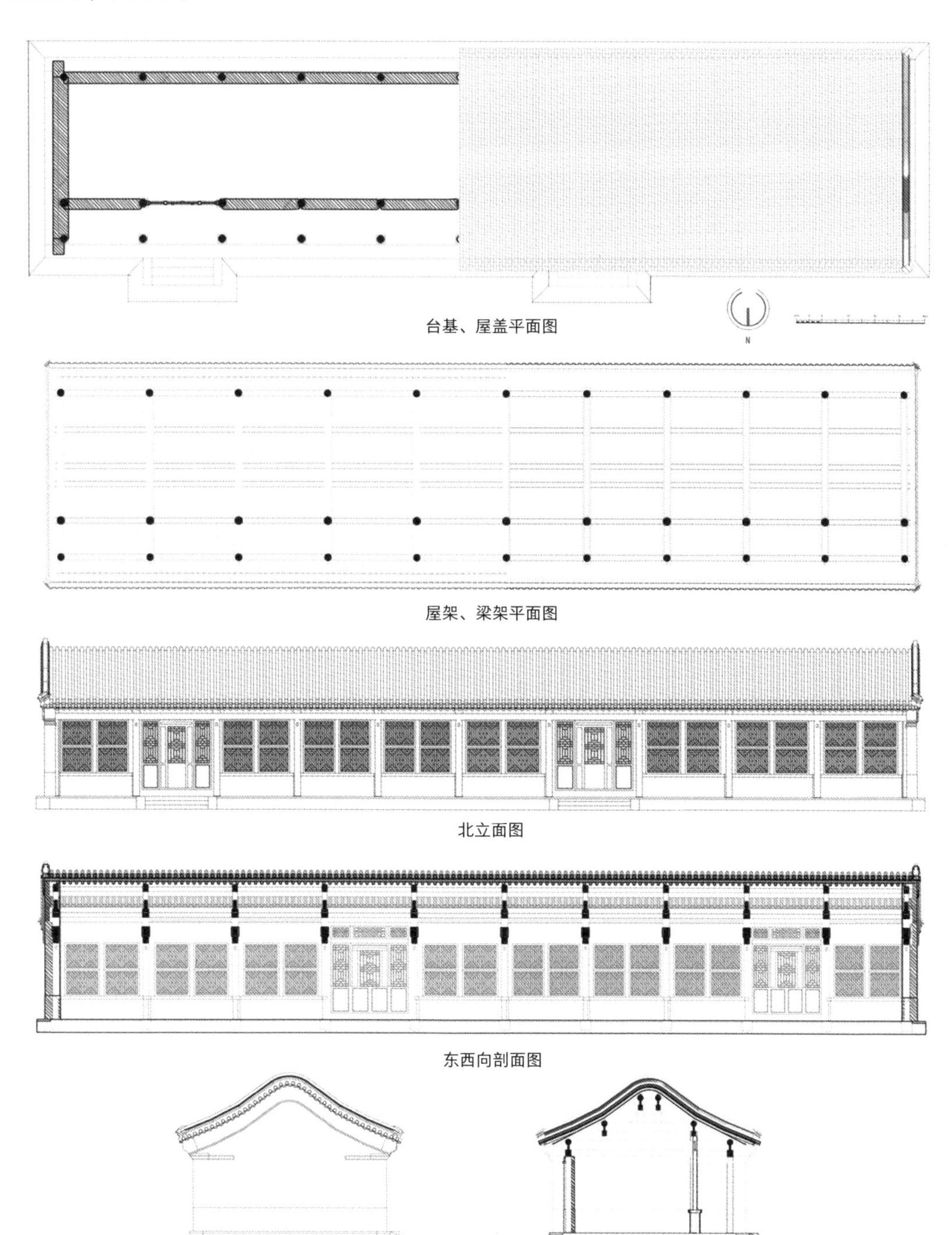

台基、屋盖平面图

屋架、梁架平面图

北立面图

东西向剖面图

东立面图

南北向剖面图

南、北正殿

南、北正殿为东路南端第一进院落的主体建筑，南北两座正殿在南北向呈轴线对位关系，两殿建筑制式一样。“南北正殿二座各七间，内明间各面宽一丈五寸，四次间各面宽一丈，稍间各面宽九尺五寸，俱进深一丈八尺，外前后廊各深五尺，檐柱高一丈一尺五寸”。推算出南北正殿为八檩双卷棚硬山建筑。瓦作选用一号黑活瓦，柱径七寸四分。

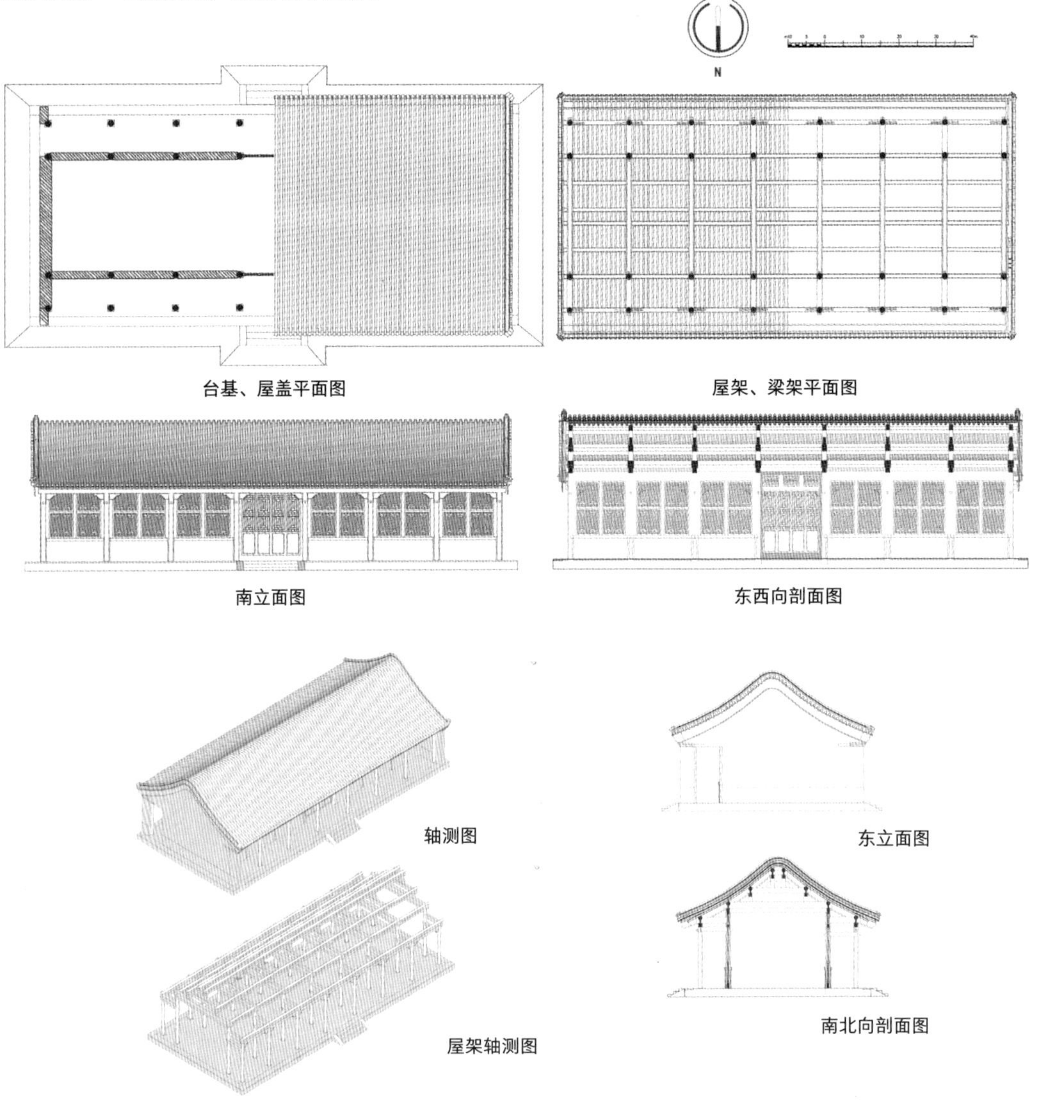

台基、屋盖平面图　屋架、梁架平面图

南立面图　东西向剖面图

轴测图　东立面图

屋架轴测图　南北向剖面图

濠濮想（敷翠轩）

濠濮想位于东路南侧第二进院落与中路南侧第三进院落之间，起着分割东中路布局和引导东西向轴线的重要作用。濠濮想一名出自《世说新语·言语》：“会心处不必在远，翳然林水，便自有濠濮间想也。”比喻高人逸士隐迹山林。历代皇家园林多有效仿以此命名。其对位建筑聚芳图（凌虚馆）与其完全相同。

“濠濮想一座五间，内明间面宽一丈一尺，四次间各面宽一丈三寸，近深一丈四尺五寸，前后廊各深四尺二寸，随后抱厦三间，进深一丈一尺，三面廊各深四尺二寸，柱高一丈。”由此可推算出聚芳图为八檩双卷棚歇山建筑，敷翠轩为六檩双卷棚歇山抱厦，抱厦与主体共用金檩形成勾连搭结构。瓦作选用一号黑活瓦，柱径七寸。复原参考案例为：北海静心斋。

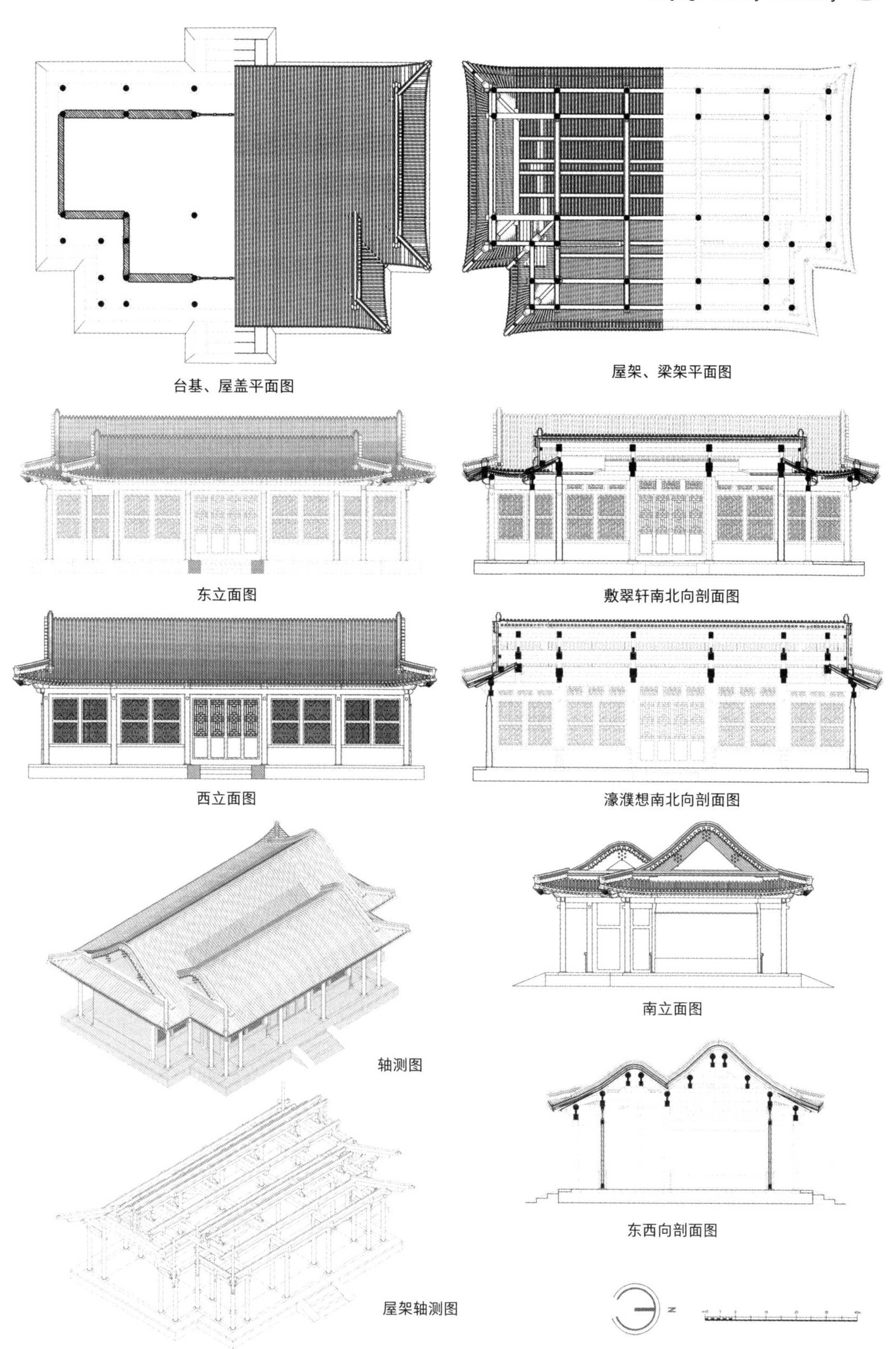

台基、屋盖平面图

屋架、梁架平面图

东立面图

敷翠轩南北向剖面图

西立面图

濠濮想南北向剖面图

轴测图

南立面图

东西向剖面图

屋架轴测图

郁兰堂南、北正殿

郁兰堂南北殿（也作玉兰堂）位于东路北侧第二进院落内，是此院落的主体建筑。

根据样式雷图档红签标注“郁兰堂南北正殿每座七间，内明间各面宽一丈五寸，四次间各面宽一丈，二稍间各面宽九尺五寸，俱近深一丈八尺，前后廊各深五尺，檐柱高一丈一尺五寸”可知建筑基本信息。

根据张若澄所绘的静宜园手卷及《清工部做法则例》，推算出郁兰堂为八檩双卷棚歇山建筑。瓦作选用一号黑活瓦，柱径七寸四分，根据柱径可以推算其他构件尺寸。

复原参考案例为：颐和园的德和园颐乐殿。

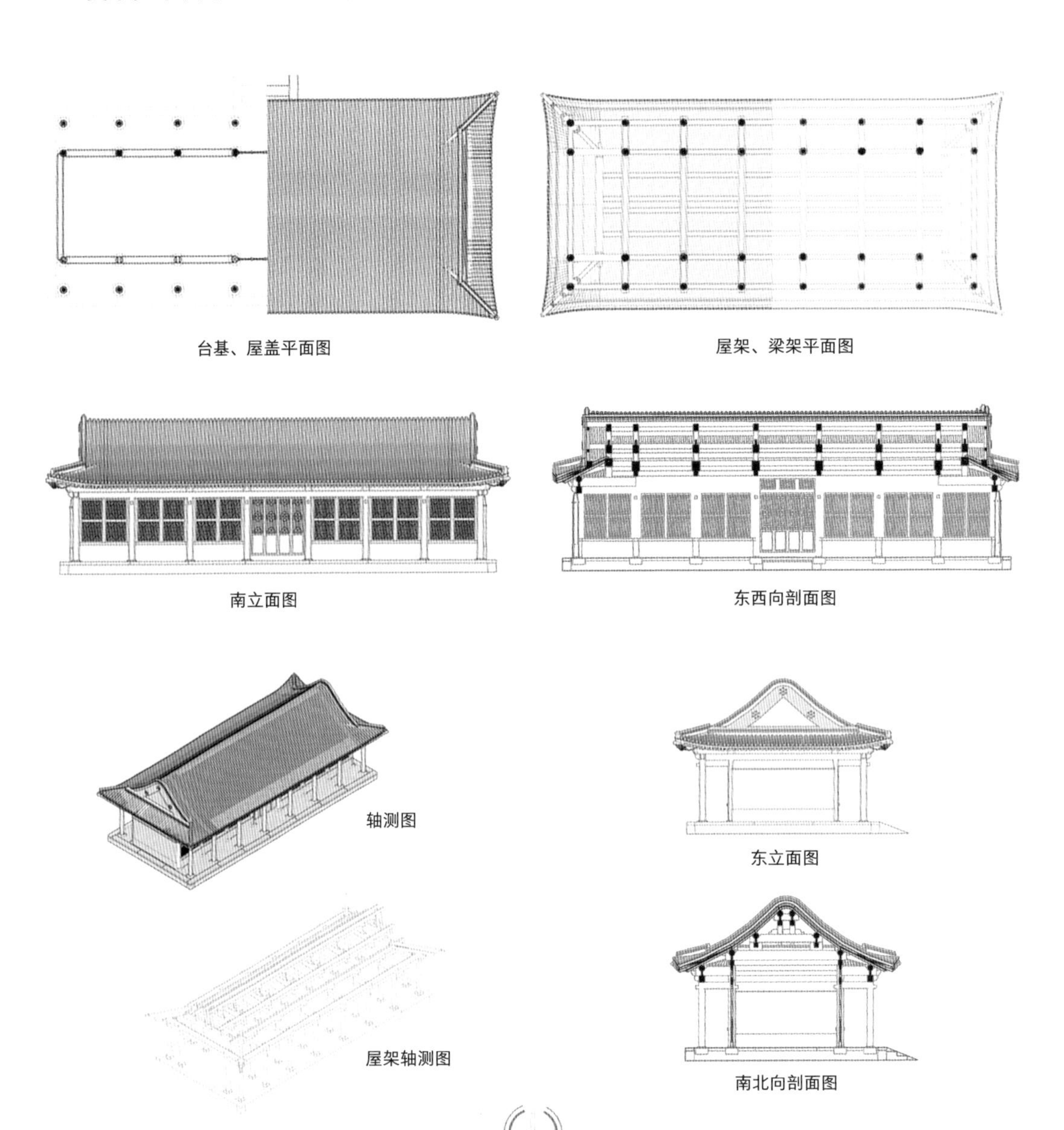

台基、屋盖平面图

屋架、梁架平面图

南立面图

东西向剖面图

轴测图

东立面图

屋架轴测图

南北向剖面图

部分建筑复原效果图

效果图 1
郁兰堂院落效果图

效果图 2
南、北正殿前廊效果图

效果图 3
郁兰堂前廊与游廊交接处效果图

效果图 4
濠濮想（敷翠轩）歇山顶前出抱厦效果图

虚朗斋西路院落轴测图

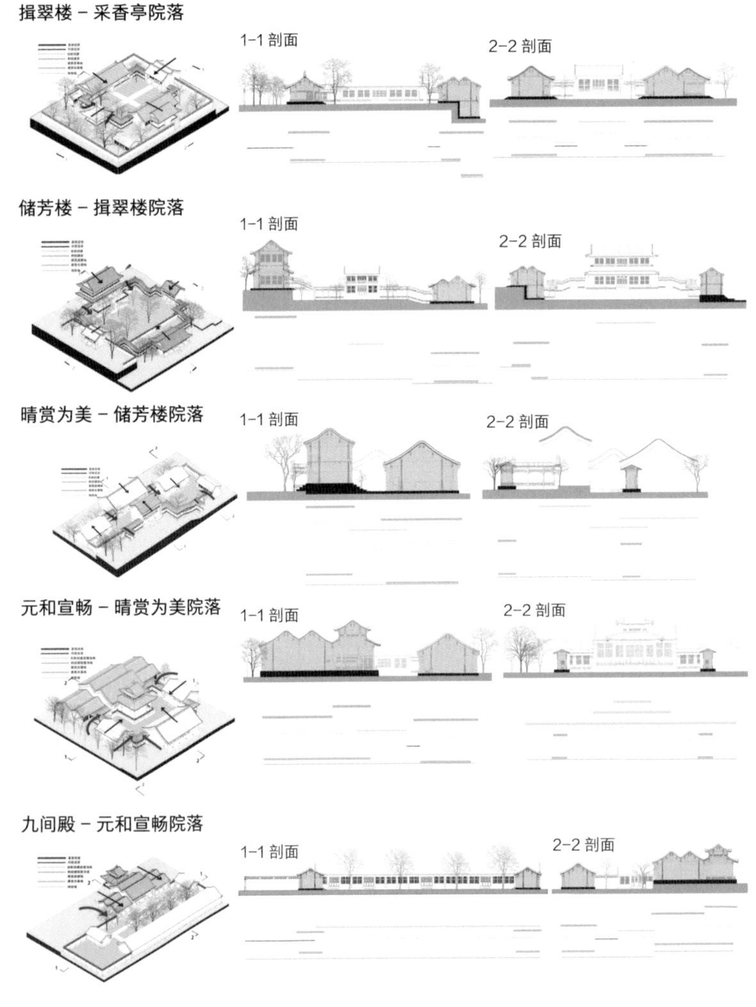

整体院落建筑高度类似，风格比较随意，是从建筑群到自然山地的过渡部分。

整个院落在虚朗斋中最为重要，整体地形南高北低，在西侧建立高台将迎旭轩抬到最好的位置。

由于山地地形存在高差变化，为了解决高差，院落建筑排布十分紧凑，主要交通在南北方向。

整体院落比较开放，四周建筑和游廊都可以进出，整体活动都围绕着戏台展开，为了满足皇帝在房间内听戏的需求，整体院落的布局比较局促。

整体院落较为狭长，除了戏台之外的建筑等级都不高，与周边院落的联系也不足，戏台在整个院落具有绝对的控制力。

虚朗斋西路院落剖面图

西路共有五进院落，圈入西山一部分作为园中苑林区，地形起伏较大，此路院落很多都是园林后山区的配套建筑，多为休闲娱乐场所，这一路有较多的重檐和二层建筑，建筑平均高度较前两路院落有明显的增高，对于地形处理还应用了爬山廊的手法，重要建筑有元和宣畅大戏台、揖翠楼、晴赏为美，取意陶渊明的“论怀抱则旷而且真”的旷真阁（又名延旭轩），还有效仿古人的曲水流觞。

披云室殿

披云室殿一座五间各面宽1丈2寸，进深1丈6尺9寸，前廊进深4尺2寸，随抱厦三间进深1丈4寸，柱高9尺7寸。在现存建筑中北京故宫御花园的绛雪轩在平面布局、建筑制式上与披云室类似，只是绛雪轩位于故宫内，使用的是琉璃瓦屋顶，而披云室殿应该是一个小式黑活建筑。

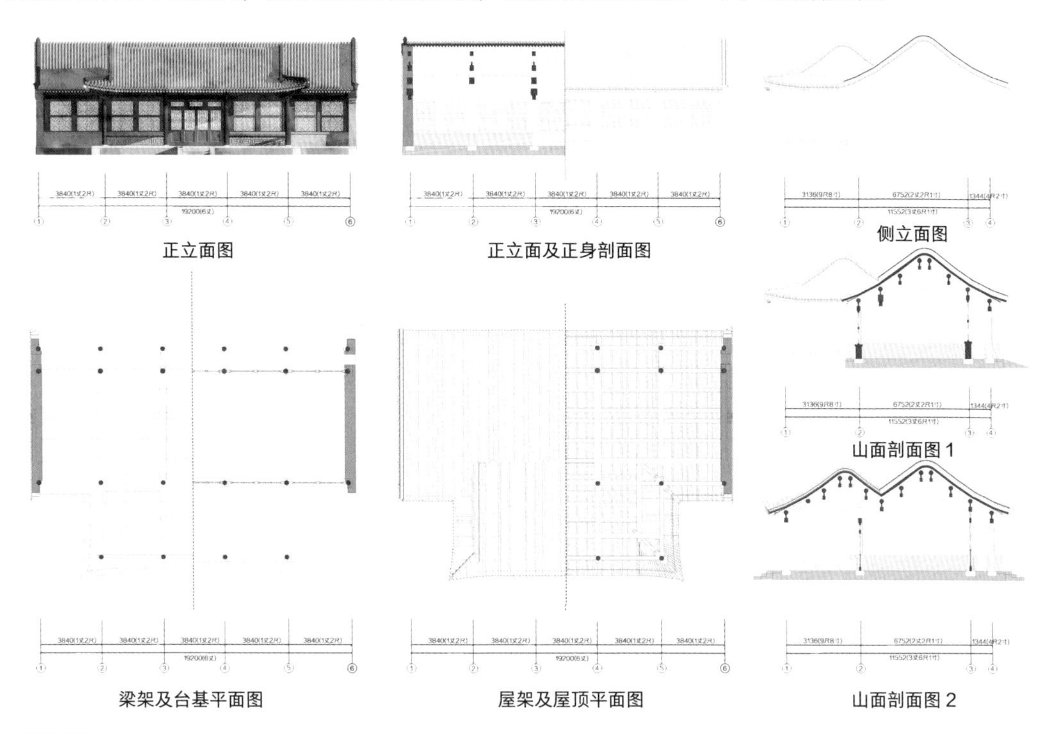

正立面图　正立面及正身剖面图　侧立面图

山面剖面图1

梁架及台基平面图　屋架及屋顶平面图　山面剖面图2

延旭轩

延旭轩一座五间内明间面宽1丈2尺，次间各面宽1丈1尺，二梢间 各面宽1丈5寸，进深2丈4尺，周围廊深5尺，檐柱高1丈2尺。参考的实际案例选择形制类似的新华门。

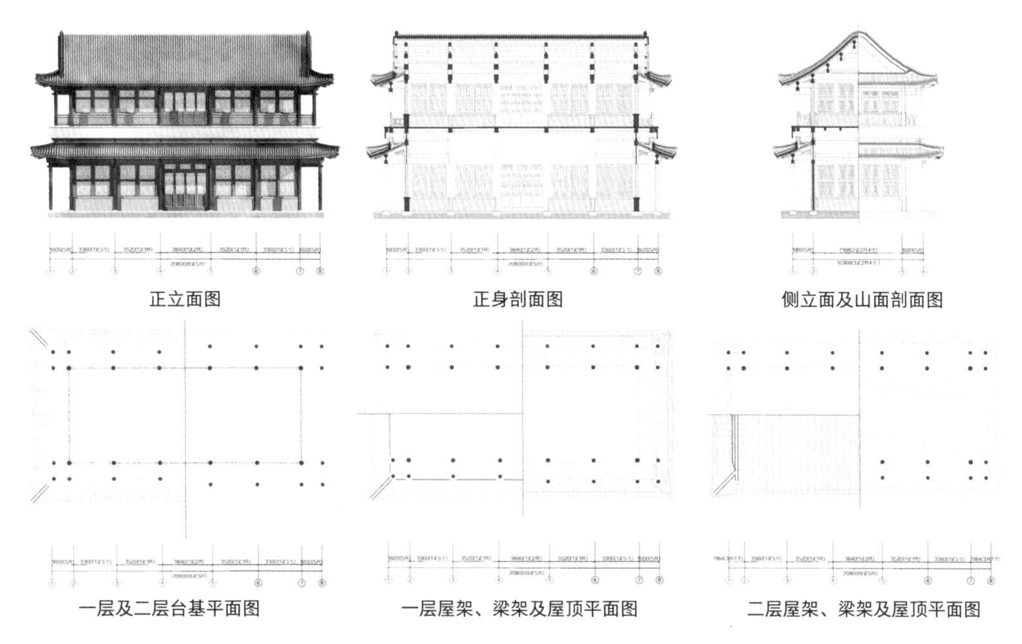

正立面图　正身剖面图　侧立面及山面剖面图

一层及二层台基平面图　一层屋架、梁架及屋顶平面图　二层屋架、梁架及屋顶平面图

储芳楼

储芳楼一座三间各面阔1丈，进深1丈4尺4寸，前廊深4尺3寸高1丈，台明高5尺5寸。参考乐寿堂建筑群中玉澜堂用以欣赏湖光山色的夕佳楼。

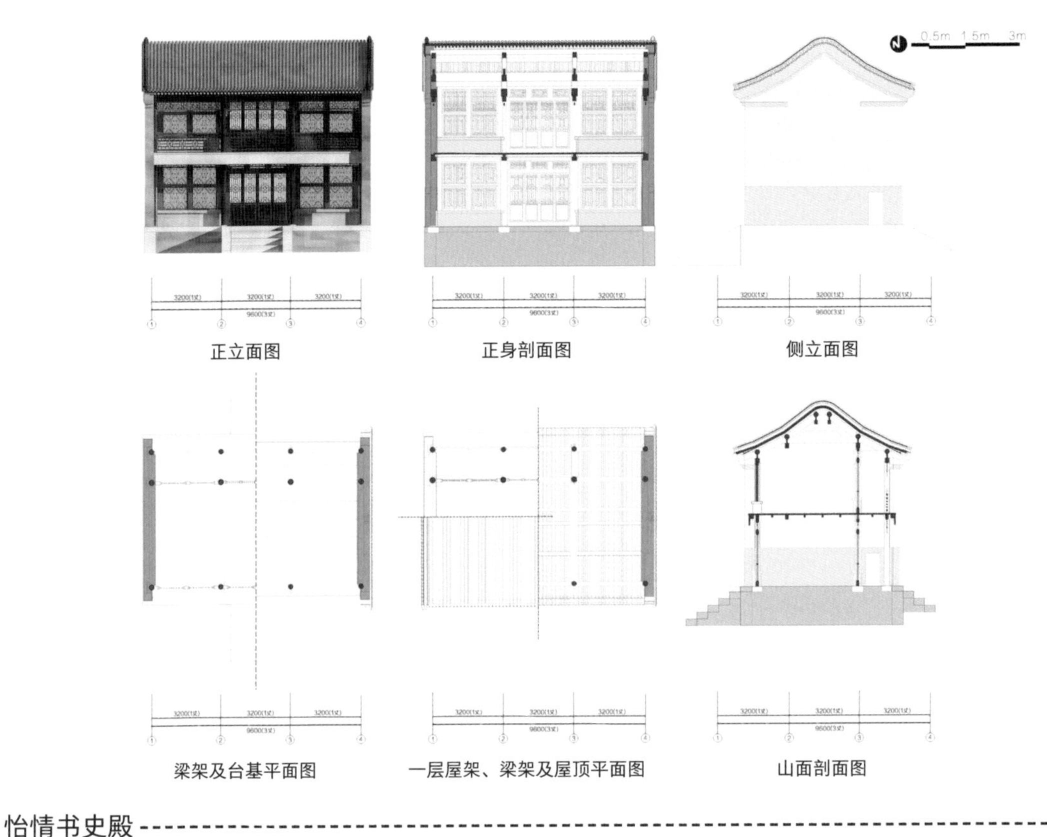

正立面图　正身剖面图　侧立面图

梁架及台基平面图　一层屋架、梁架及屋顶平面图　山面剖面图

怡情书史殿

怡情书史殿一座五间内明间面宽1丈3寸，四次间面宽1丈2寸，进深1丈6尺4寸，周围廊进深4尺3寸，檐柱高9尺6寸。参考的实际案例选择避暑山庄的烟波致爽殿。

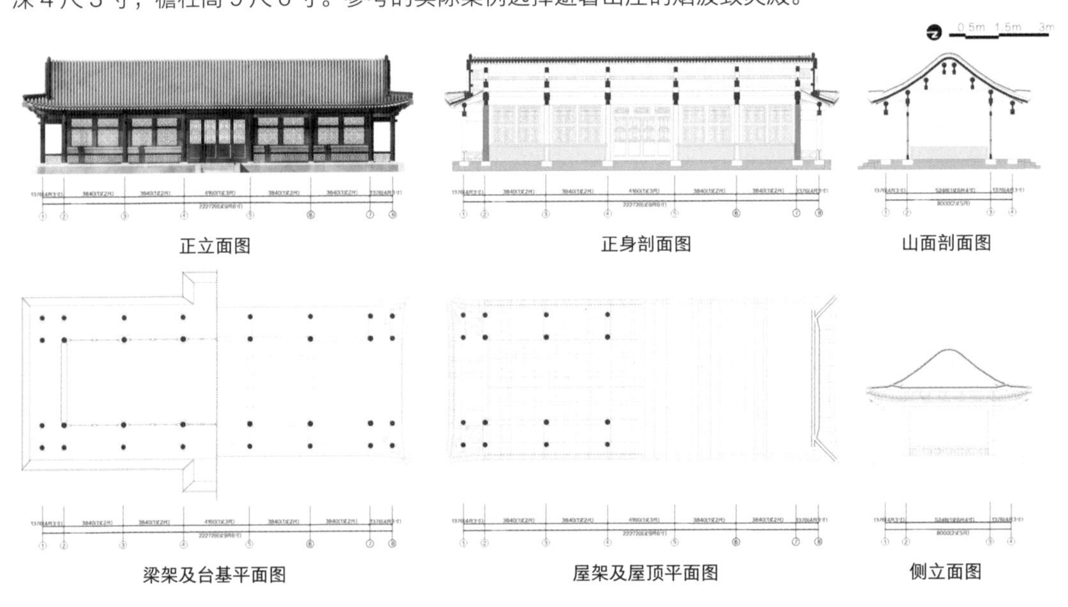

正立面图　正身剖面图　山面剖面图

梁架及台基平面图　屋架及屋顶平面图　侧立面图

“元和宣畅”戏台伴戏房及两卷顺山房

“元和宣畅”戏台是西路重要建筑，戏台开间2丈4尺，进深2丈5尺，周围廊单围柱，檐步6尺；伴戏房两卷各五间，内明间面宽1丈2尺，二次间各面宽6尺，二梢间各面宽1丈6尺。其中与戏台相接的位置为了空间需要使用减柱法减去明间两根金柱，前后廊各进深4尺5寸；小檐柱高1丈4尺，台明高3尺5寸，重檐歇山顶。现实参考案例是“昇平叶庆”戏台。两卷顺山房各三间各面宽1丈前后各进深1丈四尺后廊深4尺5寸，檐柱高1丈5寸，台明高2尺3寸，卷棚硬山。现实参考案例是引镜。

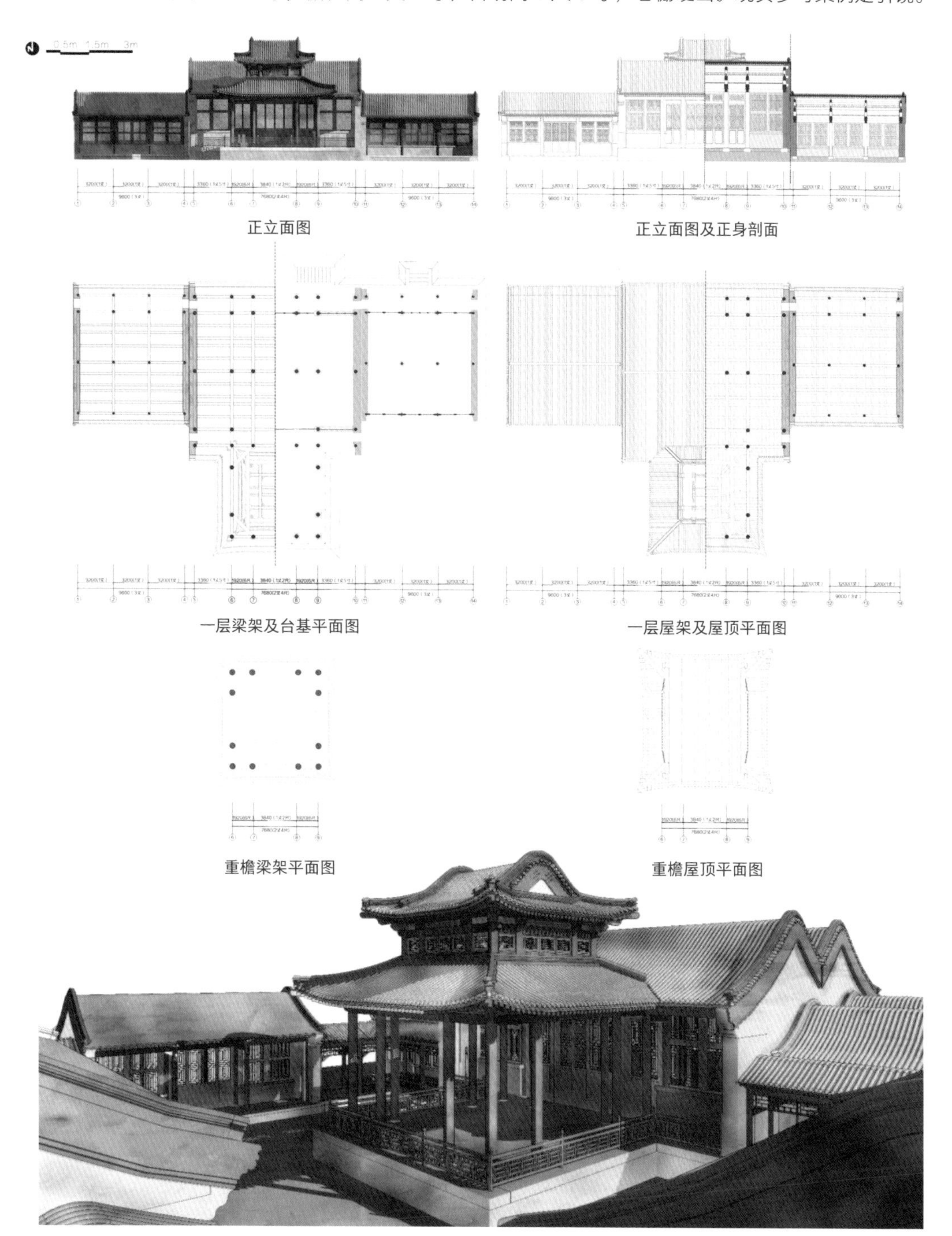

正立面图

正立面图及正身剖面

一层梁架及台基平面图

一层屋架及屋顶平面图

重檐梁架平面图

重檐屋顶平面图

云间梵宇

——北京香山洪光寺毗卢圆殿及园林景观复原设计

专业：风景园林；作者：李松波；指导教师：钱毅

项目介绍

洪光寺始建于明成化元年，毁于清咸丰十年。由朝鲜太监郑同仿照其国金刚山所见之景而造。建筑群东西朝向，坐拥香山十八盘道之上，环境极佳。乾隆年间定为静宜园二十八景之一。本次复原设计是以现场调研遗址数据为基础，结合《样式雷图样》、明清文献、古画及《香山公园志》等资料，以复原洪光寺毗卢圆殿为主，进行了洪光寺古建筑及园林景观复原设计，旨在恢复乾隆时期洪光寺的历史风貌。

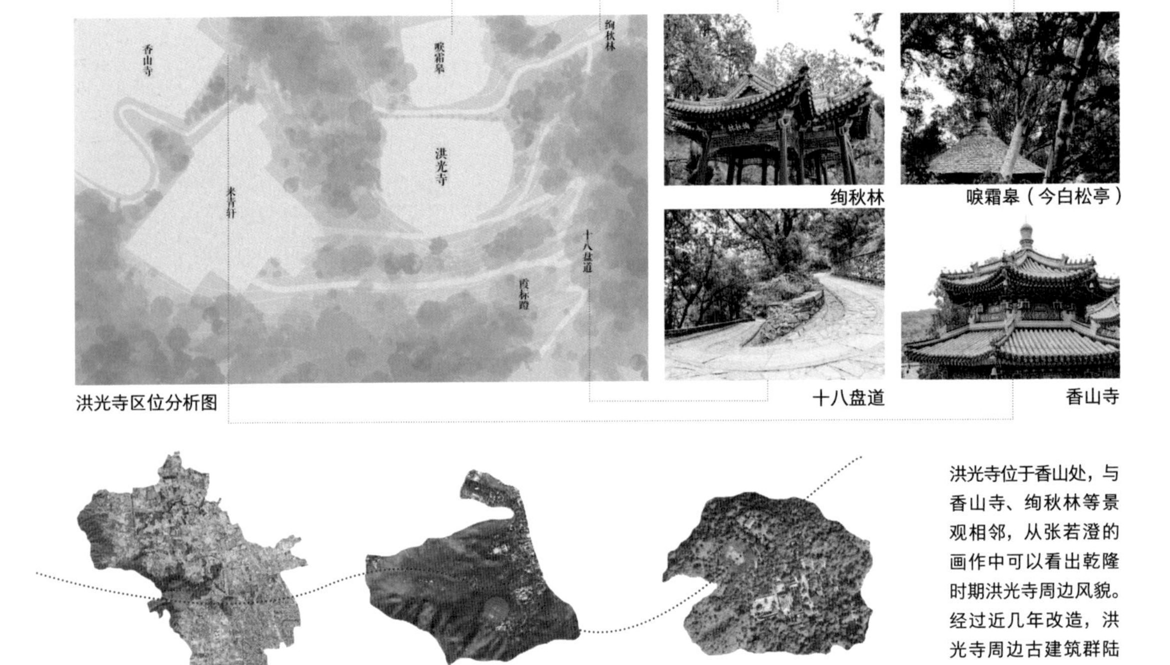

洪光寺区位分析图

绚秋林

唳霜皋（今白松亭）

十八盘道

香山寺

所处北京市海淀区位置

所处香山中部区域

临近北京香山寺

洪光寺位于香山处，与香山寺、绚秋林等景观相邻，从张若澄的画作中可以看出乾隆时期洪光寺周边风貌。经过近几年改造，洪光寺周边古建筑群陆续得到复原。

《静宜园二十八景图》（清·张若澄）

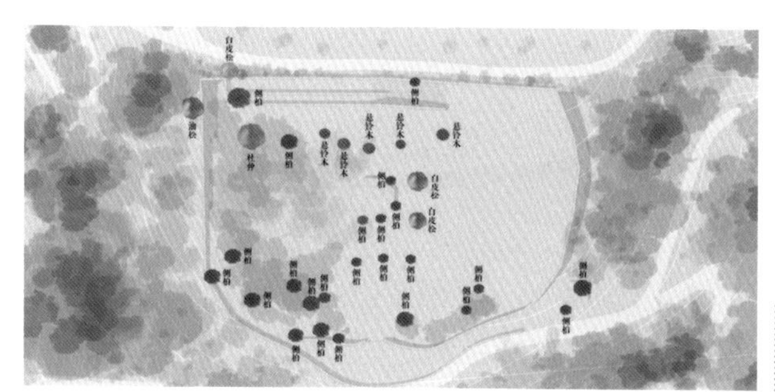

洪光寺现存古树

白皮松　侧柏　悬铃木　油松

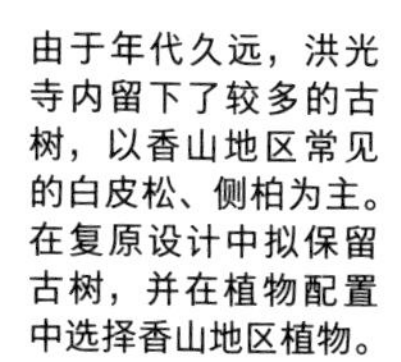

由于年代久远，洪光寺内留下了较多的古树，以香山地区常见的白皮松、侧柏为主。在复原设计中拟保留古树，并在植物配置中选择香山地区植物。

中心建筑毗卢圆殿保存完好，可以清晰地看到其基座八边形的形制，与样式雷图稿中所绘无异。

洪光寺现存遗迹

旗杆是寺庙建筑群中常见的配置，旗杆下设有基座。洪光寺内保留有旗杆基座，可以得知其尺寸，是复原设计中的重要依据。

洪光寺靠南部分有田中玉别墅，是1920年田中玉将军修建。后历经修缮，延续其建筑功能，是近代史上较有价值的一座建筑。

洪光寺内靠东建有台基，在近代经过修缮，保持着古代形质，保存较为完好。

洪光寺外侧有一八角形台基，损毁较为严重。根据乾隆《盘道诗序》得知，此处为一八角亭，名“奄翠”。

田中玉别墅保存完好，且具有一定的历史价值，设计中共有两套复原计划，一是保留近代建筑，对洪光寺古建筑进行部分复原；二是对洪光寺进行全面复原，恢复乾隆时期风貌，本次设计采用的是全面复原计划。

前期分析

洪光寺1465年（明成化元年）始建，历经百年的不断修缮、增建，至乾隆时期全面建成。在现状的调研中，可以看到，洪光寺整体格局依旧保留，主体建筑毗卢圆殿基座保存完好，柱顶石、铺地未有太大损坏，可以根据现状尺寸，结合清代建筑规范，进行较精确的古建筑复原。而奄翠亭基址、旗杆基座等都是复原设计较为重要的依据。在复原设计中，应最大限度地保留原有基址及古树，结合现有资料合理推断风貌。

1400年　1500年　1600年　1700年　1800年　1900年　2000年

明成化元年，朝鲜籍太监郑同在此修建洪光寺，初成格局。并做碑纪念。

清康熙十六年，康熙皇帝为洪光寺题写匾额，1742年敕修，将洪光寺改为官办。

清乾隆十二年，（1747年）洪光寺内香岩室被纳为静宜园二十八景之一。

清咸丰十年（1860年）九月，被英法联军焚毁，建筑夷为平地。

1920年，田中玉在此营建私人别墅。

2017年，洪光寺成为素质拓展教育基地。

洪光寺复原轴测图

复原依据

古画：《静宜园全图》清 · 沈涣、清桂
《静宜园二十八景图》清 · 张若澄
图样：《静宜园洪光寺等图样》清 · 样式雷
文献：《珂雪斋集》明 · 袁中道
《苑署杂记》明 · 沈榜
《燕都游览志》明 · 孙国敉
《日下旧闻考》清 · 于敏中
《咏香山静宜园御制诗》清 · 乾隆

样式雷图样

静宜园全图及静宜园二十八景图中洪光寺部分

洪光寺卫星图实拍

《日下旧闻考》对洪光寺的记载

洪光寺遗址测绘

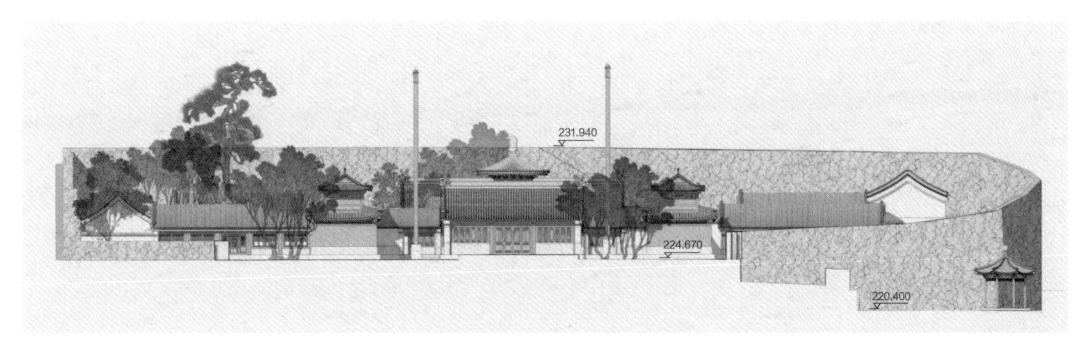

洪光寺复原设计东立面图

洪光寺复原设计 1-1' 剖面图

清代官式建筑各结构的尺寸是有规章制度可以遵循的，根据《清工部做法则例》的相关规范，可以根据建筑的柱间距、柱径等数据，推出建筑梁、椽子等大木结构的尺寸，而各建筑的小木作，如格栅、雀替等，则根据现有古画及文献中的记述进行复原设计。对于一些相关资料记述不明的地方，如彩画形制，建筑有无栏板等，则参考了同时期的北京地区官式建筑的设计手法，将之运用到了复原设计中。洪光寺以建筑群为主，中间略有园林点缀，在景观设计中，方案参考了北方皇家寺庙园林的设计手法，如潭柘寺等，参考了古代诗文中对于洪光寺景色的描绘，在符合传统园林形制的前提下，使复原设计尽可能还原乾隆时期的历史风貌。

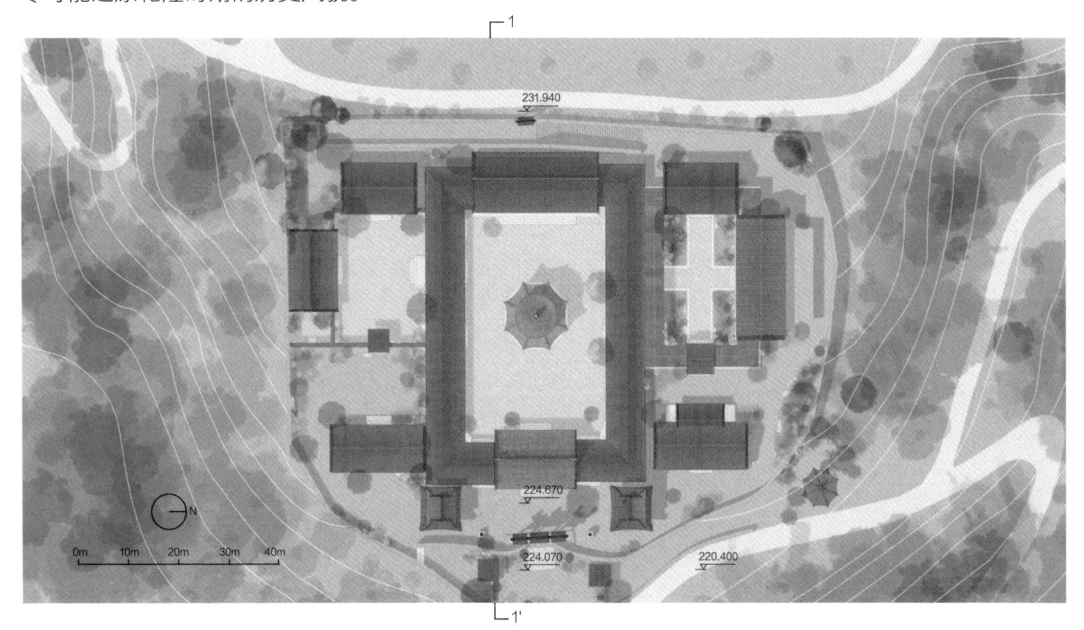

洪光寺复原设计总平面图

洪光寺复原设计鸟瞰图

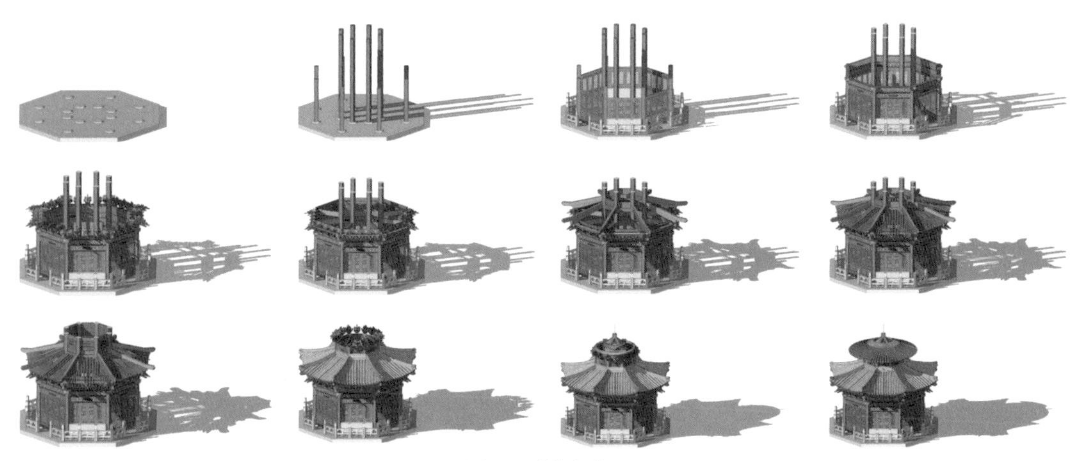

毗卢圆殿结构生成图

洪光寺复原设计东立面图

洪光寺复原设计剖面图

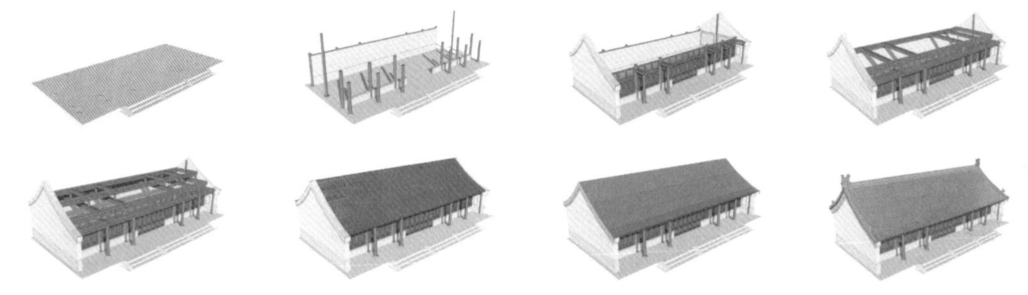

香岩清域殿结构生成图

洪光寺南院落复原设计效果图

洪光寺中院落复原设计效果图

洪光寺北院落复原设计效果图

洪光寺毗卢圆殿复原设计效果图

亘古亘今

——北京香山静宜园文化中心设计

专业：建筑学；作者：王威；指导教师：钱毅

项目摘要

香山静宜园在北京西北郊“三山五园”中占据重要且特殊的地位，香山在历史上有两个十分重要的节点：一是香山作为清皇家园林之一的静宜园的历史；二是香山慈幼院作为历史上重要的慈善学校和当时先进的教育建筑的历史；但这两段历史却鲜为人知，因此需要这样一种建筑或场所将这些宝贵的遗产和财富公之于众，让大众了解并熟知，展示出其应有的价值，以便得到更全面的研究和保护。

另外，香山近代建筑的保护和利用现状堪忧，希望通过此次研究学习近代建筑保护再利用的策略及实践方法，在设计中体现为：将新建建筑以低调的地景建筑的设计方式融入于自然环境中，将近代保留建筑作为一件展品进行展示，重点突出。

基地位置

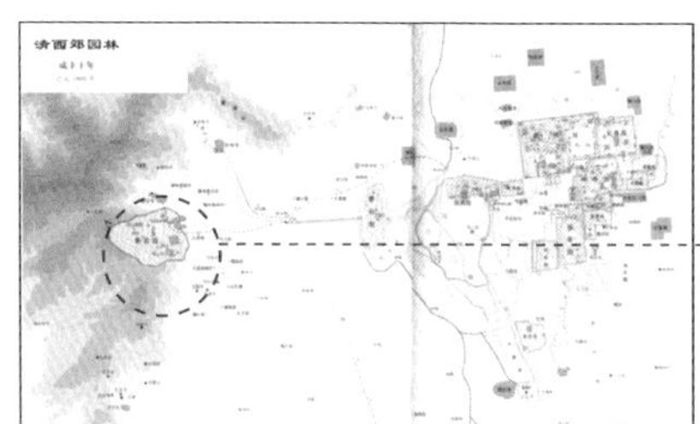

清西郊园林·三山五园

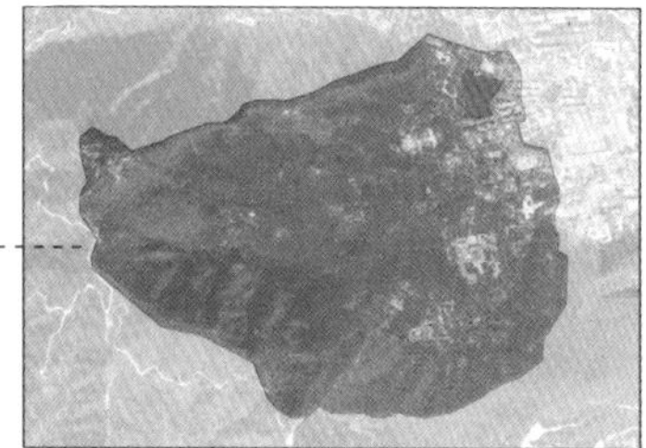
基地位置

基地内部及周边现状

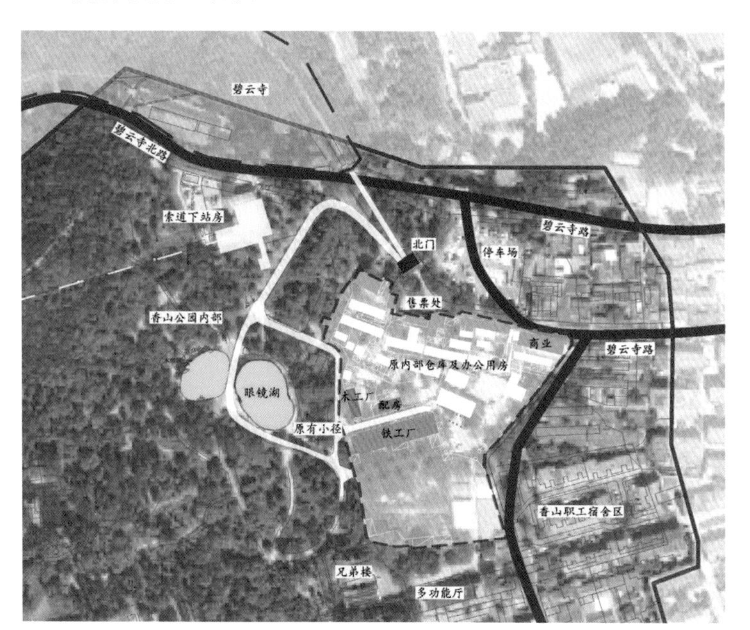

基地为民国时期香山慈幼院各实习工场所在地，它是历史的重要见证者，具有较高的价值，需要保留并合理地利用。

基地面积：17785平方米。

建筑用地南侧为改造后的兄弟楼、香山别墅及一座多功能厅；用地东侧为香山职工宿舍区；用地北侧为香山公园北门及通往碧云寺道路及停车场；用地西侧是香山公园内部，紧邻眼镜湖等。

基地内部保留建筑现状

（1）保留工厂建筑——铁工厂

铁工厂位置示意图

鸟瞰图

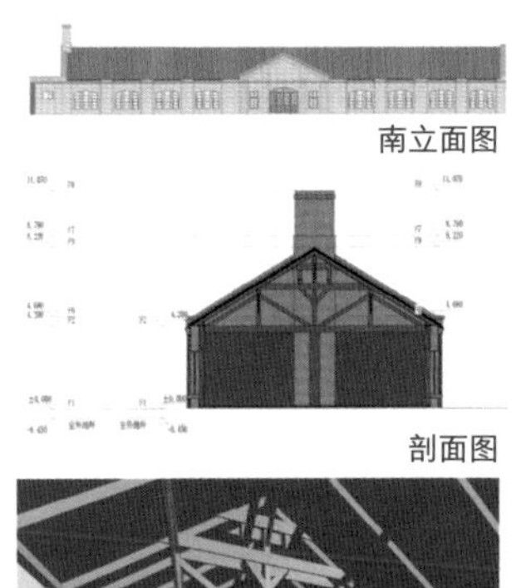

南立面图

剖面图

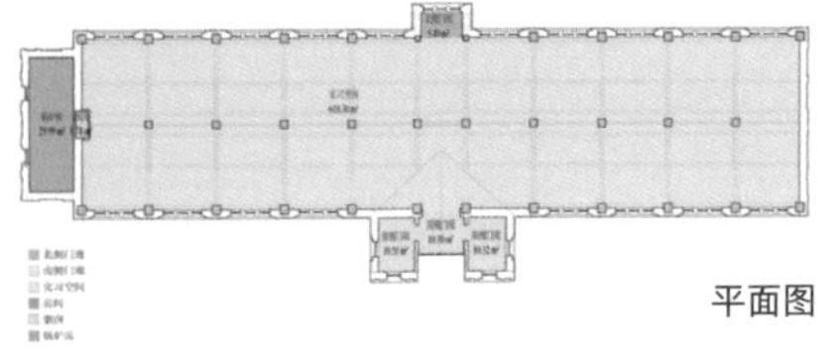

平面图

室内透视图

分解轴测图

铁工场隶属第四校，建成于1926年，是矩形平面大空间单层建筑，西侧有小开间锅炉房及烟囱，其余均为实习空间，生产空间平面简洁，整体空间开阔通透。

（2）保留工厂建筑——木工厂

木工厂位置示意图

木工厂平面图

调研现状图片

木工厂东立面图

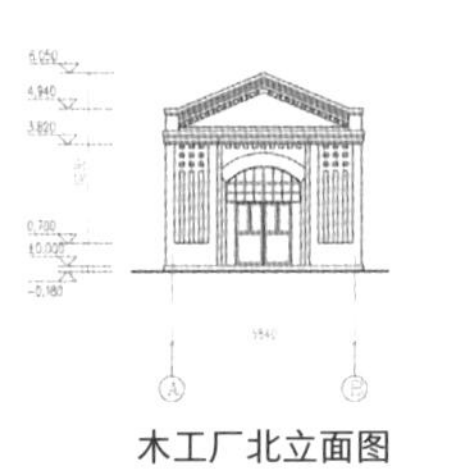

木工厂北立面图

（3）保留工厂建筑——木工厂配房

木工厂配房位置示意图

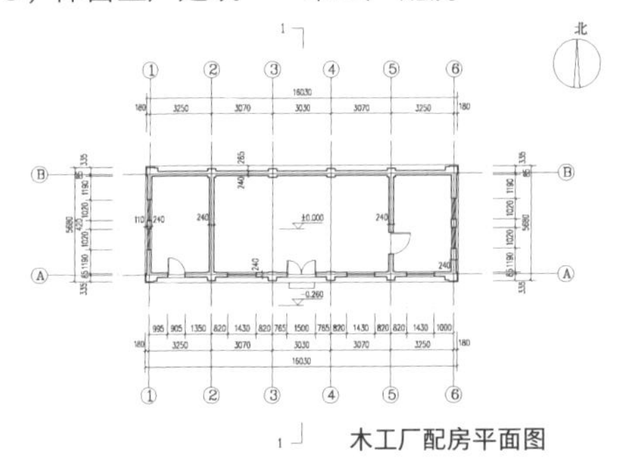

木工厂配房平面图

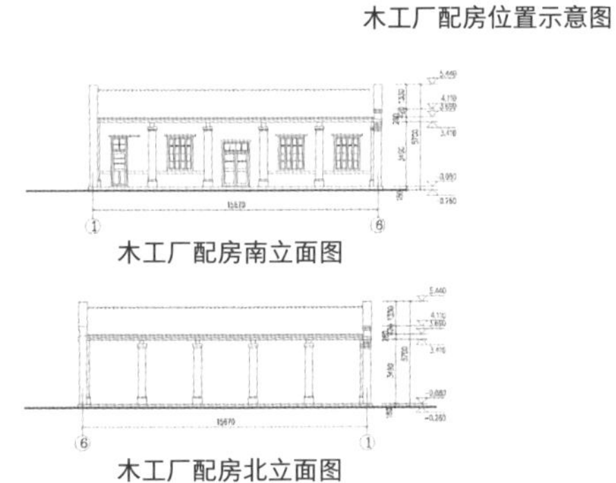

木工厂配房南立面图

木工厂配房北立面图

设计理念分析及具体设计手法

(1) 设计理念分析

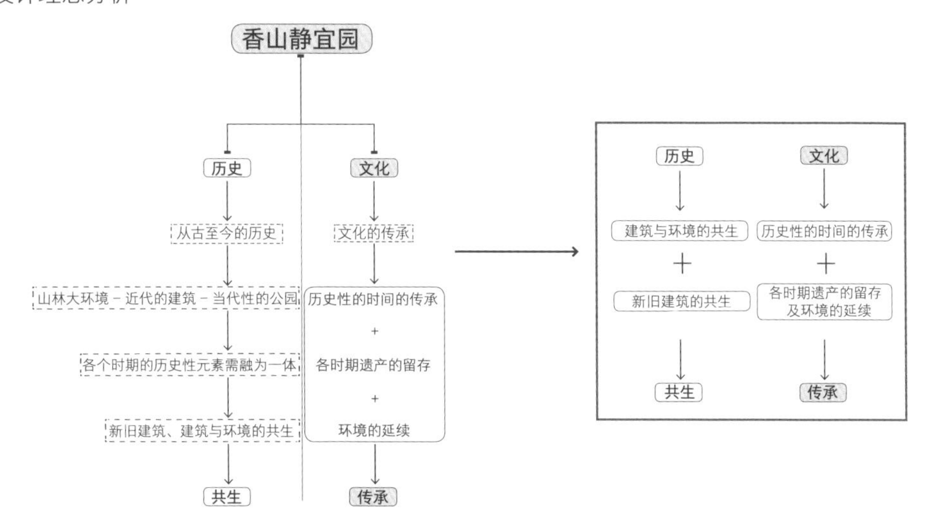

(2) 建筑与环境的共生——建筑体量处理方式

功能下置　　地形坡度　　体量消隐

(3) 各时期遗产的留存以及环境的延续——整体方案构思

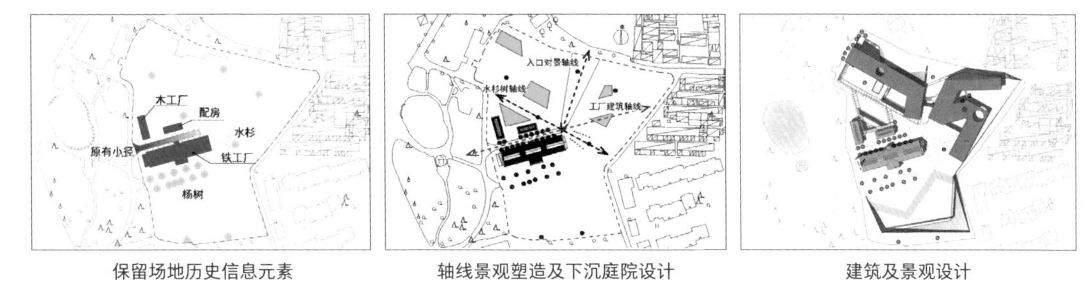

保留场地历史信息元素　　轴线景观塑造及下沉庭院设计　　建筑及景观设计

(4) 各轴线景观透视图

入口对景轴线透视图

水杉树轴线透视图

工厂建筑轴线透视图

设计方案分析

（1）设计方案总平面图

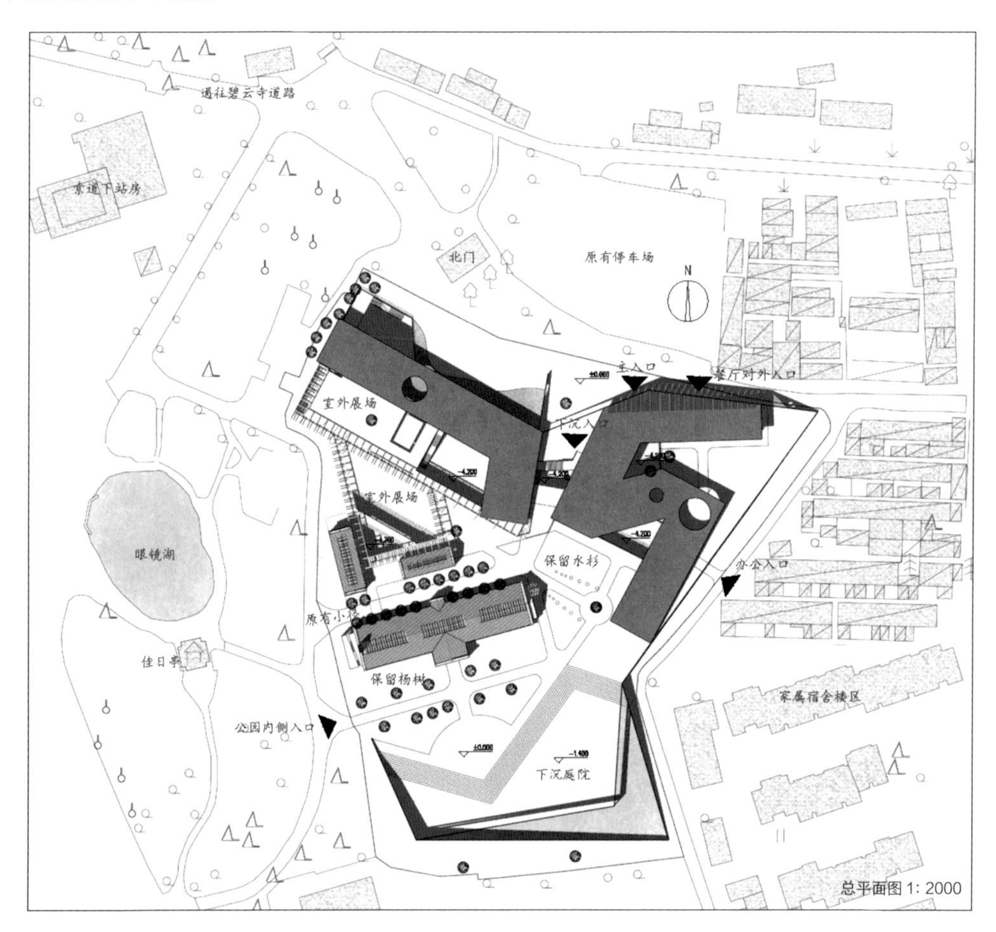

（2）设计方案各立面图及剖面图

（3）功能分区及流线分析图

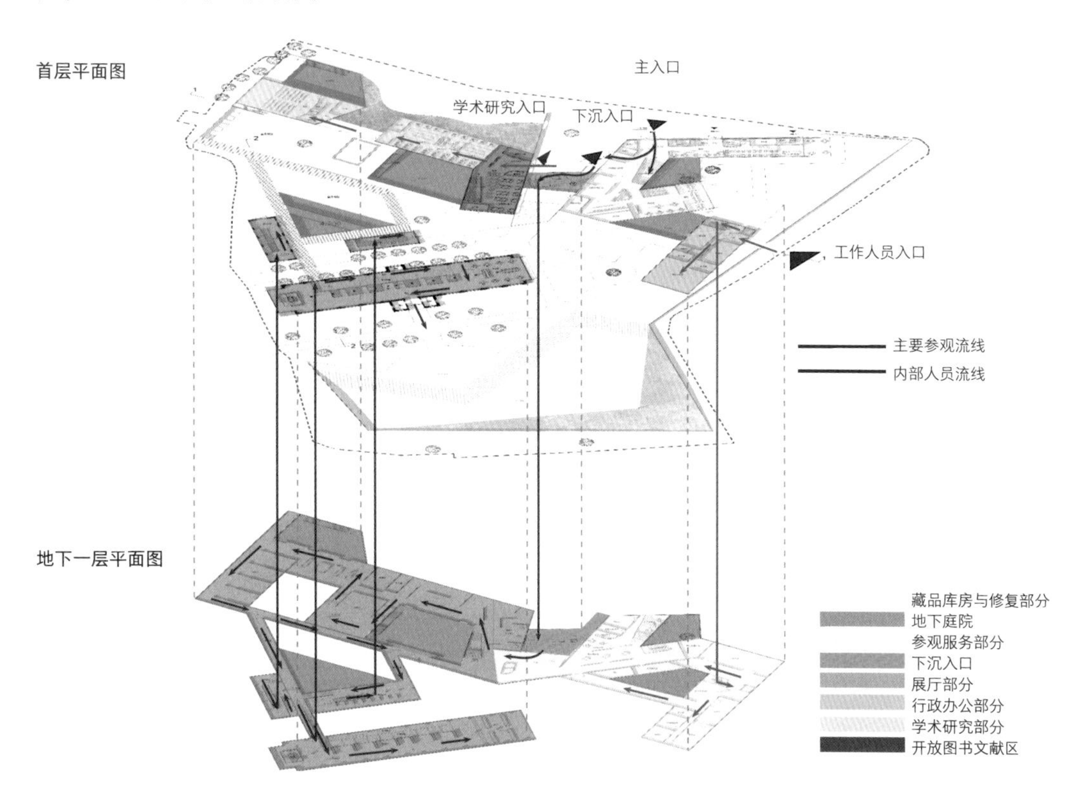

历史性的时间的传承

（1）观展流线的设计（同一主题之间）

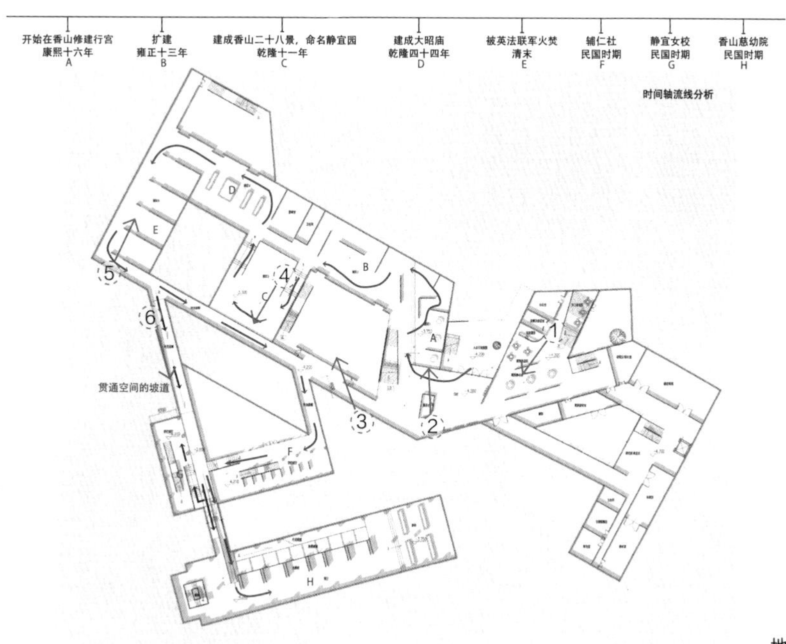

(2）观展流线各点透视图

1点透视图—下沉入口

2点透视图—展区A局部

3点透视图—从室内看向庭院

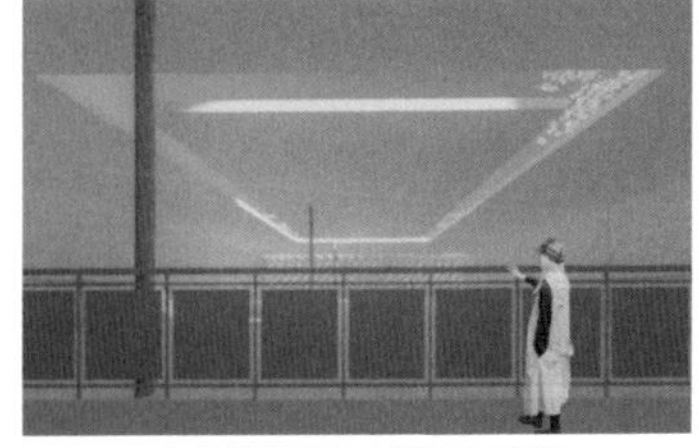
4点透视图—展区C天窗

5点透视图—透视窗展厅

6点透视图—时光展廊

(3）时光展廊设计（两个不同主题之间）

主题坡道流线图

时光展廊透视图

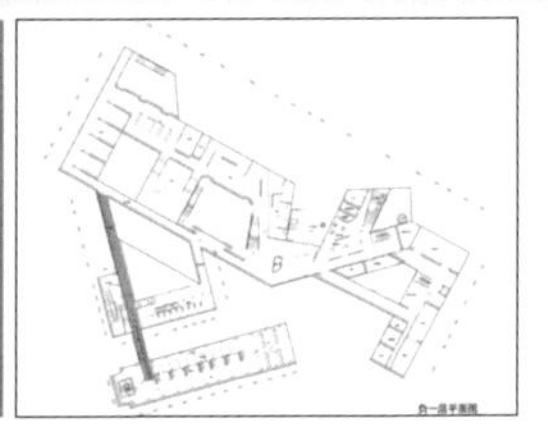
主题坡道及时光展廊位置示意图

新旧建筑之间的共生·主题坡道及通高空间的设计

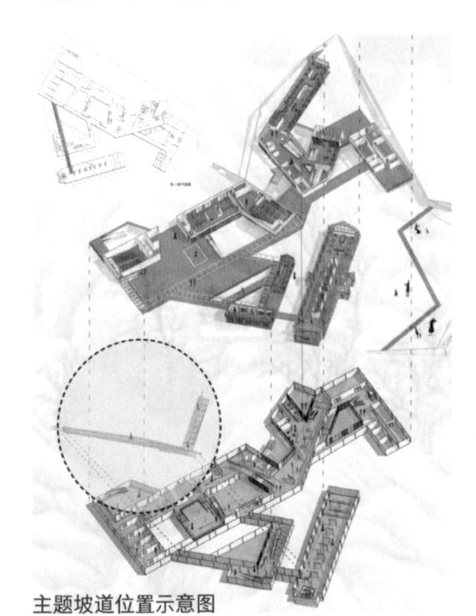
主题坡道位置示意图

通高空间位置1

B点透视图

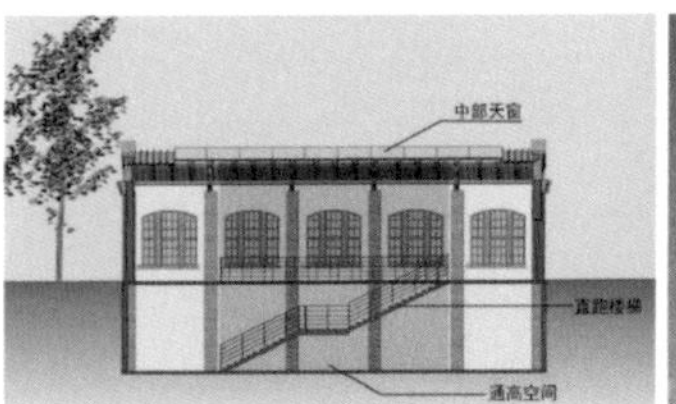

通高空间剖面图

C点透视图

近代工厂建筑改造策略

建筑立面改造

改造前铁工厂西立面图

改造前铁工厂东立面图

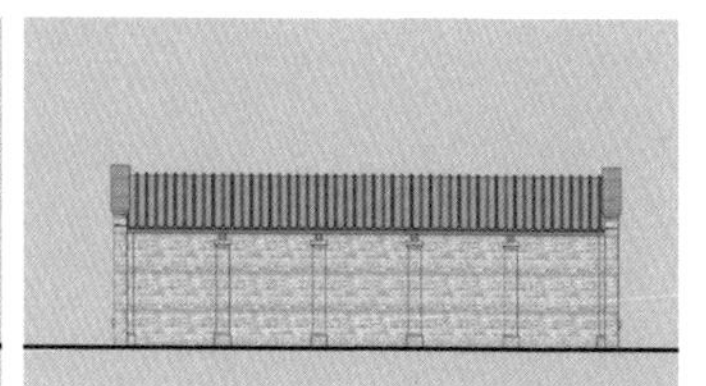
改造前配房北立面图

改造后铁工厂西立面图

改造后铁工厂东立面图

改造后配房北立面图

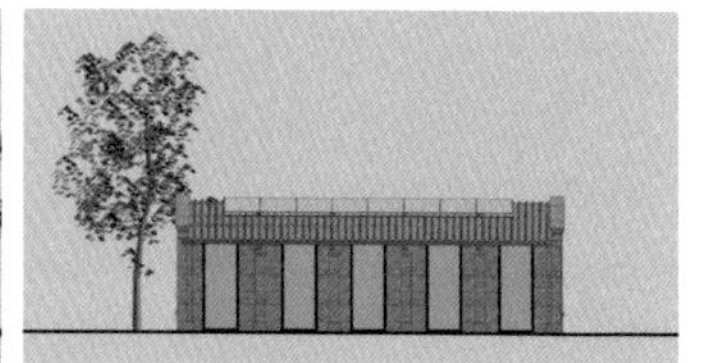
改造后铁工厂西立面图透视图

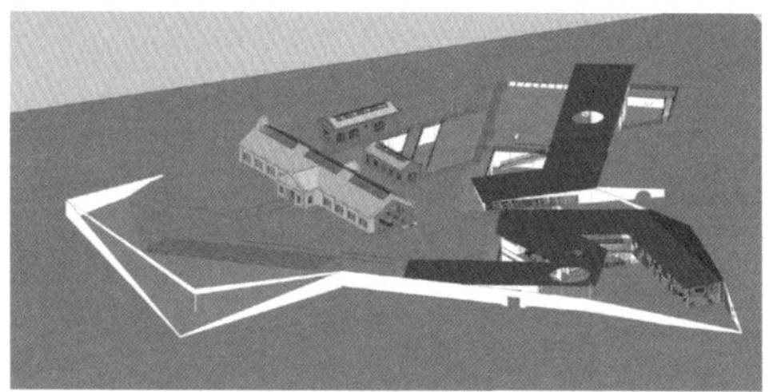
改造后铁工厂东立面图透视图

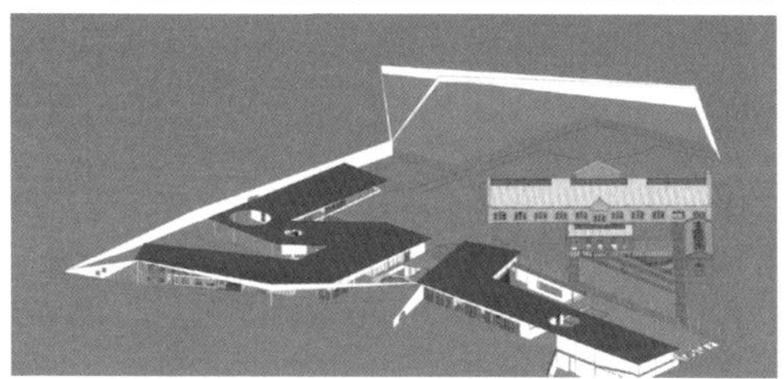
改造后配房北立面图透视图

场地及景观设计

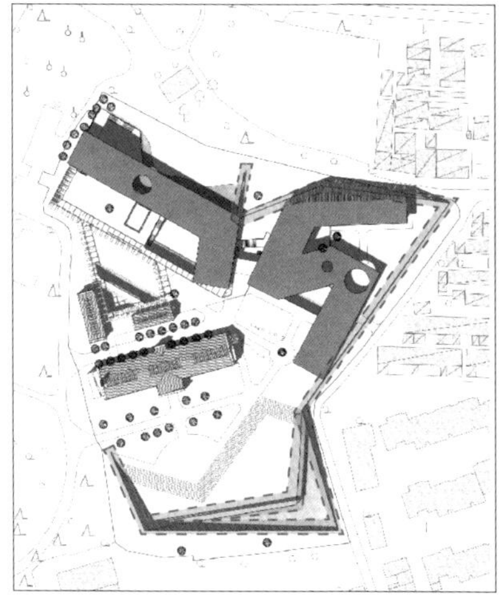

景观墙位置示意图

根据场地功能需求，在原有围墙位置设计高低起伏变化的围墙，既起到阻隔外部人流的作用，又可以通过围墙低矮处与场地内部的视线交流达到吸引游客的目的。

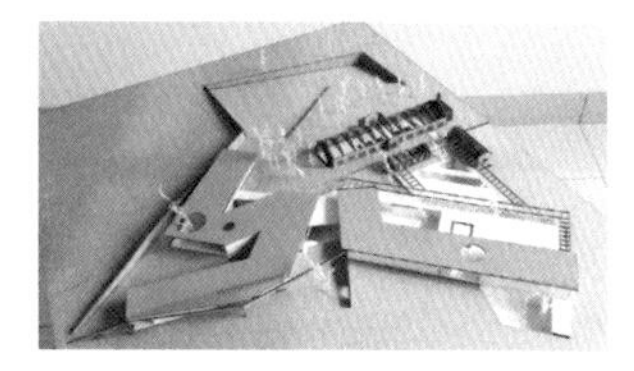

相关实体模型照片

倚岩瞰岫，山楼迴镜

——北京香山静宜园二十八景栖云楼景观复原设计

专业：风景园林；作者：廖怡；指导教师：秦柯

项目简介

香山静宜园二十八景之一的栖云楼园林位于香山南麓的半山坡，始建于乾隆十年（1745 年）。“右倚层岩，左瞰远岫”园林北侧为香山寺及香山双清水系的沟渠，西侧远借外垣蟾蜍峰诸景，地段条件极佳。院内有乾隆御题“双清”二字，两道径流不息的清泉在金章宗时期就已存在，名为梦感泉。栖云楼园林先后遭英法联军和八国联军焚毁，屋宇尽数破坏，仅剩栖云楼台基及其下叠石留存。熊希龄于民国七年（1918 年）在其旧址建双清别墅。1949 年 3 月，中央从西柏坡迁入香山双清别墅，毛主席就在此处工作居住;1994 年，双清别墅被命名为“北京市青少年爱国主义教育基地”，现作为革命教育景区向大众开放。本次复原设计基于前人研究，结合现场调研及历史图档分析，力图恢复栖云楼这一历史名园昔日风貌。

香山饭店（虚朗斋）

今香山公园

双清别墅（栖云楼）

技术路线

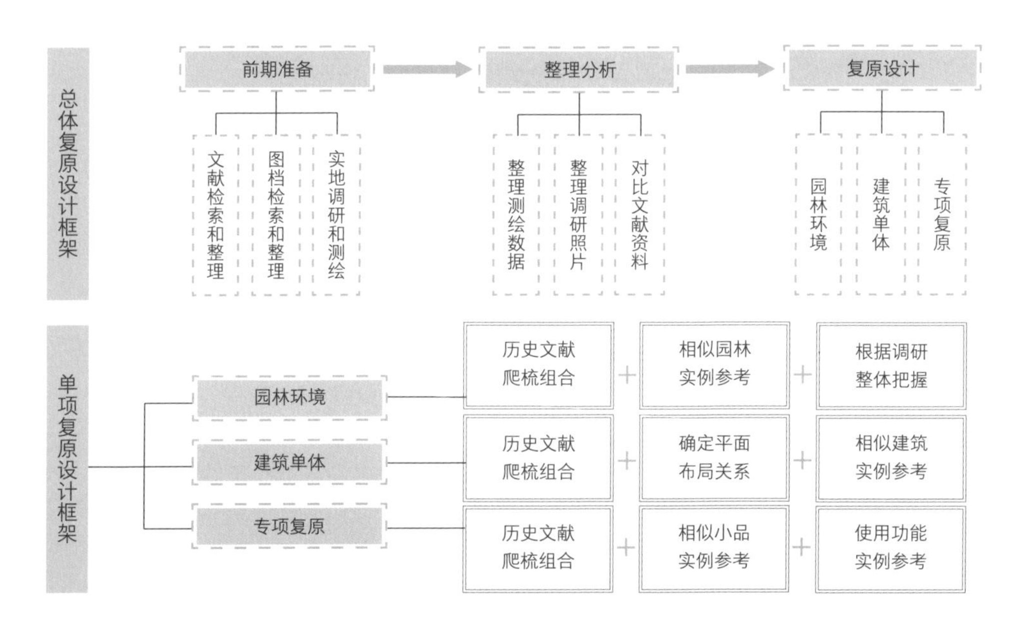

项目区位

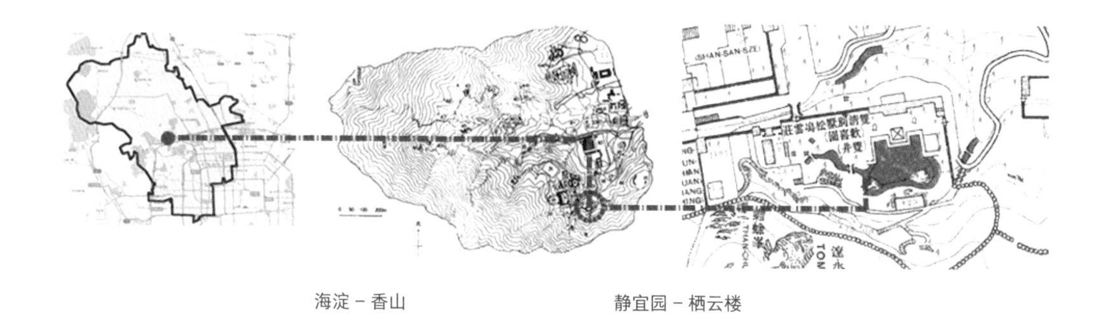

海淀－香山　　　　静宜园－栖云楼

区位分析

今天北京的香山，是历史上北京西北郊重要的风景名胜，其历史可以追溯期到辽、金时期，清初开始在此兴建皇家园林，在清乾隆年间建造完成并命名为静宜园，是北京三山五园之一。香山静宜园二十八景因山造景，每一处都是园林艺术的杰作，集中反映了乾隆皇帝的造园思想。

乾隆十一年（1746 年）做御诗《栖云楼》，其诗序称："予初游香山，建此于永安寺西麓，当山之半。右倚层岩，左瞰远岫，亭榭略具。虽逼处西偏，未尽兹山之胜，而堂密荟蔚，致颇幽秀。"可见其地段条件极佳。栖云楼西南两侧山峦环抱，东北两侧视野开阔可瞰远近高山。其在整个香山静宜园中可达性强，距勤政殿高程 68 米，步行距离约 680 米；距虚朗斋高程 51 米，步行距离约 620 米。可见栖云楼园林具有很强的可达性。不愧为乾隆最喜欢且多次驻跸的园林之一。

历史沿革

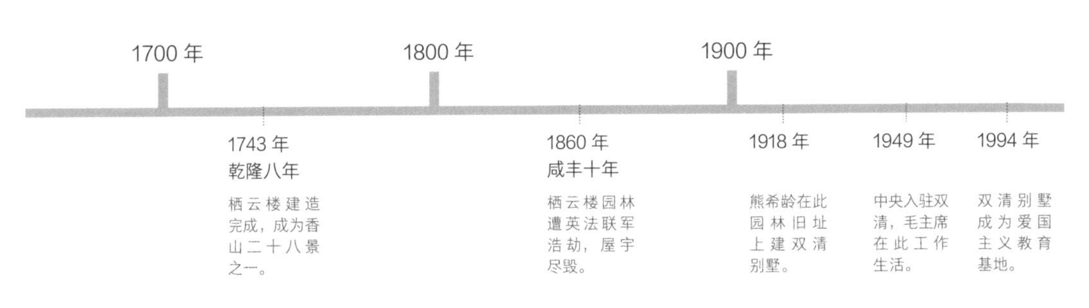

图档分析

清代张若澄手卷所展示的栖云楼景观具有比较深远的意境，能够为本次复原设计提供重要参考。

清桂、沈焕、崇贵合笔绘制的《静宜园全貌图》将周围环境刻画的比较清晰。

董邦达立轴展示的栖云楼园林山势巍峨，掇山、建筑细节等绘制不完善，只能起到参考作用。

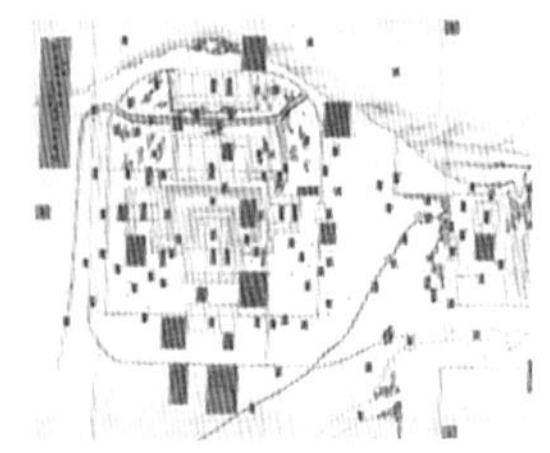
晚清样式房的测绘图对于柱网各尺度的把握提供了重要依据。

现状调研

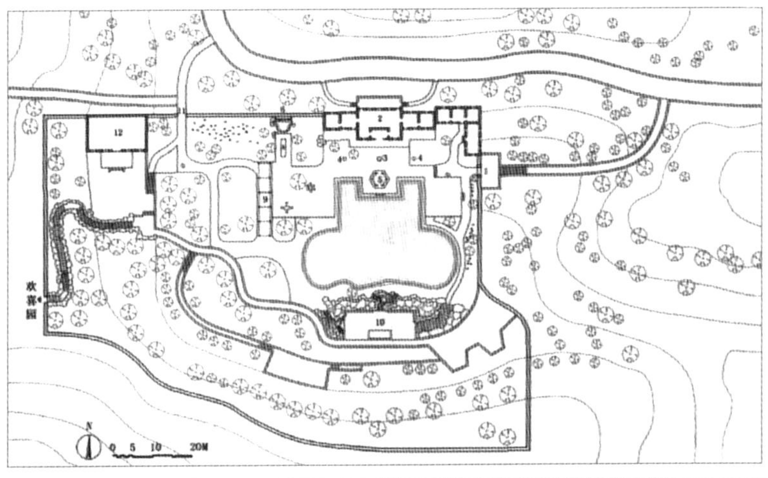

主建筑双清别墅，曾为毛主席工作学习的地方。

台基上的须弥座大石台长 7.5 米，宽 2.5 米。

其入口位置位于场地东侧，入口处装饰有三角形山花。

台基上有 6 个长 0.06 米，宽 0.06 米的小柱础；11 个长 0.08 米，宽 0.08 米的大柱础。

栖云楼遗址台基下的青石假山踏跺。

栖云楼台基后与崖壁相连的山路。

复原平面

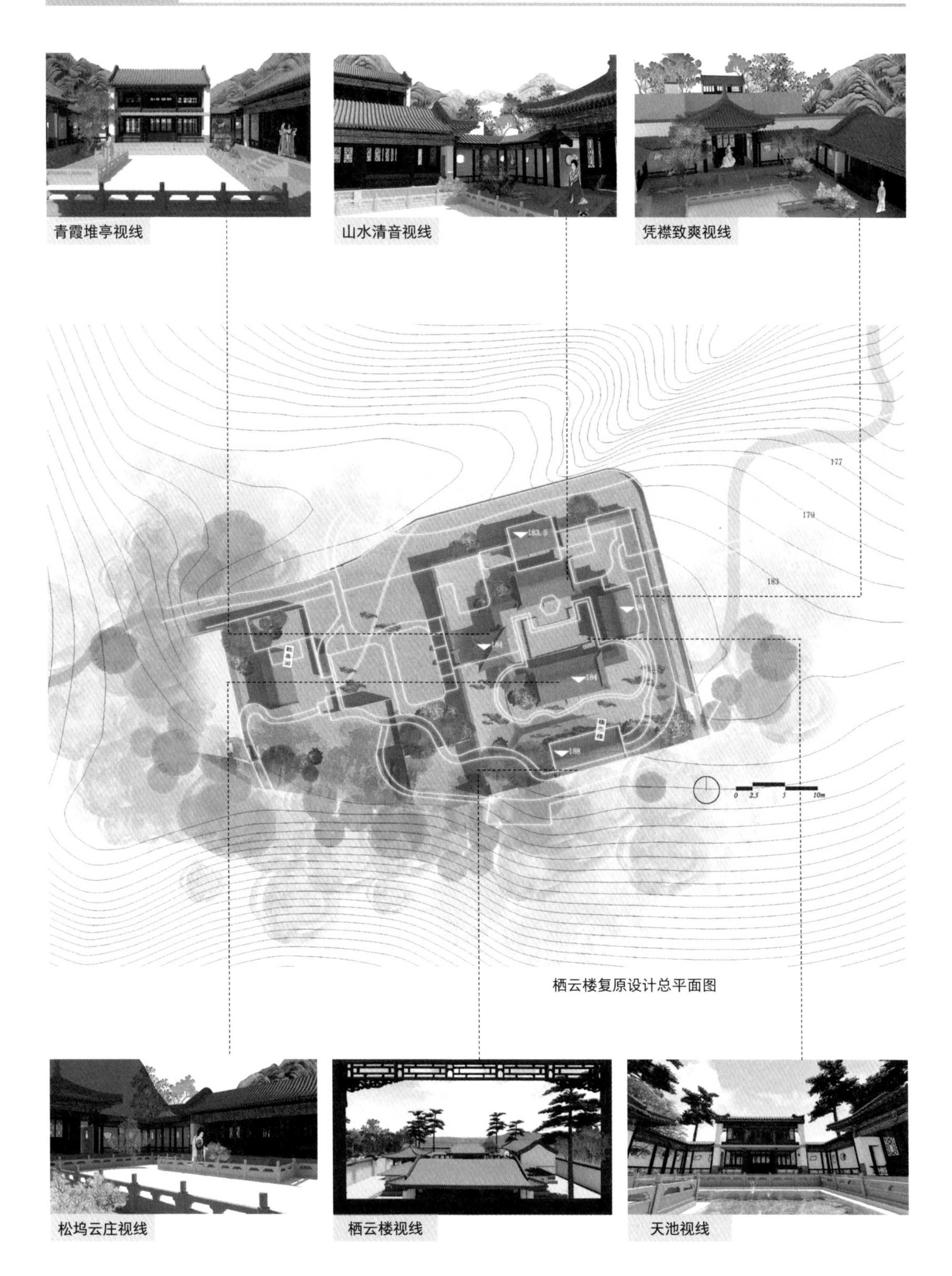

栖云楼复原设计总平面图

栖云楼复原设计鸟瞰图

东立面图

总剖面 1-1

青霞堆亭东立面图

山水清音南立面图

凭襟致爽西立面图

青霞堆亭剖面图

山水清音剖面图

凭襟致爽剖面图

在林间

——西郊线香山站—文旅综合体及周边城市设计

专业：建筑学；作者：黄佳旭；指导教师：张育南

项目摘要

场地位于香山脚下，公园区域的东侧，在一片被闲置现状的绿地之中，两侧是轨道交通站点通往香山景区的买卖街和煤厂街两条传统而喧嚣的道路。

本方案从解决交通拥堵与倡导国际化服务和提升旅游体验的角度出发，在绿地中设置了第三条步行和自行车专用的道路，将其部分高架，以帮助人们从不同角度欣赏香山的特色。同时还在此规划了具有能够与香山主峰遥相呼应的大地景观，增加一条与传统旅游商业街风格迥异的旅游线路，并在沿途的绿地中切实考虑人们适度休息和增强体验的需求，设置与香山风貌呼应的露天剧场、现代艺术博物馆和咖啡、餐饮空间等，并希望通过人们在这里的活动和夜景灯光，建立与香山主峰香炉峰的场所关联，力求从更广阔的大尺度中思考传统与未来的关系。博物馆力求质朴，形如老旧的厂房，以求消隐于绿树丛林之中并不突出其自身造型，博物馆的二层空间与高架的慢行系统相互结合，力求共同打造出悠闲而有别传统的游客体验。

项目背景

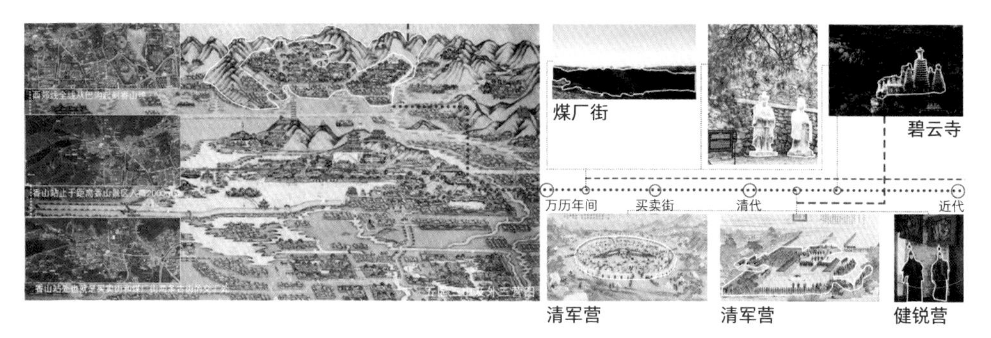

场地观察

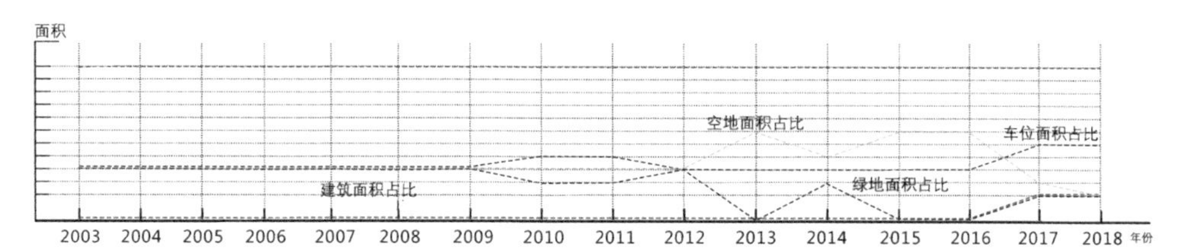

根据卫星图图表统计：2003—2018 年煤厂街和买卖街中间白线区域几乎全部由空地组成，其中绿地自由发展，占比持续减少。空地占比先增加后减少，停车场面积占比缓慢增长。小型建筑近年零星出现。这片区域的规划并不明朗。停车场在蚕食空地和绿地，区域中道路规划不明确，连接性弱。

现状分析

旺季道路人车混行　　旺季的拥挤人群　　旺季停车场拥挤　　淡季停车场空旷

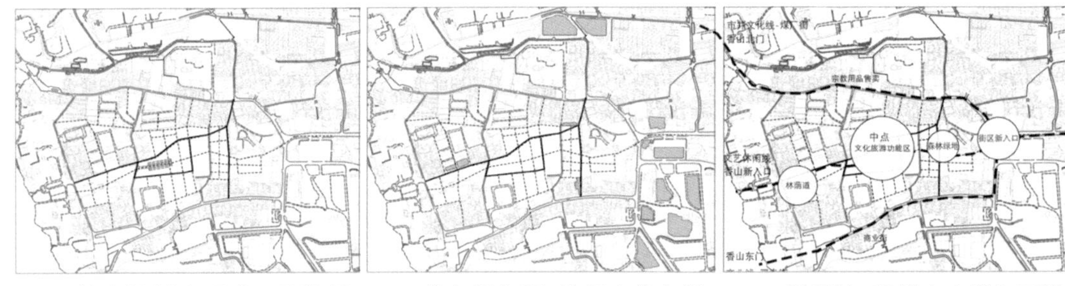

道路规划和明确：见缝插针＋空地为主，设置机动车道（实线），明确慢行系统道路（虚线），提高空地的可达性，为疏解人群提供物质基础。

停车场变更：让原本停车场立体化发展，更改为停车楼和地库结合的形式，并设置共享单车，部分退出高价值地区。

新规划：双线上山增为三线上山，恢复公共绿地，布置功能，三条主题轴线并存，缓解拥堵，业态适应淡旺季，提高空间品质。

城市周边范围

园区设计

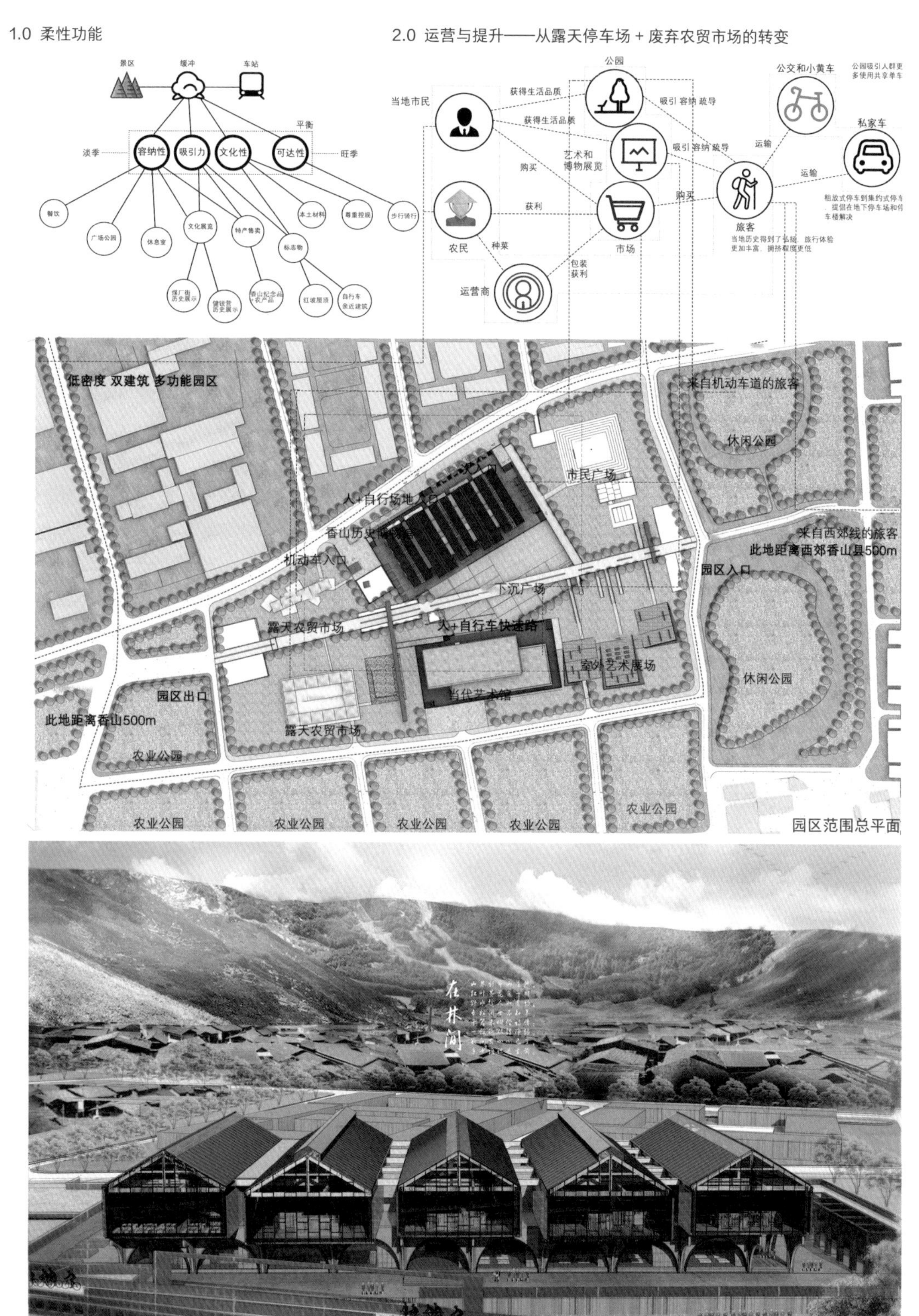
1.0 柔性功能
2.0 运营与提升——从露天停车场 + 废弃农贸市场的转变
景区
缓冲
车站
容纳性
吸引力
文化性
可达性
淡季
旺季
平衡
公园
当地市民
获得生活品质
吸引 容纳 疏导
艺术和博物展览
购买
获利
农民
种菜
市场
运营商
包装
获利
旅客
公交和小黄车
私家车
运输
低密度 双建筑 多功能园区
来自机动车道的旅客
休闲公园
市民广场
香山历史博物馆
机动车入口
下沉广场
露天农贸市场
人+自行车快速路
室外艺术展场
当代艺术馆
园区出口
此地距离香山500m
农业公园
来自西郊线的旅客
此地距离西郊香山县500m
园区入口
园区范围总平面
在林间

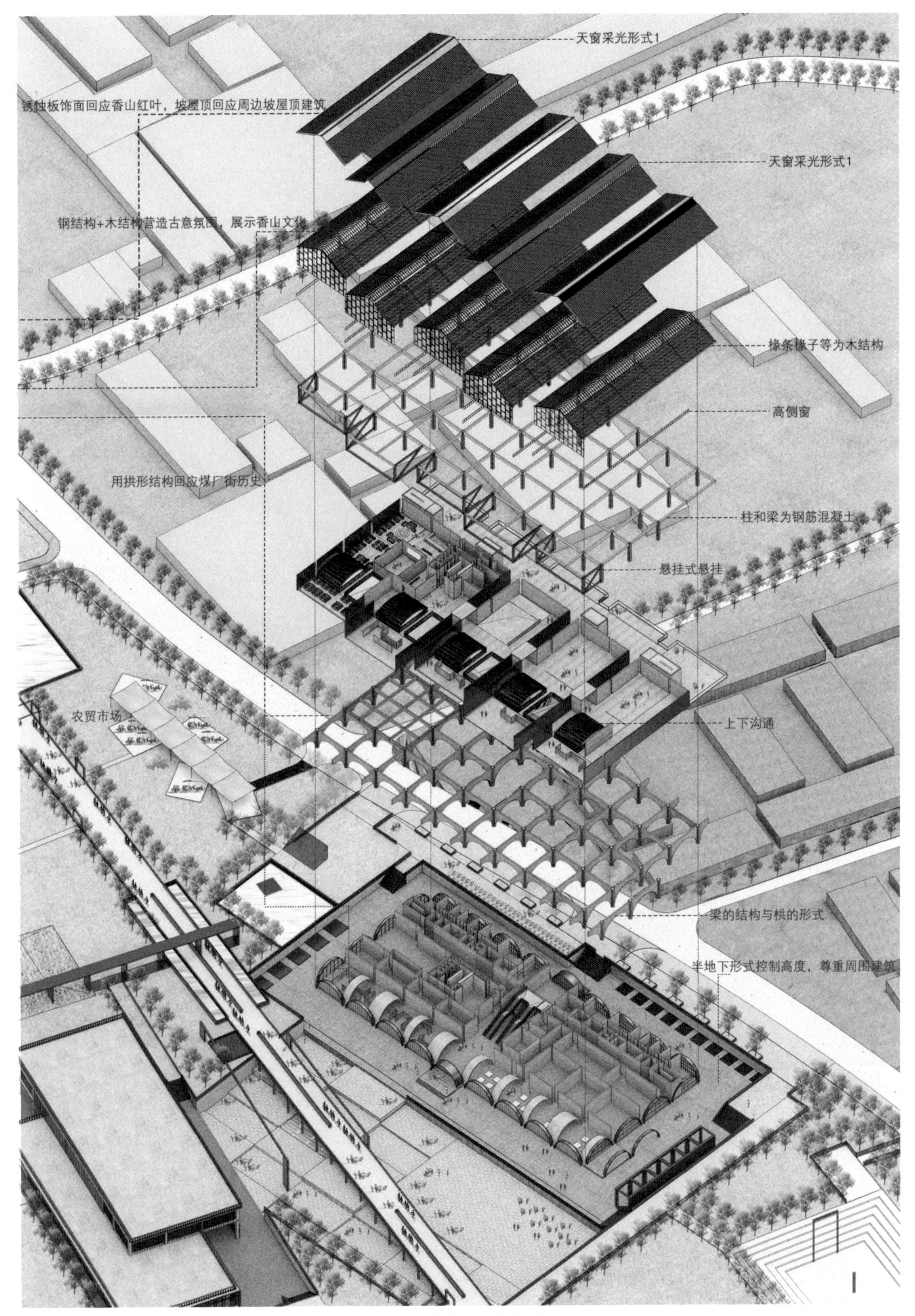

香山地区历史博物馆轴测分解图

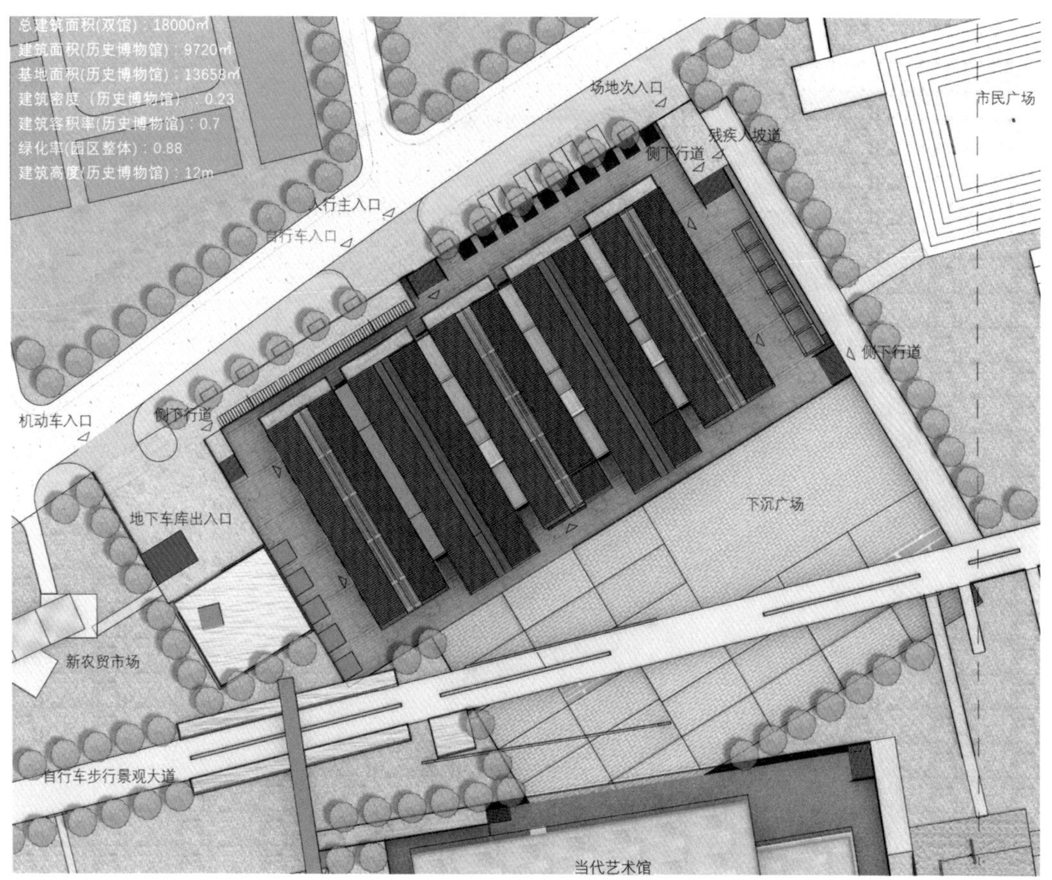

建筑总平面图

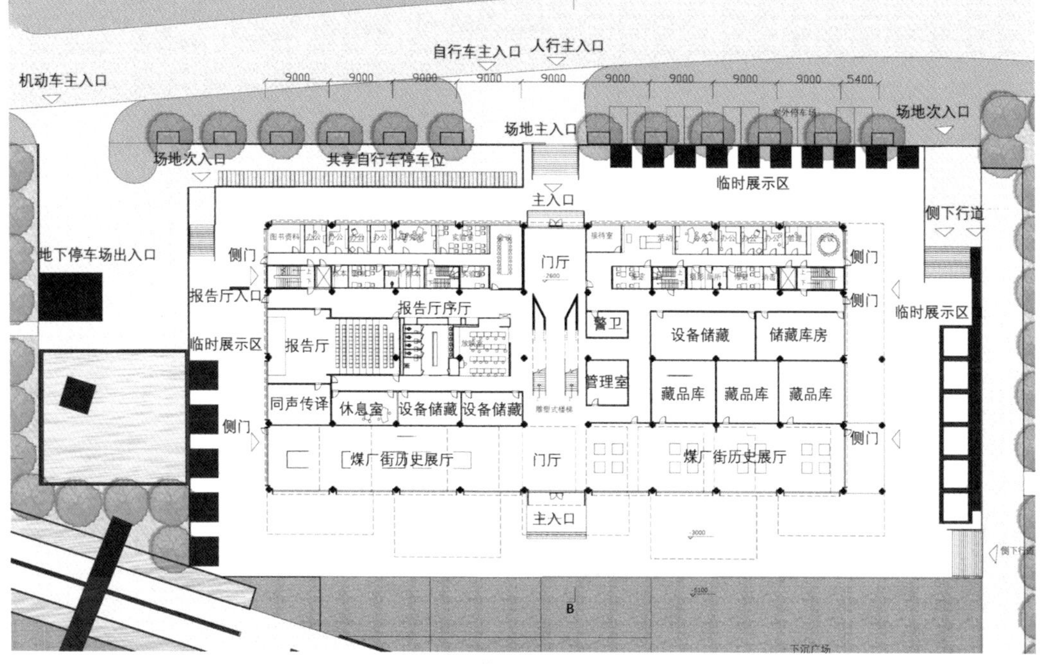

首层平面图

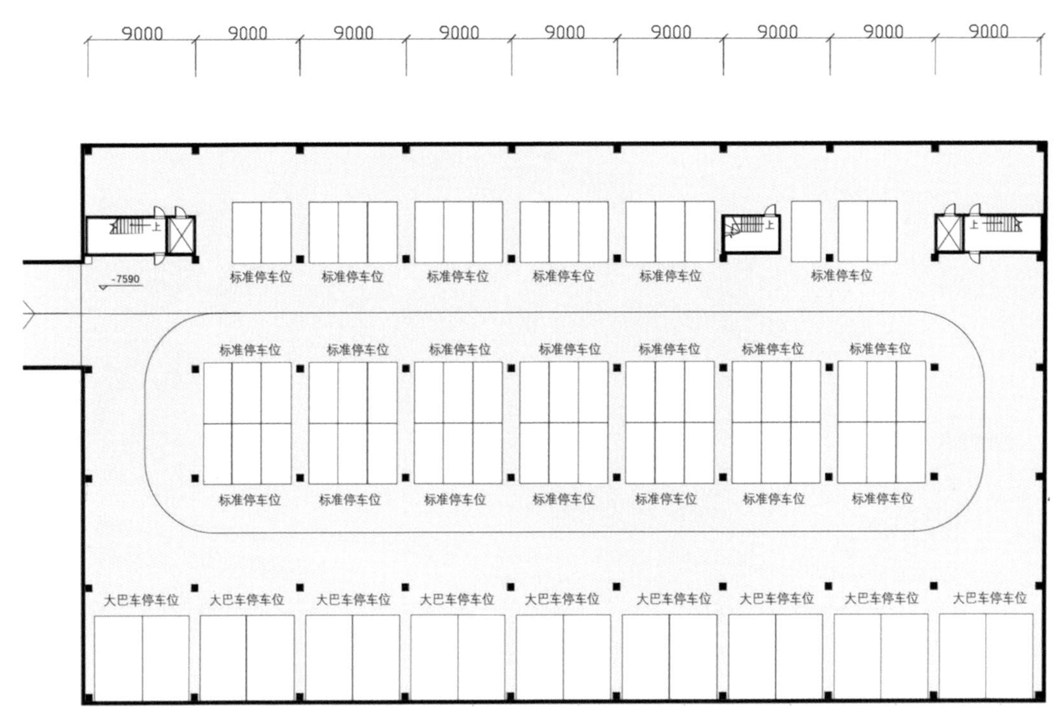

地下一层平面图

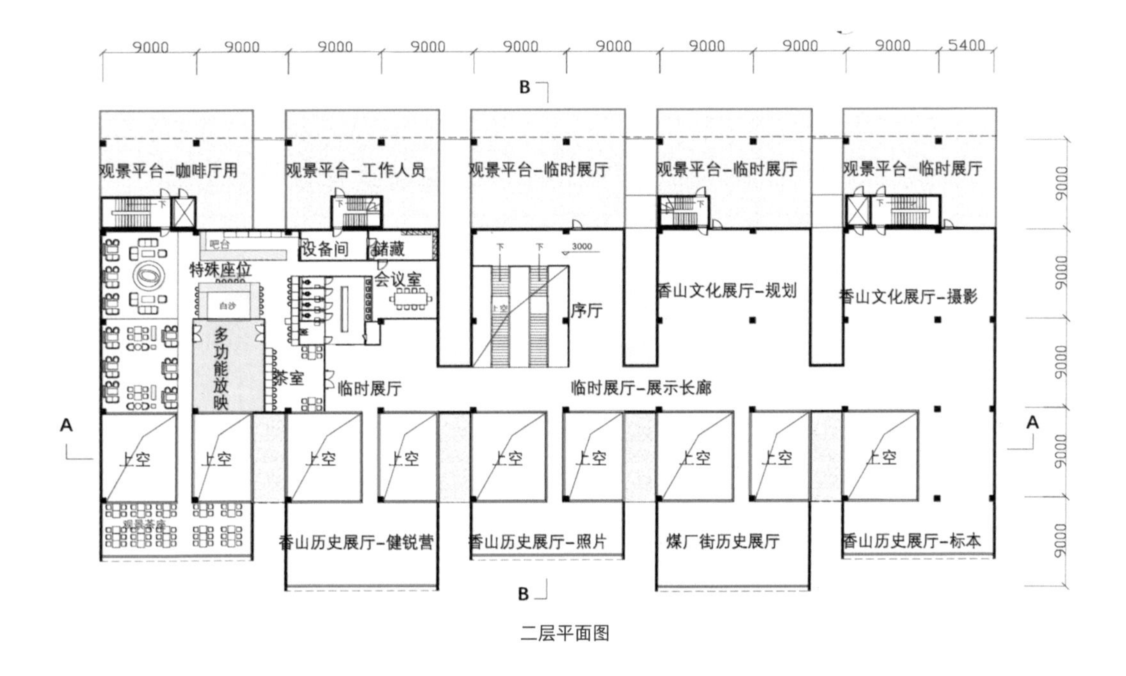

二层平面图

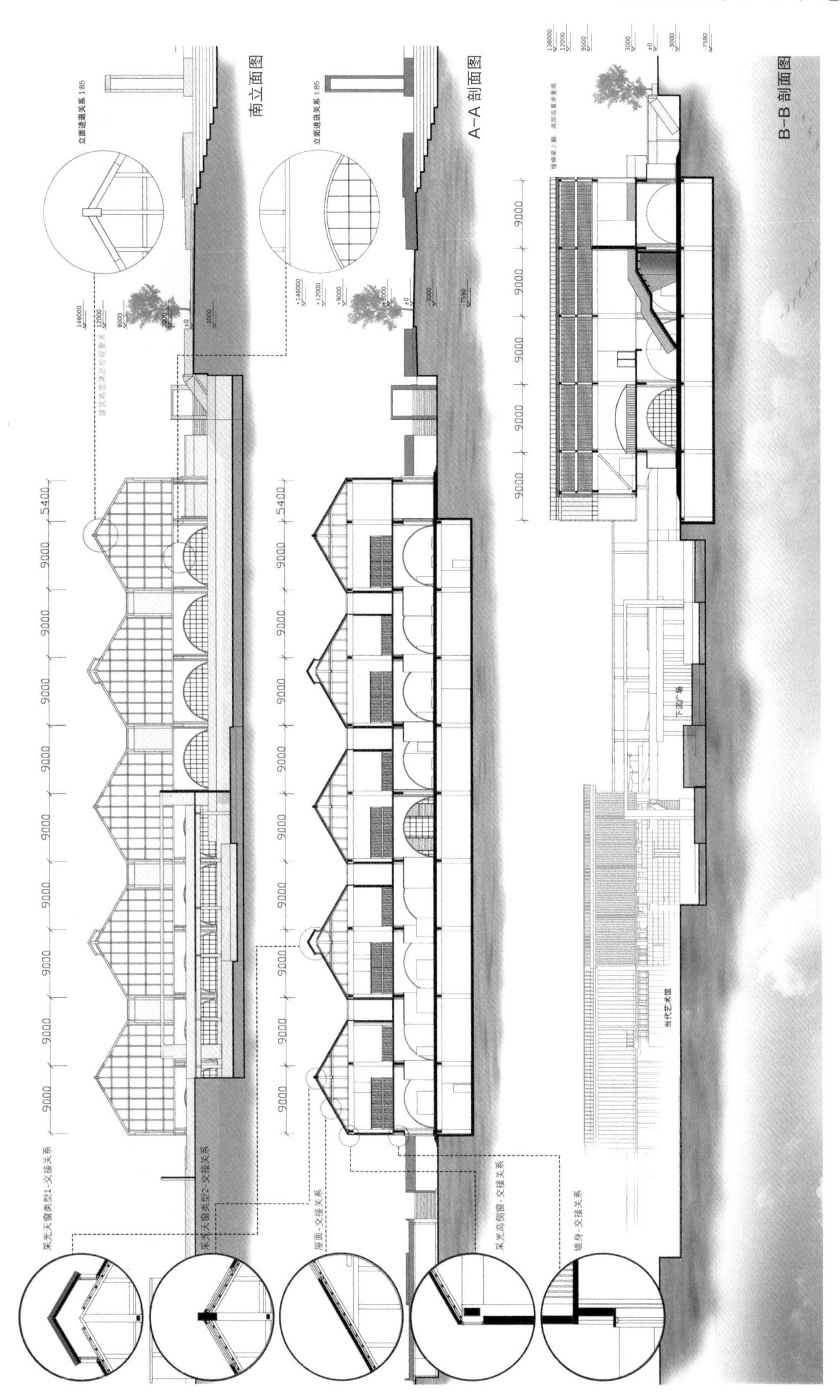
南立面图
A–A 剖面图
B–B 剖面图
采光天窗类型1-交接关系
采光天窗类型2-交接关系
屋面-交接关系
采光高侧窗-交接关系
墙身-交接关系
9000
5400

北门厅 – 正对楼梯背侧

首层 – 煤厂街历史展厅

二层 – 香山当地文化展厅

由北侧街区向南望

由园区南侧向北望

下沉广场视角

穿行城市

专业：建筑学；作者：吕守拓；指导教师：张育南

项目摘要

“三山五园”历史上是众多北京明清传统皇家园林集聚的地区，也是北京西北部城市功能拓展区延伸的区域，香山脚下呈现着北京“既古老、又新鲜，既传统、又现代”的两种不同特色。2016年北京地铁西郊线通车，为这里的发展注入了新的活力，更为新科技发展如何与传统风貌融合带来了新的思考。

本设计从都市景观学角度对香山脚下的这片地区进行了梳理，利用参数化手段进行场地分析和对停车用地选址的方面进行优化和整合探讨，并结合自己学校的交通特色，对停车场与城市景观和城市复合功能的结合进行了深化设计和相应的探讨。力求在宏观、中观、微观三个层次全面挖掘该地区更新改造的可能性。设计最后希望通过优化买卖街、煤厂街穿行流线，实现地区的微更新发展之路。

项目背景

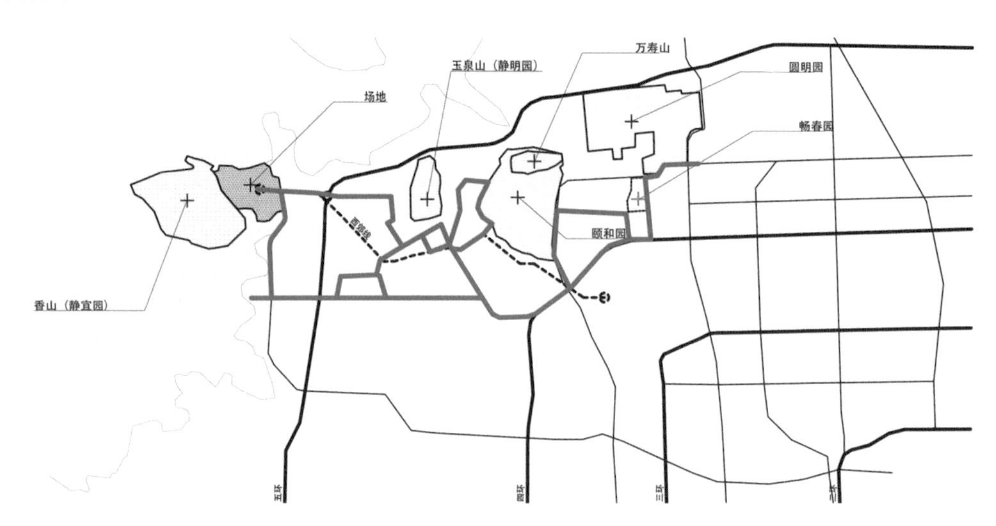

场地位于香山脚下，香山公园的东侧，在整体三山五园的区域内位于最西侧。规划中的三山五园绿道的西侧重点位于场地内。在最新的北京市总体规划中，三山五园地区被作为和老城区一样的历史遗产地区而受到保护，大规模的城市建设和开发被限制，同时场地内的建筑又有产权混乱、自建房现象严重，以及房屋质量较差、基础设施欠缺等问题。场地作为三山五园的一个节点在受到保护的同时也被限制了发展。

场地问题 1：旅游旺季拥堵严重，淡季则公共设施空置现象严重

场地问题 2：山区地形复杂，强降雨会引发山体滑坡或城市内涝等灾害

场地问题 3：沿街商业多为水果等农作物，大部分需要运输到此地，消耗大量资源

研究框架

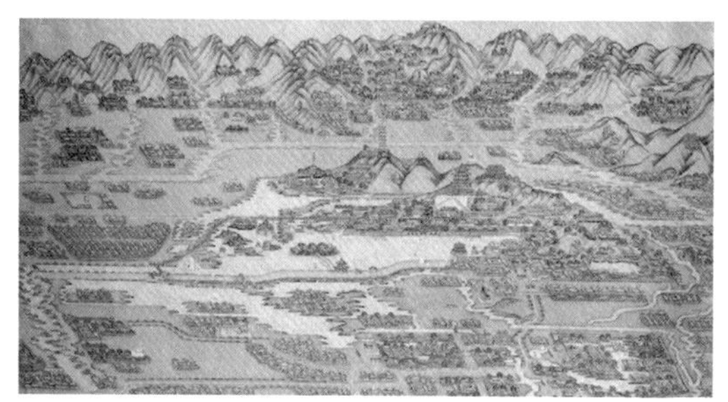

清光绪《五园三山及外三营地图》

在现代城市产生之前的农业社会时期，在人类活动和自然之间有着一种互利共生的关系。景观与城市相互渗透，中国古代城市规划将山水作为城市的重要组成部分，通过园林的手法来造城。城市与自然没有明显的界线。

北京　西直门

现代城市中多把景观看作是与城市相对立的存在，城市快速发展为以基础设施、交通网络、高密度建筑形成的综合体，在发展的过程中逐渐形成了各种社会、经济以及环境问题，景观以一种激活城市生活的姿态被引入，景观被认为是健康的、天然的和舒适的。

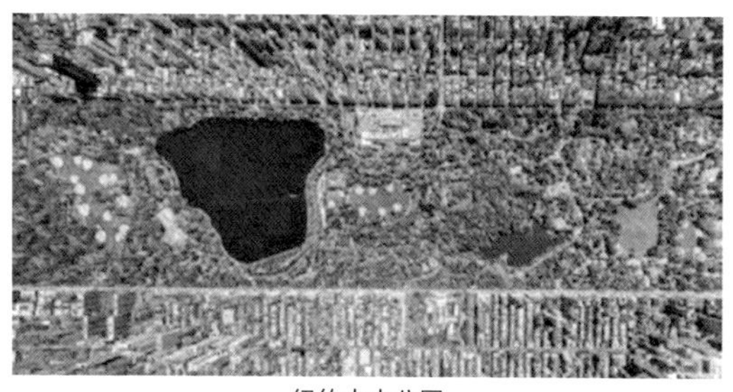

纽约中央公园

最著名的项目是纽约的中央公园，由奥姆斯特德（Olmsted）设计建造的这个 340 万平方米的人造自然景观代表了这种对立的典型形态。景观在入侵城市的同时，城市也在扩张。

大阪站

城市和景观并非对立的两者，而是本就互相融合的一体，景观所指向的不仅是田园风光，更是城市中的停车场、高速公路和建筑物。

场地研究

场地总览

建筑类型　　建筑质量　　场地高程

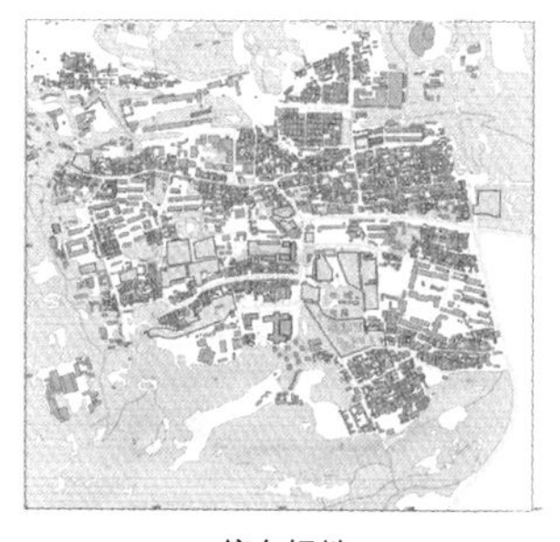

停车场地

建筑高度

景观布局

1	116cars 39buses	6	68cars	11	84cars	16	65cars
2	160cars 15buses	7	153cars	12	78cars	17	45cars
3	23buses	8	116cars	13	52cars	18	20cars
4	180cars	9	121cars	14	22cars	19	10cars
5	201cars	10	102cars	15	12cars		

场地内有大大小小十余个停车场，总停车数量为1800辆。由于没有预先规划，这些停车场都分布在距离景区入口较近的区域，造成旺季车辆拥堵严重，在旅游淡季闲置程度较高。

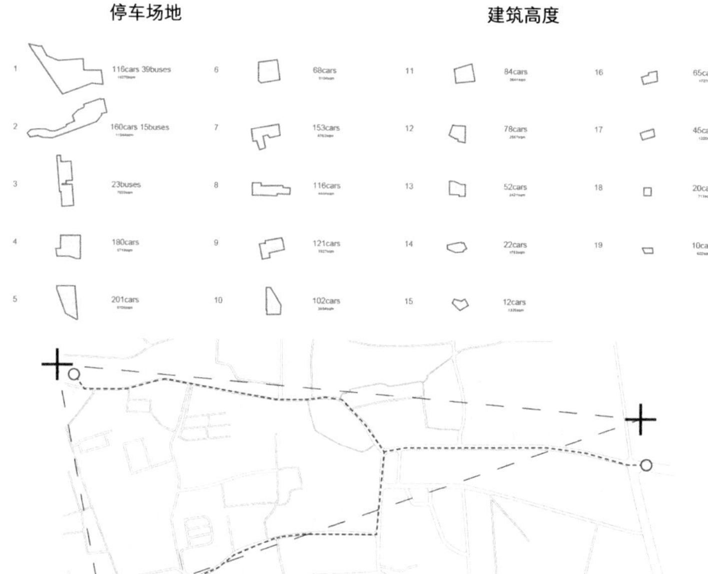

场地虽然位于景区附近，但几乎“不可见”，游客会直接穿过区域到达景区，而不会给区域带来任何的经济效益。除了游客必经的两条商业街外，无任何商业活动。居民的生活也没有因景区的繁荣而变得更好。

城市策略

现有停车场距景区入口很近，造成了严重的拥堵。同时也造成场地被忽视，只有通过功能。

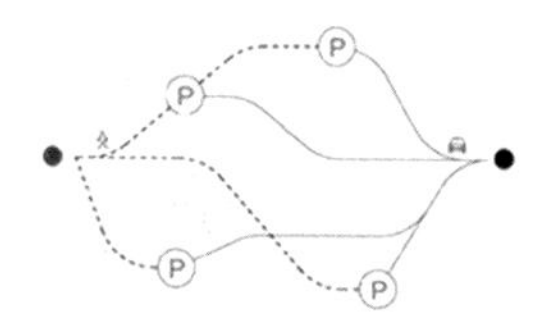

重新规划停车场位置，使停车场地分布较远，更多道路被使用，减少主要道路拥堵。

新的停车基础设施形成新的节点，通过不同的功能布置丰富游客体验，并促进当地就业及消费。

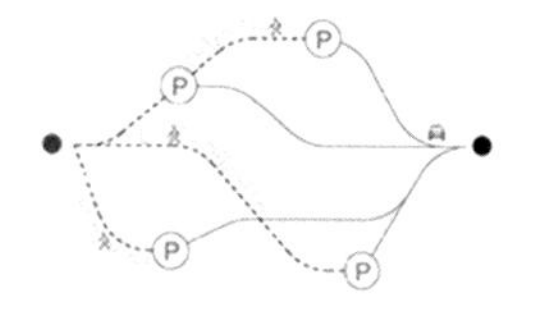

新路径被开发，形成了新的商业街，创造了更丰富的体验以及新的公共空间。

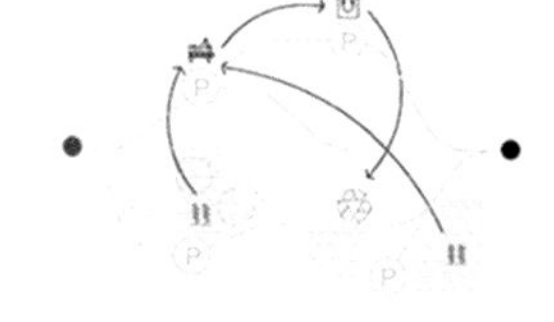

新旧停车设施共同组成公共空间和都市农业网络。最终形成以都市农业为基础的产业链。

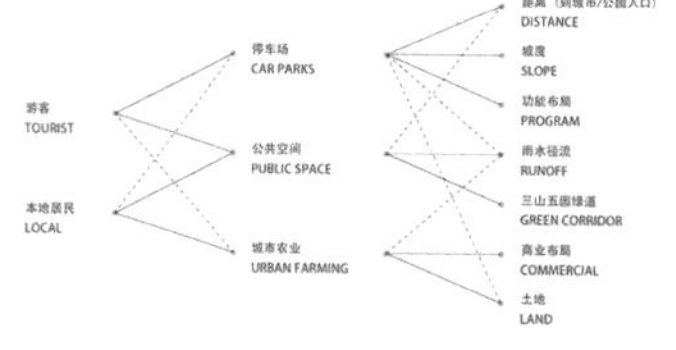

新的场地不仅是停车设施，更是公共活动空间和潜在的适合都市农业的区域。

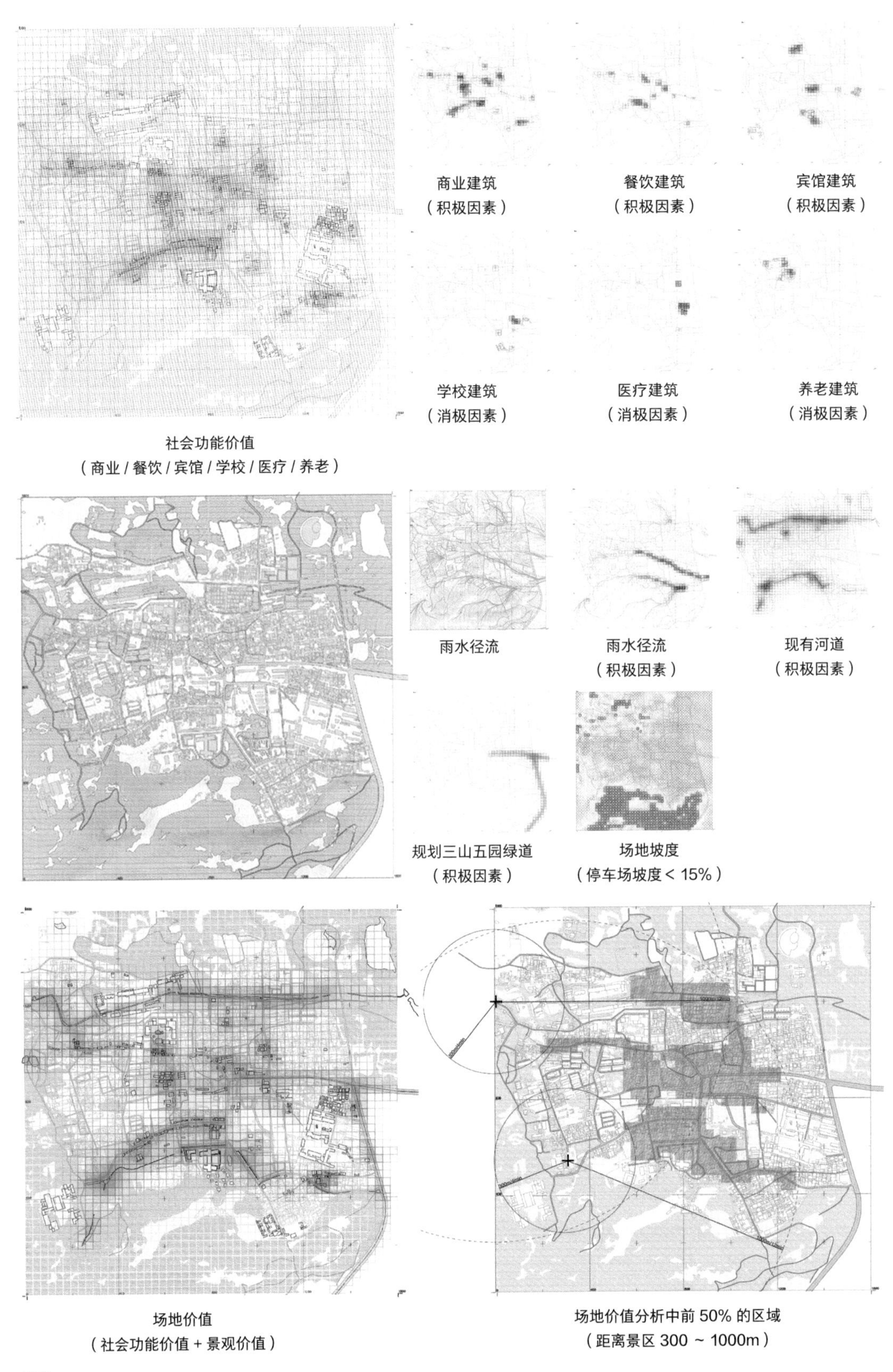

商业建筑（积极因素）

餐饮建筑（积极因素）

宾馆建筑（积极因素）

学校建筑（消极因素）

医疗建筑（消极因素）

养老建筑（消极因素）

社会功能价值（商业 / 餐饮 / 宾馆 / 学校 / 医疗 / 养老）

雨水径流

雨水径流（积极因素）

现有河道（积极因素）

规划三山五园绿道（积极因素）

场地坡度（停车场坡度 < 15%）

场地价值（社会功能价值 + 景观价值）

场地价值分析中前 50% 的区域（距离景区 300 ~ 1000m）

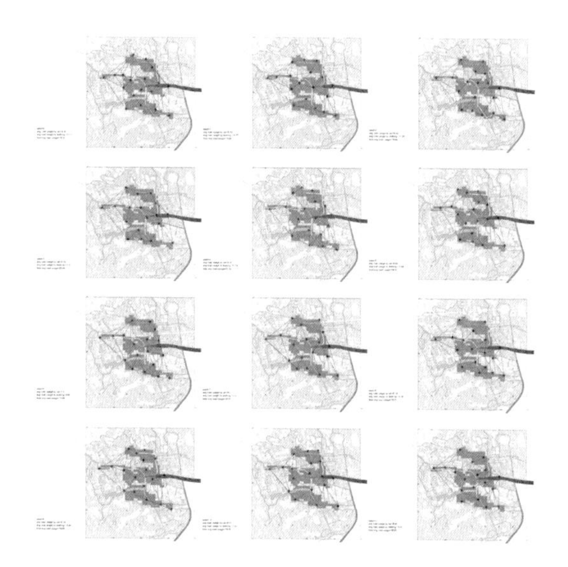

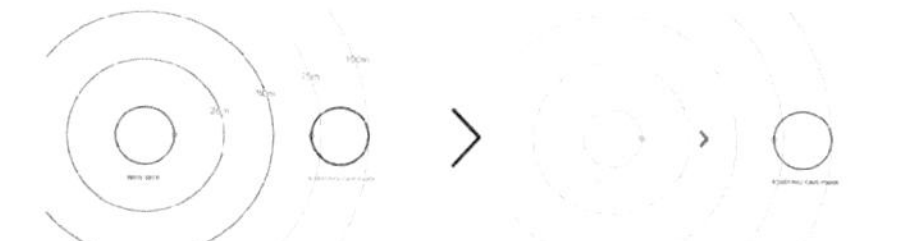

场地选取原则 1：新的场地与原有停车场地过近时，直接改造原有停车场地

场地选取原则 2：新的场地位于建筑密度较高的区域，则减少场地的大小

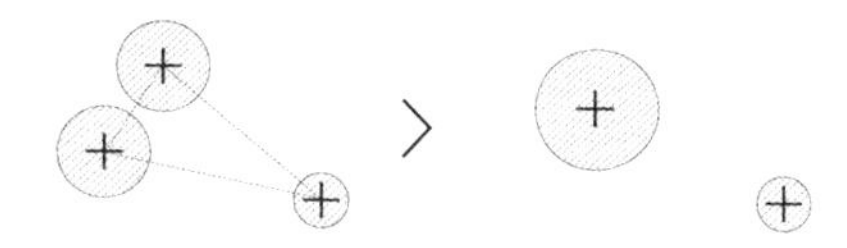

场地选取原则 3：当两个场地相邻过近，合并使用两个场地

在选出来的潜在场地区域中随机分布与之前停车场数量相同的测试点，检验新的停车场的位置。由于是随机分布，这些选点在区域内是较为均质的。为了让更多的道路被使用，以减少主要道路的交通拥堵情况，同时增加新的商业街道，在停车数量不变的情况下，通过模拟计算道路平均使用量最小的方案，即代表了最多的道路被使用。

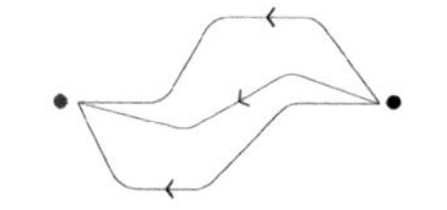

道路流量模拟基于最短路径原则

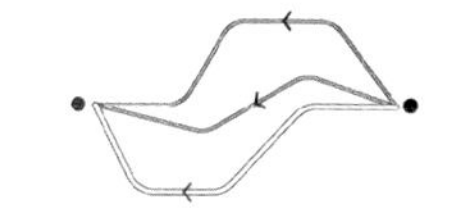

道路宽度发生变化时，更宽道路优先

得到新停车场地位置后，通过分配给不同停车场不同的车位数量，来进一步减小新建停车设施所造成的道路平均使用量。新的停车设施停车位数量参考了原有的停车场，给这些新的停车设施分配 50 ~ 200 数量不等的停车数量。

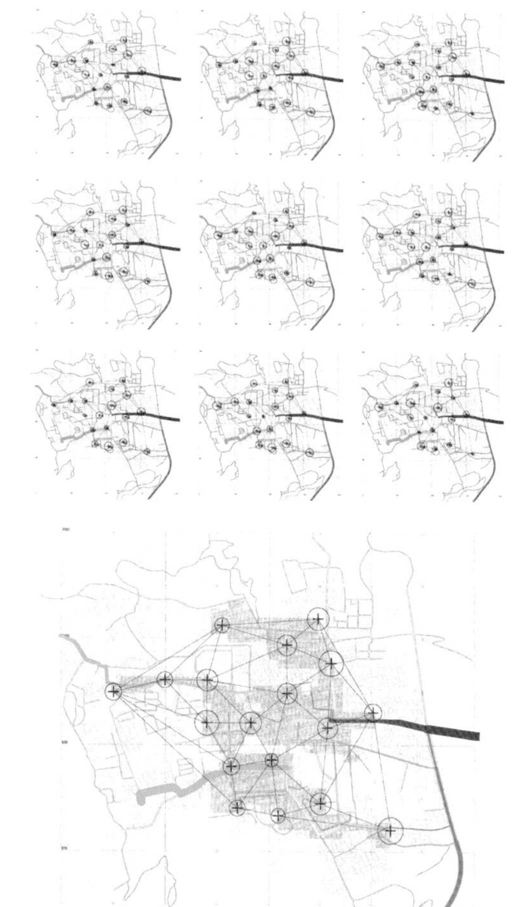

模拟新场地道路流量

优化后的停车基础设施位置及停车数量

原型设计

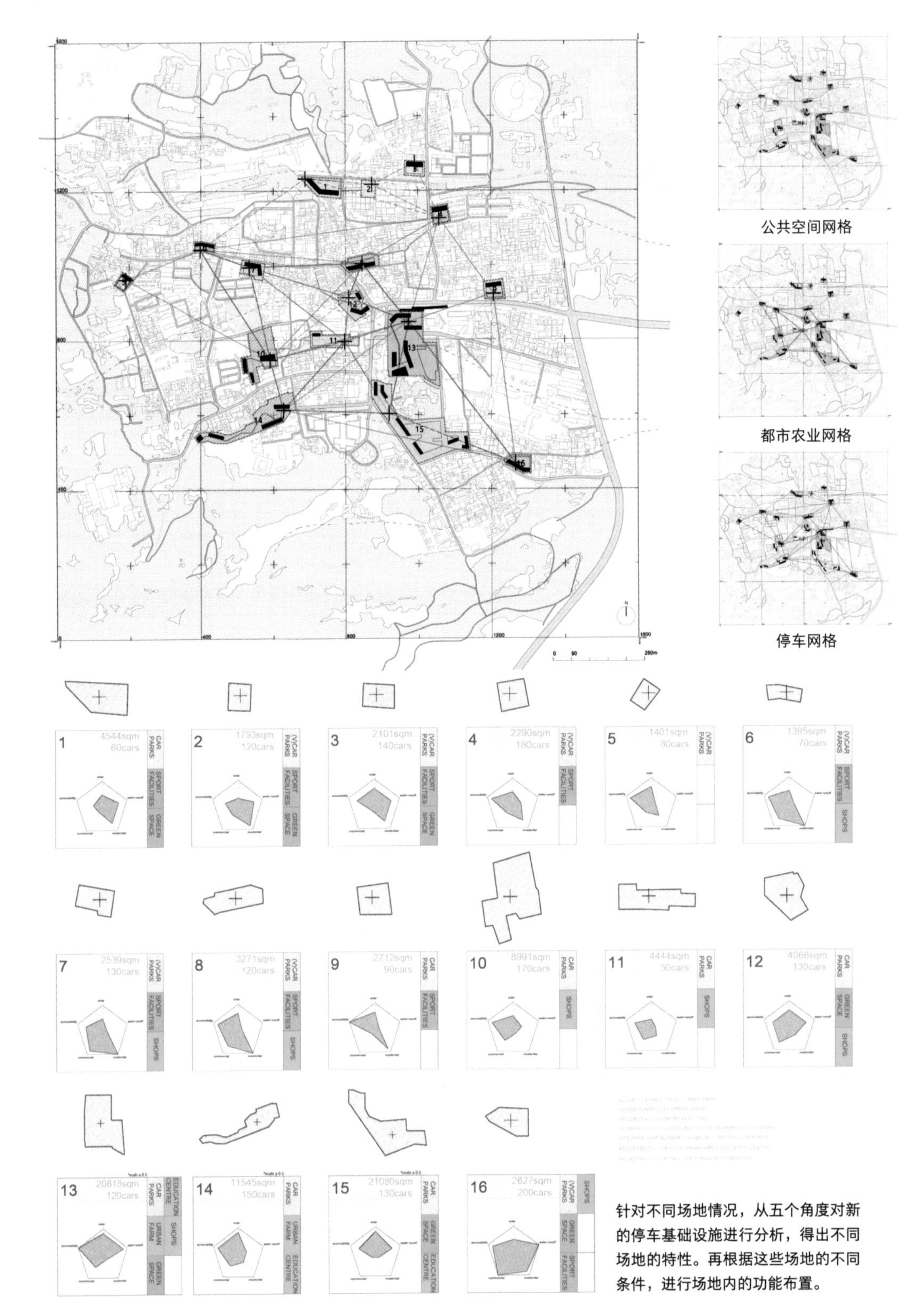

针对不同场地情况，从五个角度对新的停车基础设施进行分析，得出不同场地的特性。再根据这些场地的不同条件，进行场地内的功能布置。

建筑设计

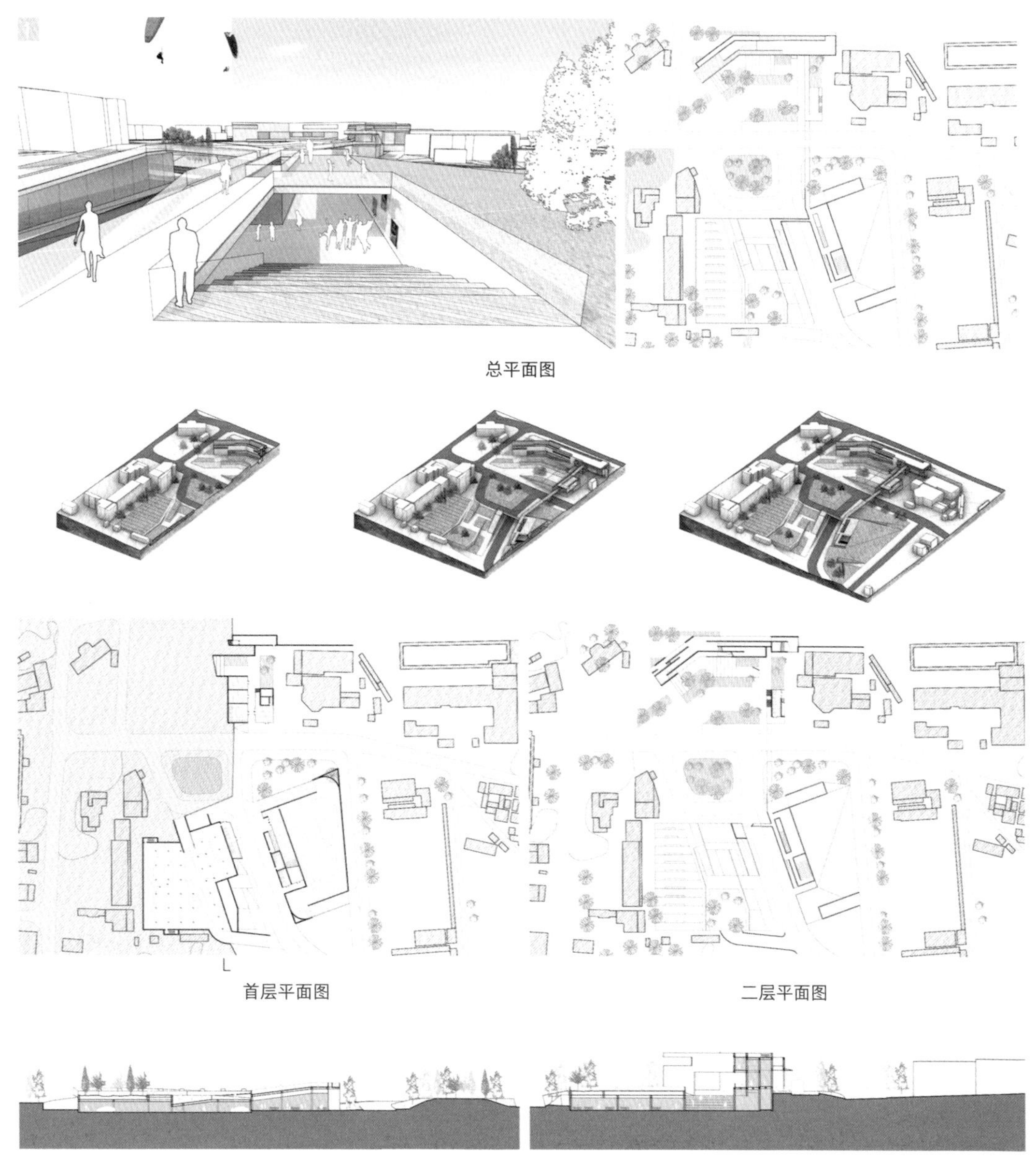
总平面图

首层平面图

二层平面图

剖面图

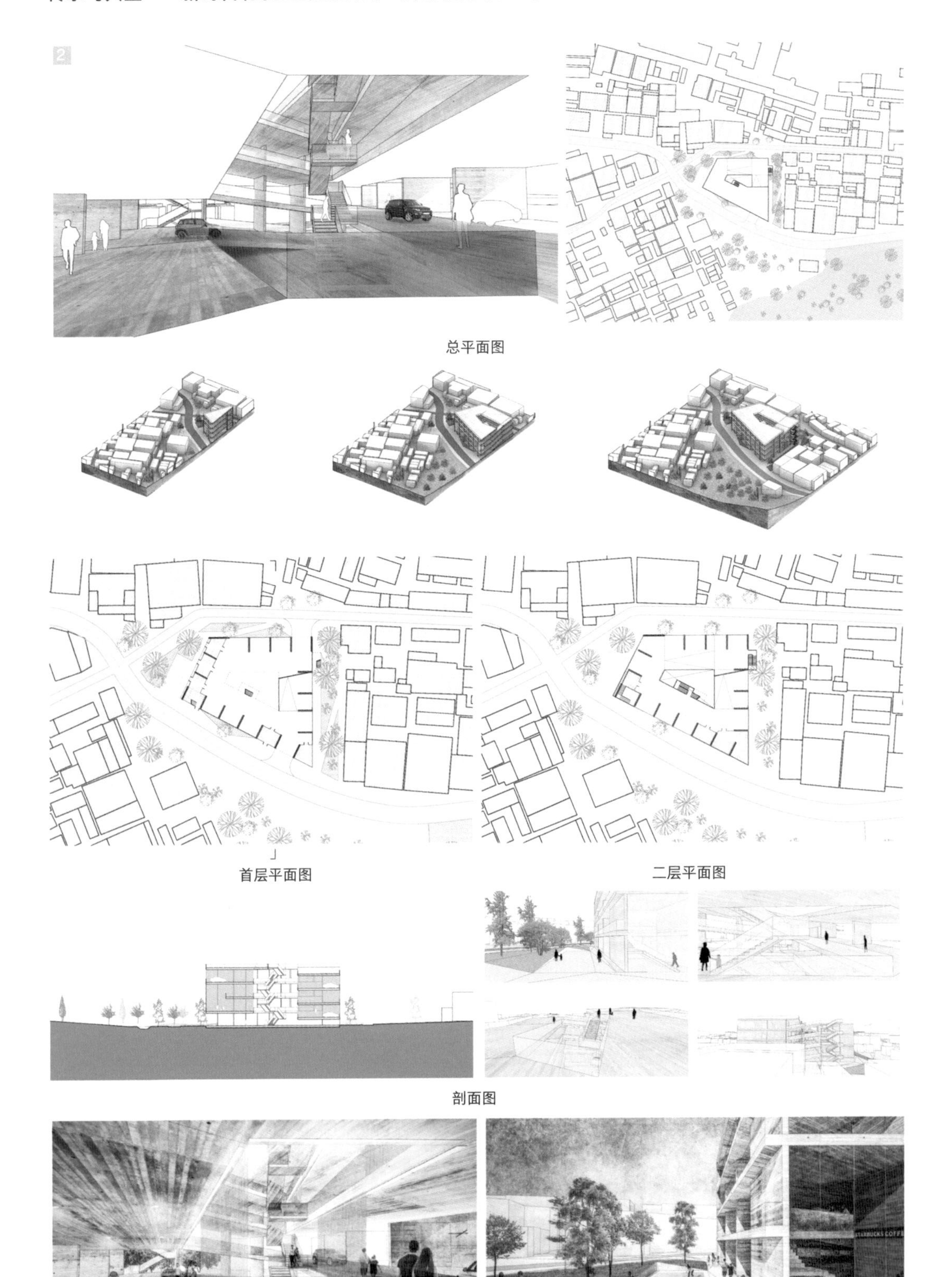
2
总平面图
首层平面图
二层平面图
剖面图

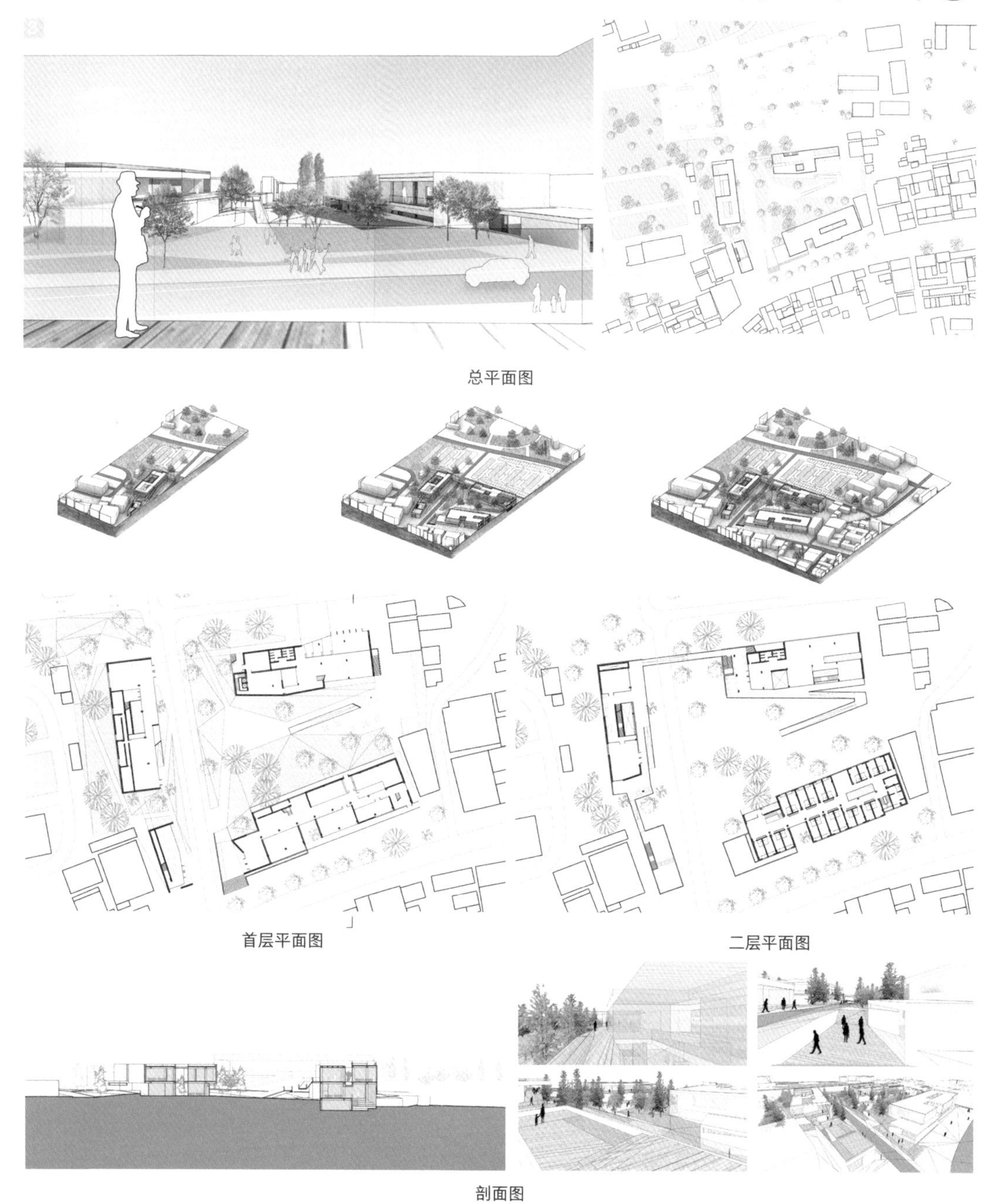

总平面图

首层平面图

二层平面图

剖面图

场所记忆

——北京挂甲屯社区城市更新及城市设计

专业：建筑学；作者：耿思雨；指导教师：潘曦

■ 课题背景 | BACKGROUND

三山五园

三山五园是北京西郊一带皇家行宫苑囿的总称，泛指香山静宜园、玉泉山静明园、万寿山清漪园（颐和园）、圆明园和畅春园这五座清代皇家园林所在的地区，是一套包括园林、水系、田地、村庄、陵墓等的皇家园林综合体系。

但是随着清朝皇权的衰落“三山五园”完备的运行机制逐渐停止了运转；在现代城市规模膨胀及飞速发展的形势下，该地区已经断裂的历史聚落网络被新的城市规划建设所包围取代至崩溃。

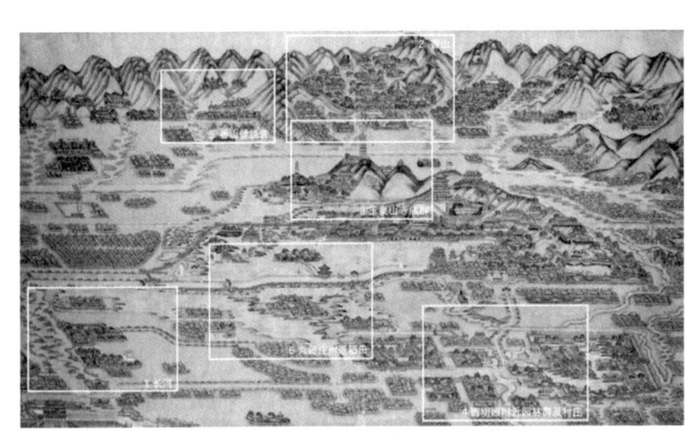

（图片来源：刘剑等，北京“三山五园”地区景观历史性变迁分析[J]. 中国园林，2011（2））

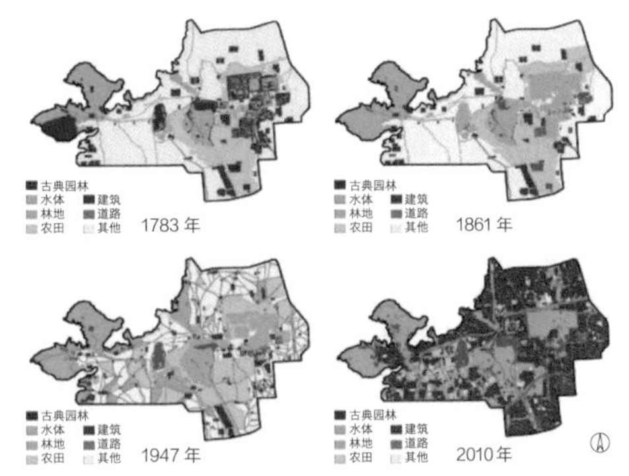

（底图来源：清光绪《五园三山及外三营地图》（中国国家图书馆藏））

三山五园中的村落

在清代三山五园聚落中，自然村落均因为与皇家园林发生着不同形式的联系而存在。因此乡村是“三山五园”地区的重要组成部分。

然而，这些村落随着“皇家园林综合功能区”的解体而丧失自身独特定位，沦为城中村或是拆除后成为高密度同质化住宅小区。不仅摧毁了其特有的历史文化底蕴，更成为现代城市发展中难以解决的社会问题。

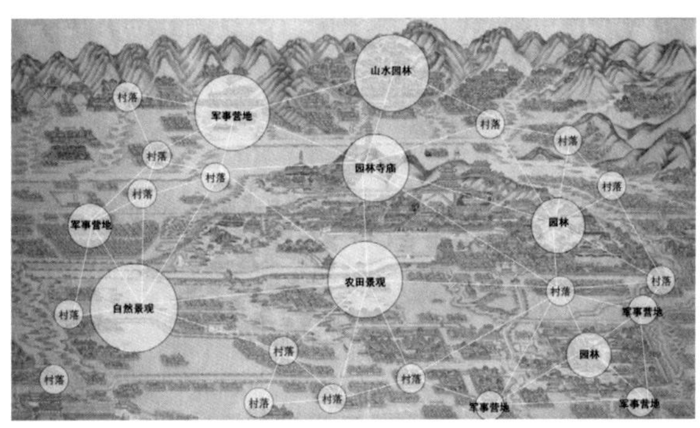

（图片来源：清光绪《五园三山及外三营地图》（中国国家图书馆藏））

设计重点

本次课题关注这些三山五园中待拆除的城中村，着重关注：

基地定位与三山五园的关系；

新建与历史场所的融合；

提出一种拆迁更新改造的方法。

（图片来源：自摄、网上资料）

场地分析 | SITE ANALYSIS

挂甲屯社区

挂甲屯位于海淀区中部，东濒万泉河，西邻万泉河路，北始颐和园路，南接北京大学。地处北京西郊以“三山五园”为主体的皇家园林区，以及北京大学、清华大学等名校，地理位置颇具人文特色。村落历史可追溯到明代永乐年间，原称华家屯，分为前后两座村落。清初，后华家屯被占用作为圆明园一部分，前华家屯得以存留，并作为以圆明园为首的皇家园林的服务村庄。杨六郎曾在此挂甲，改名称挂甲屯。

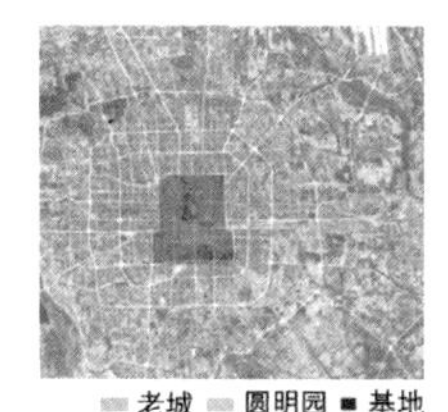

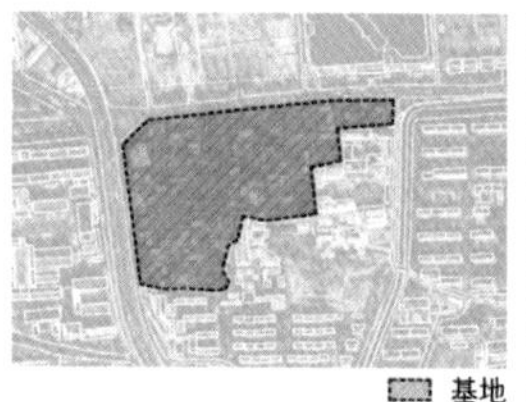

（图片来源：自绘）

场地潜力

在北京市新总规中，三山五园地区和北京老城一起列入了历史区域保护中，给为三山五园地区的保护建设带来了支持与机遇。而挂甲屯社区位于该地区的重要节点位置，除去其特有的历史文化底蕴，更具备卓越的地理位置。

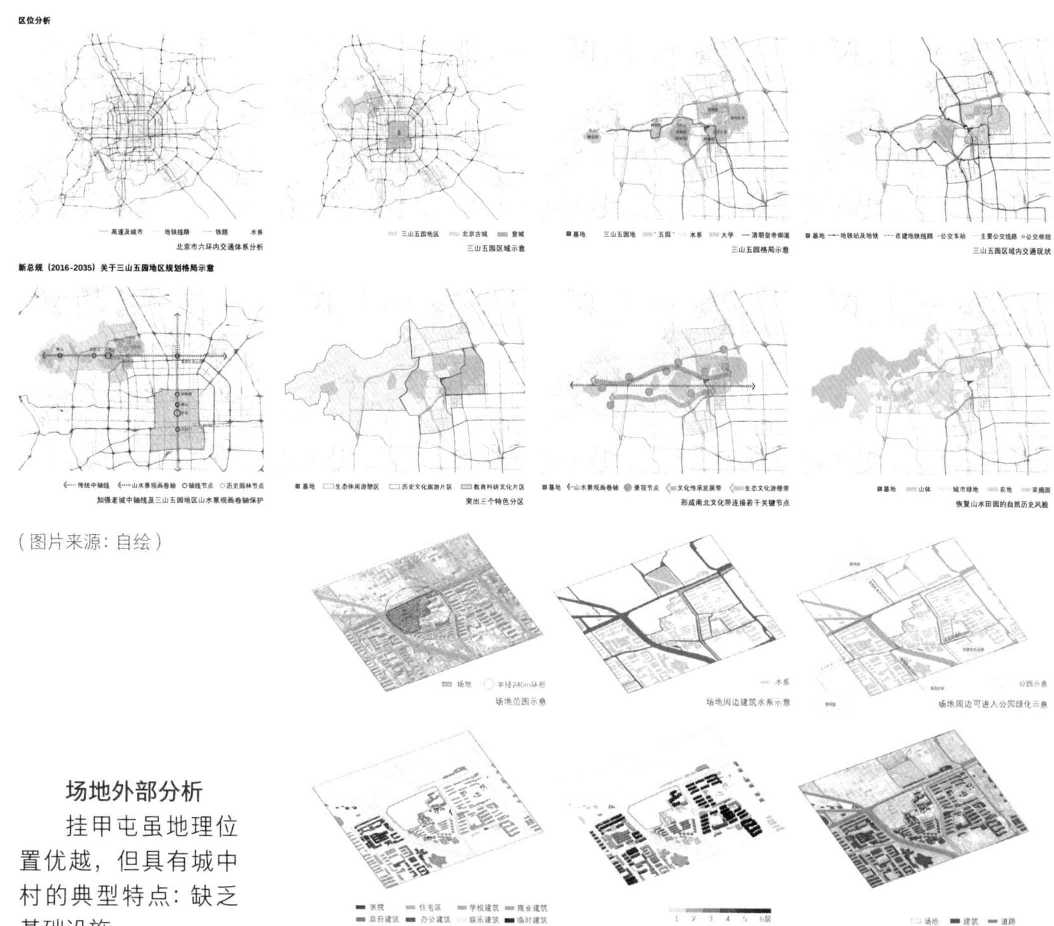

（图片来源：自绘）

场地外部分析

挂甲屯虽地理位置优越，但具有城中村的典型特点：缺乏基础设施。

（图片来源：自绘）

场地内部照片

房屋老旧、违建随处可见。大部分属于居民自建，可以清楚归纳出现有房屋类型形式。更新改造迫在眉睫。

（图片来源：自摄）

场地历史沿革分析

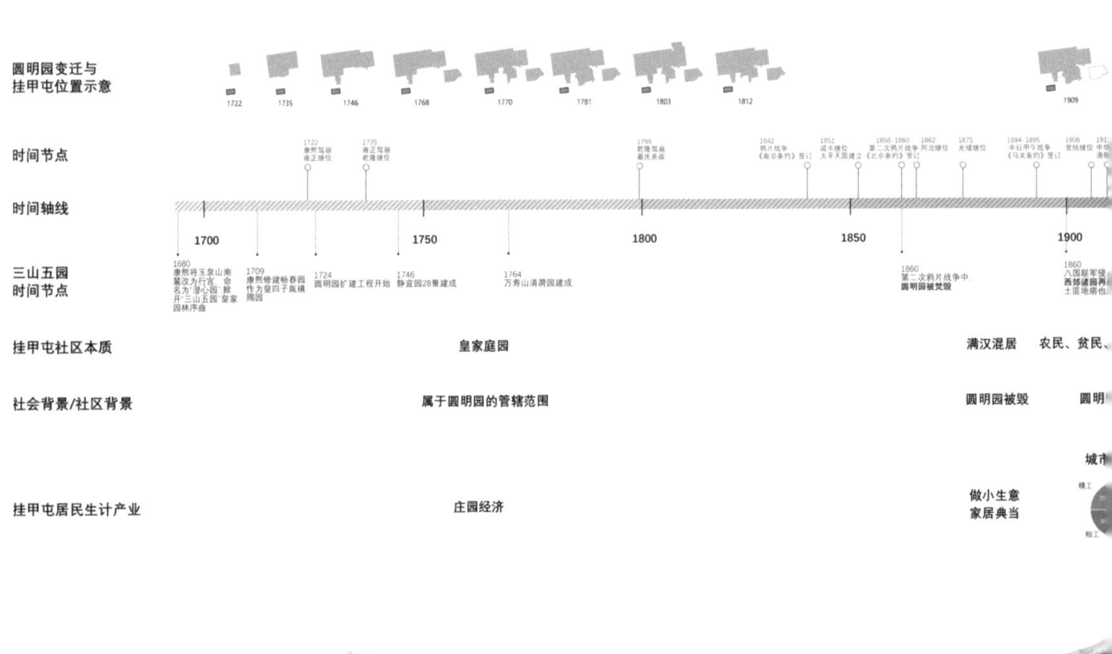

场地历史沿革分析

挂甲屯从明朝伊始，清朝兴盛，清末圆明园被毁后的衰落，到如今的城中村，历经约400年沉浮。在这期间，国家背景变化、政策改变等都对这个社区造成了许多影响。

在这条时间轴上，选取三个典型的时间断面，通过搜集资料、实际访谈等方式，了解这段时间内的社区空间、建筑功能等信息。试图还原挂甲屯社区某几个时间段，从而理解这个社区的前世今生。

1920–1940 年

（图片来源：自绘）

1960–1980 年

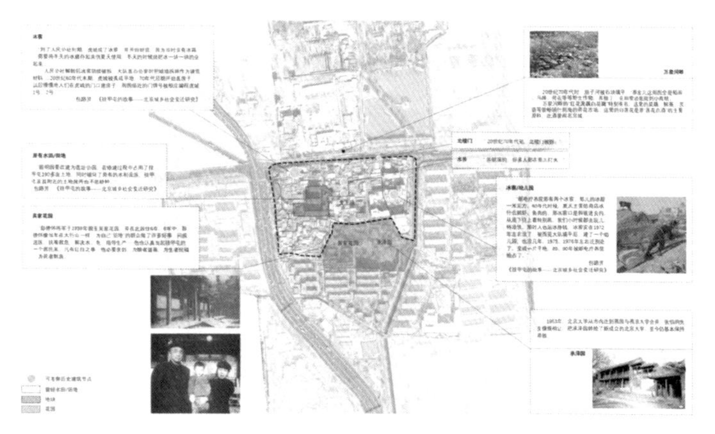

（图片来源：自绘）

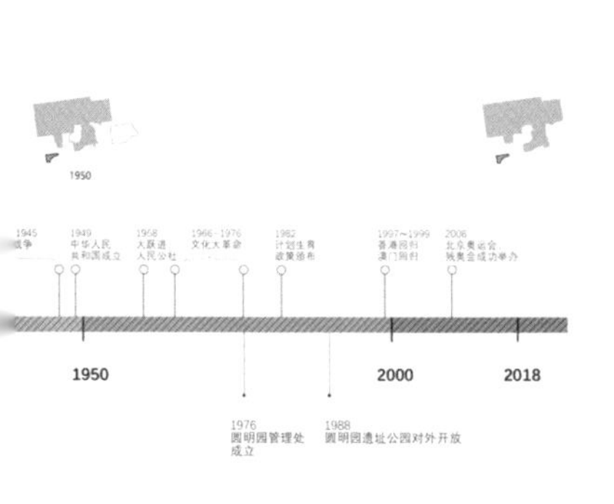

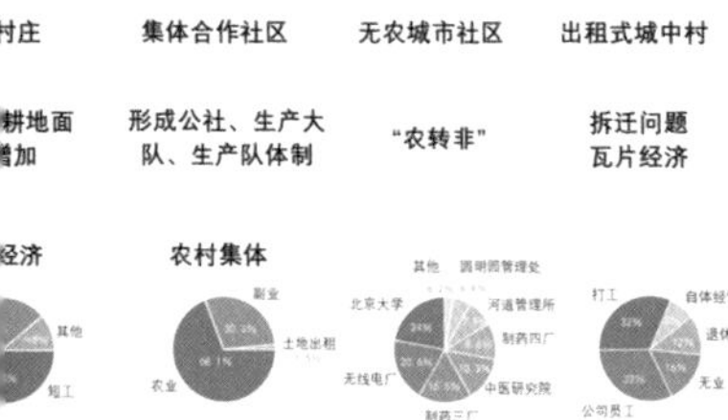

（图片来源：自绘）

1990–2010 年

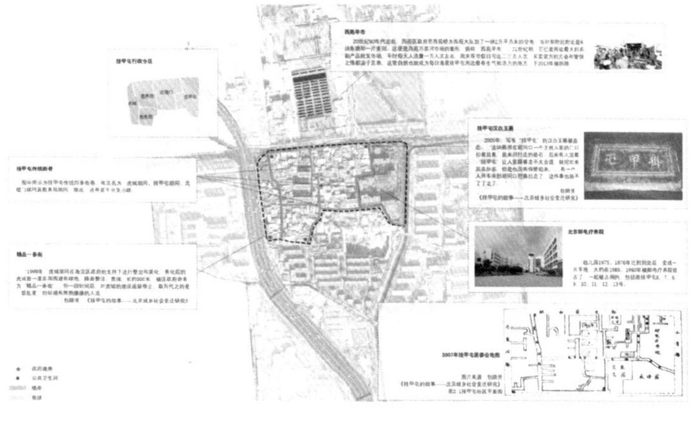

（图片来源：自绘）

■ 设计理念 | CONCEPT

概念：多层历史信息叠加的载体

在对场地进行充分的历史及现状分析后，发现其悠久的历史文化致使挂甲屯具有不同时期的历史信息。对这些不同时期的信息进行分析整理，将其分为三种层次，即已经不存在但是有历史信息遗存的地块抽象再现、现存改造保留的区域以及拆掉重建的部分，让场地成为多种时期叠加的“羊皮纸”。

在对这些地块进行整理，用一条游览休闲流线将不同层级的建筑串联，成为游客游览休闲流线。

定位：为游客服务的商住社区

新总规对三山五园的规划使其具有成为旅游产业链的潜力，而挂甲屯具有成为三山五园区域中重要节点的客观优势。同时，在用地功能规划中，场地的土地定位为就业及综合服务用地，希望更新后的社区作为三山五园旅游产业链的休憩节点。提供游客休闲娱乐的同时，提供更多的就业机会。

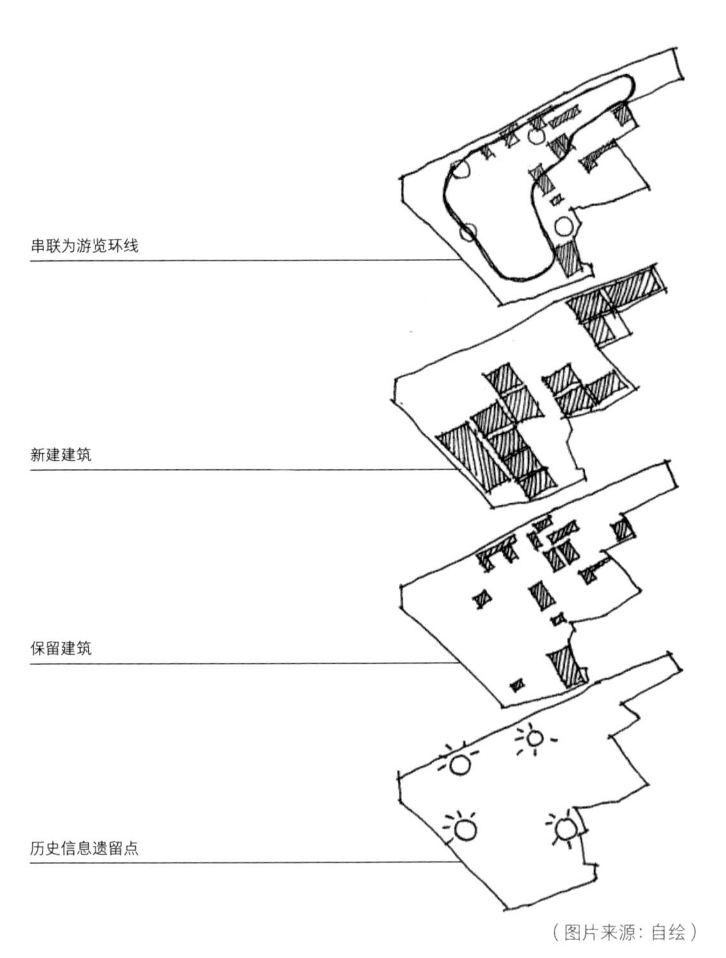

（图片来源：自绘）

规划设计

道路结构：保留原始道路结构划分为步行尺度

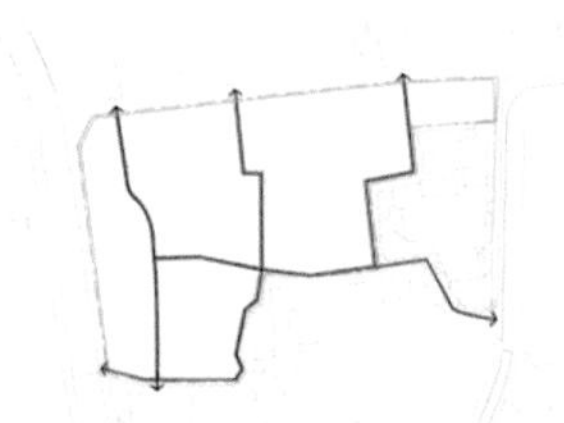

传统道路作为主要道路结构

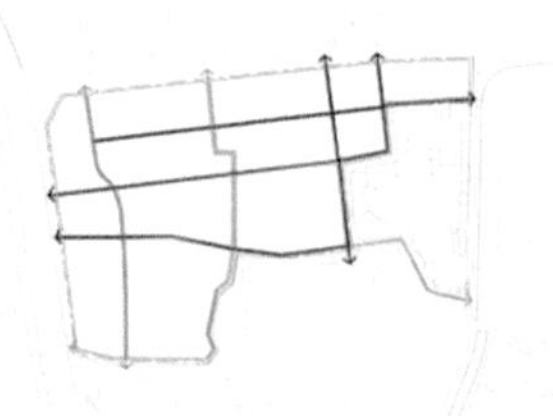

连通主要道路形成次级路网

进一步划分道路适宜步行尺度

（图片来源：自绘）

规划设计

轴线及功能节点：

采用一条休闲轴线，两条商业轴线以及串联的游览环线

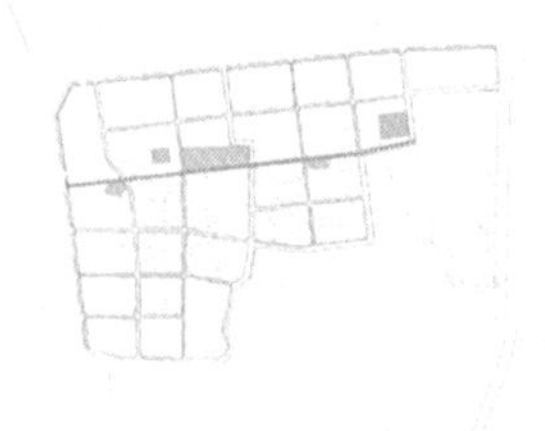

休闲轴线串联广场、花园

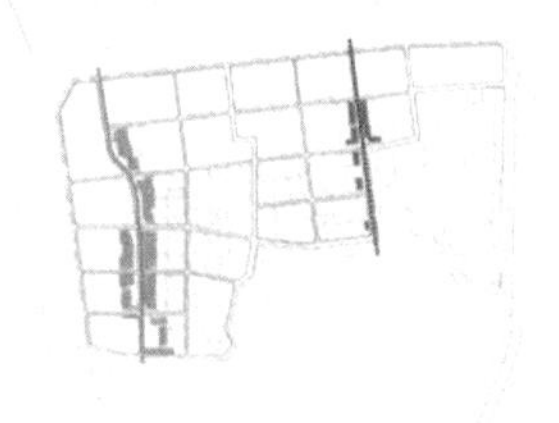

两条商业流线

公建形成游览环线

历史结构分层：

再阐述、保留建筑、改造建筑以及新建建筑

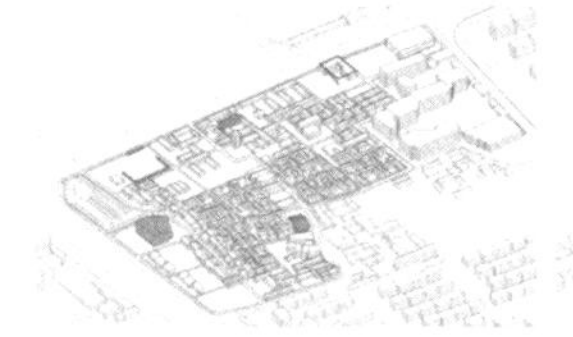

历史信息遗留点再阐述

未经扩建单层坡屋顶老房

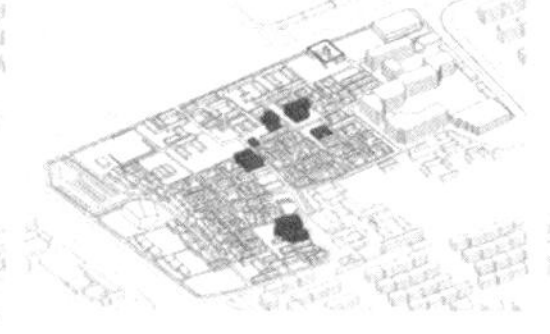

现存部分居民自建典型类型房屋

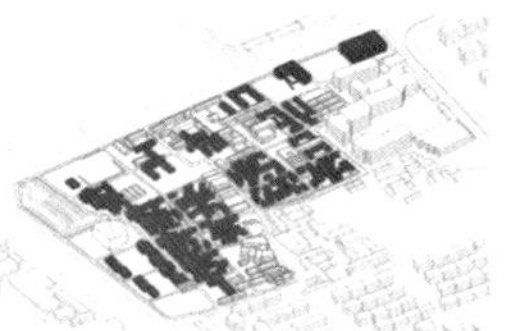

新建部分

功能结构分层：

定位中最大面积的居住建筑、为游客及周边服务的商业、改造的文化建筑以及公共基础设施建筑

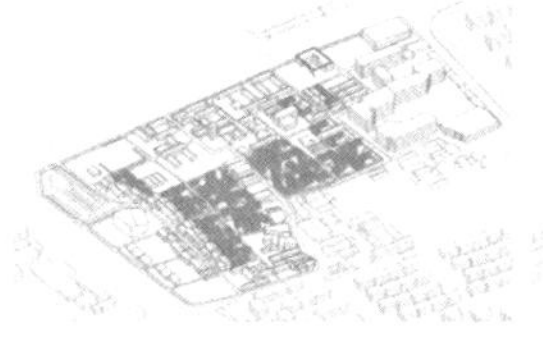

居住类型建筑

商业类型建筑

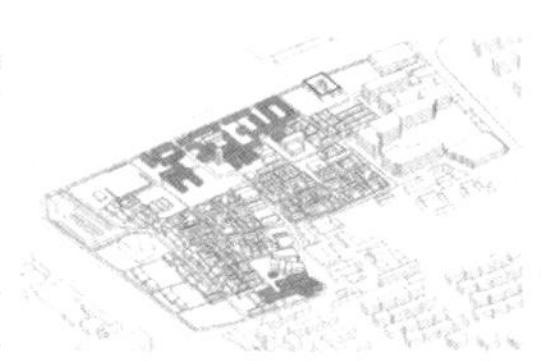

文化类型建筑

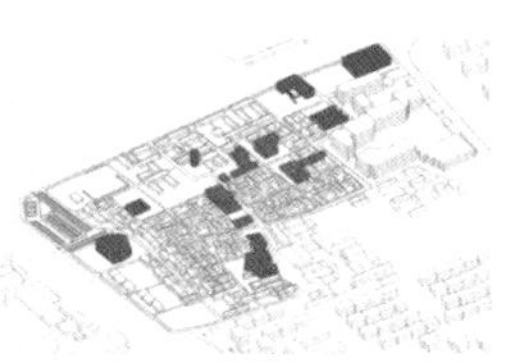

公共建筑

操作手法：

植入水系及景观

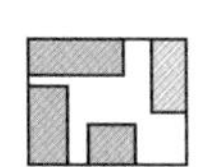

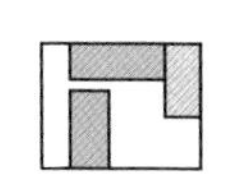

传统庭院手法

改造：创客空间

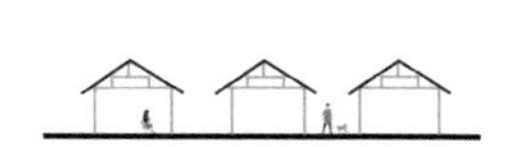

改造：保留建筑结构，
形成休憩构筑物

建筑串联

小尺度院落修补

公共空间植入

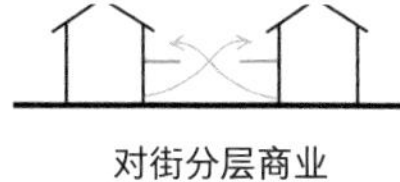

对街分层商业

（图片来源：以上均自绘）

建筑设计

层次一：历史遗留信息再现

裕善学校：活动 / 体验中心

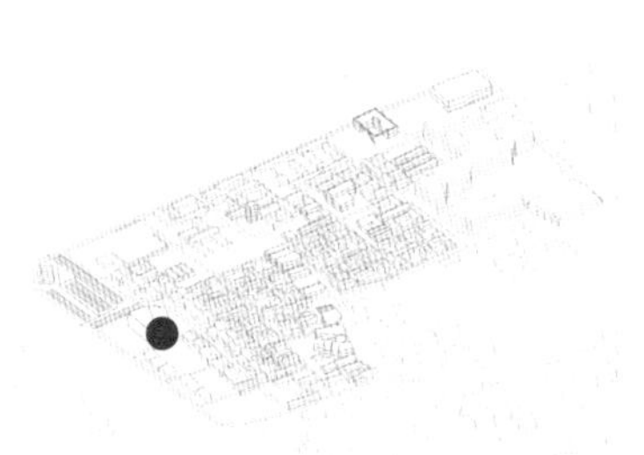

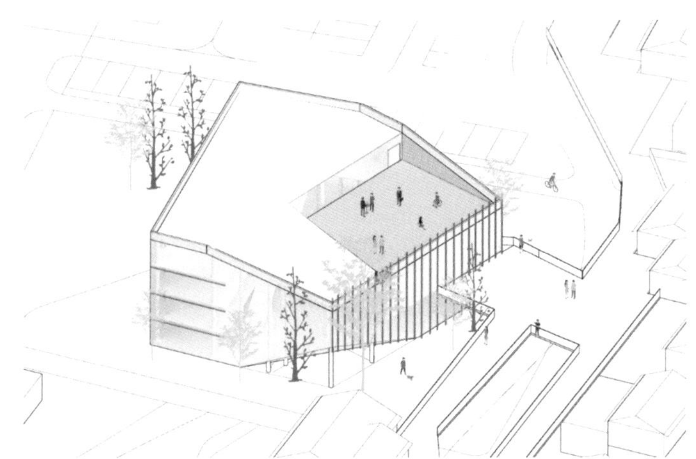

处于历史信息遗存地块，20世纪除为裕善小学、中学。在新社区中阐释为社区活动体验中心，包含一个报告厅、办公室若干体验室——图书室、阅览室圆明园文化体验、教育等。

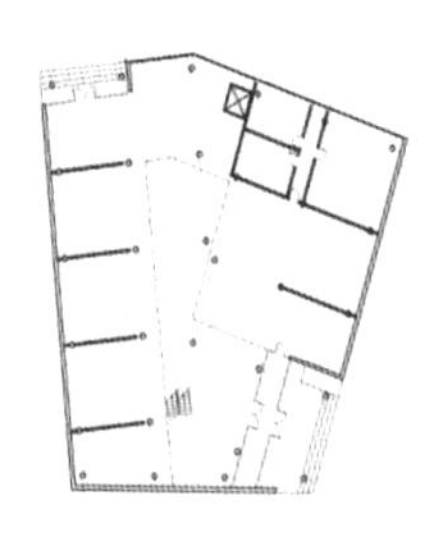

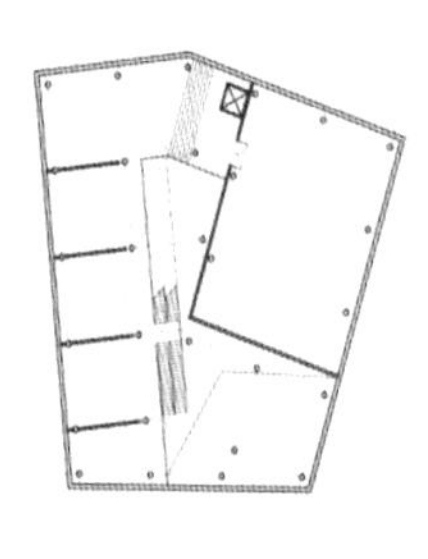

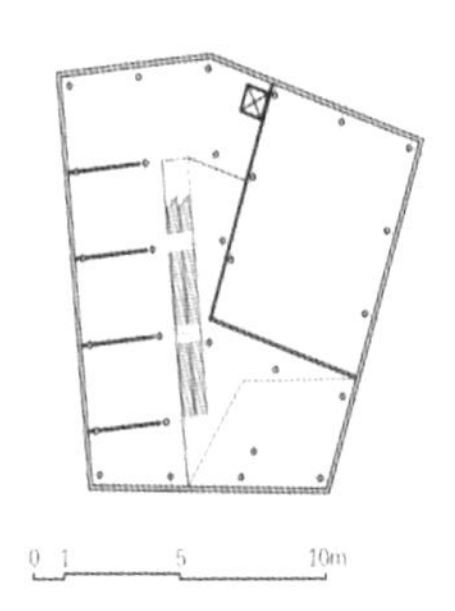

（图片来源：自绘）

虎城：室外表演 / 展览

保留虎城曾经的四方空间结构，南侧起伏形成座位与连廊相连。北侧为空地作为表演及展览区域。

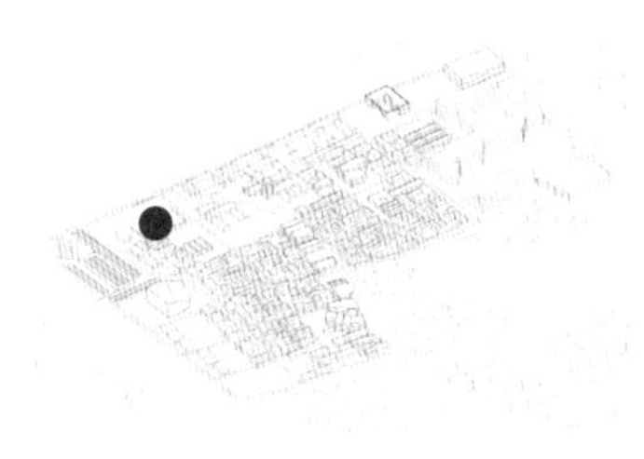

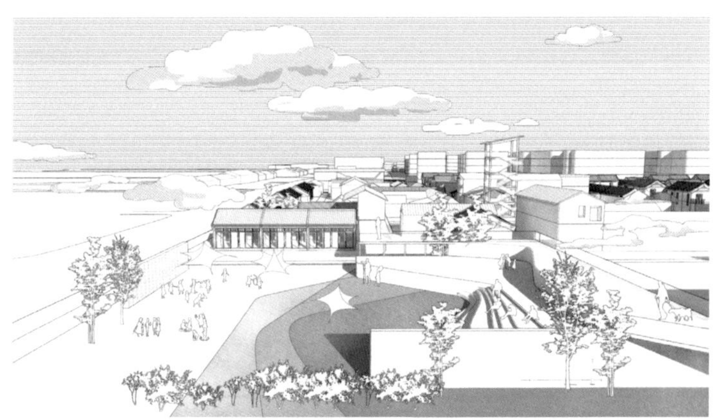

（图片来源：自绘）

建筑设计

层次二：现有建筑改造保留

建筑改造示意：景观塔

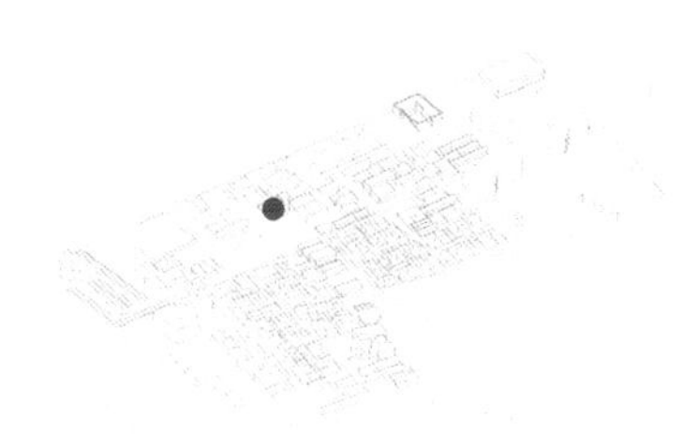

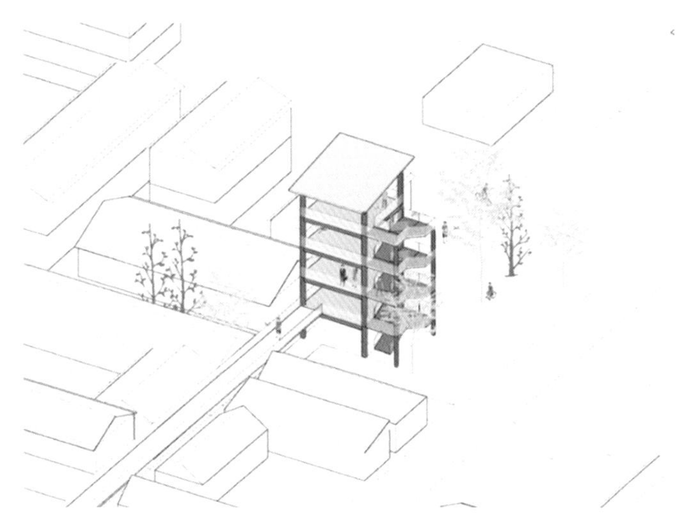

位于大宫门正对面，五层高，具有良好的景观视野，为游客提供良好的观景、拍照场所，同时为整个社区的最高点。

（图片来源：自绘）

典型类型建筑：创客办公 / 展览

周边教育氛围：增加创客空间；保留典型建筑类型：原址展览

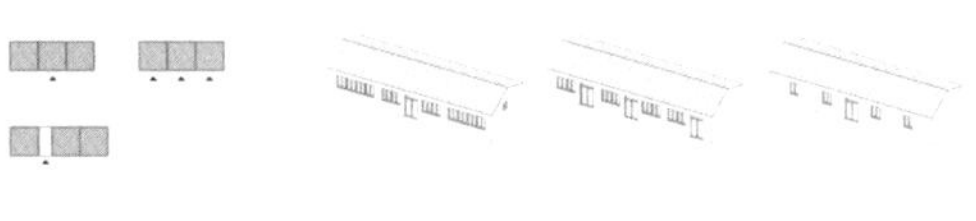

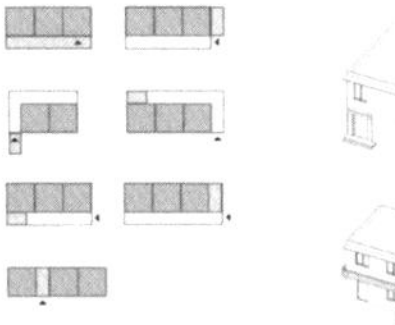

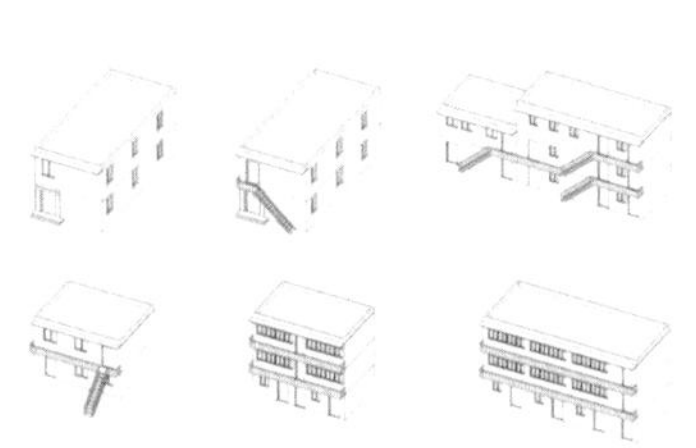

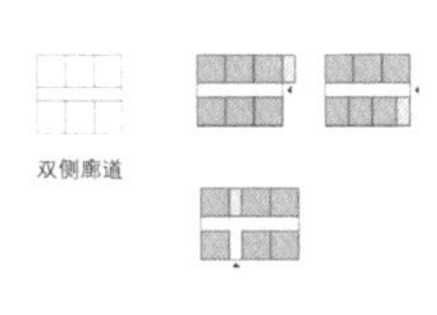

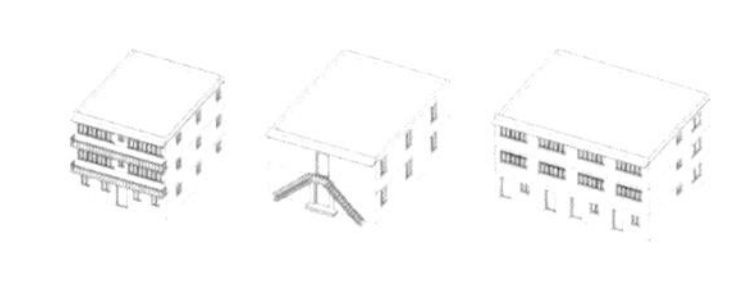

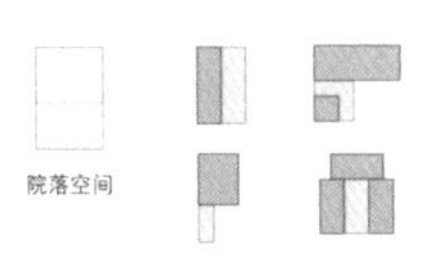

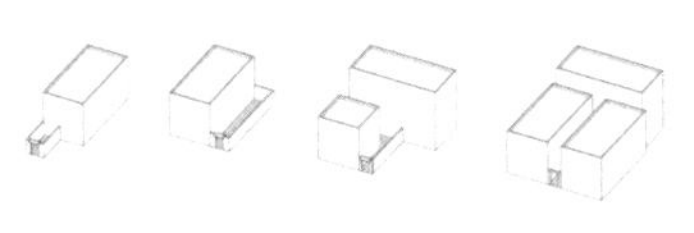

（图片来源：自绘）

建筑设计

层次三：新建建筑

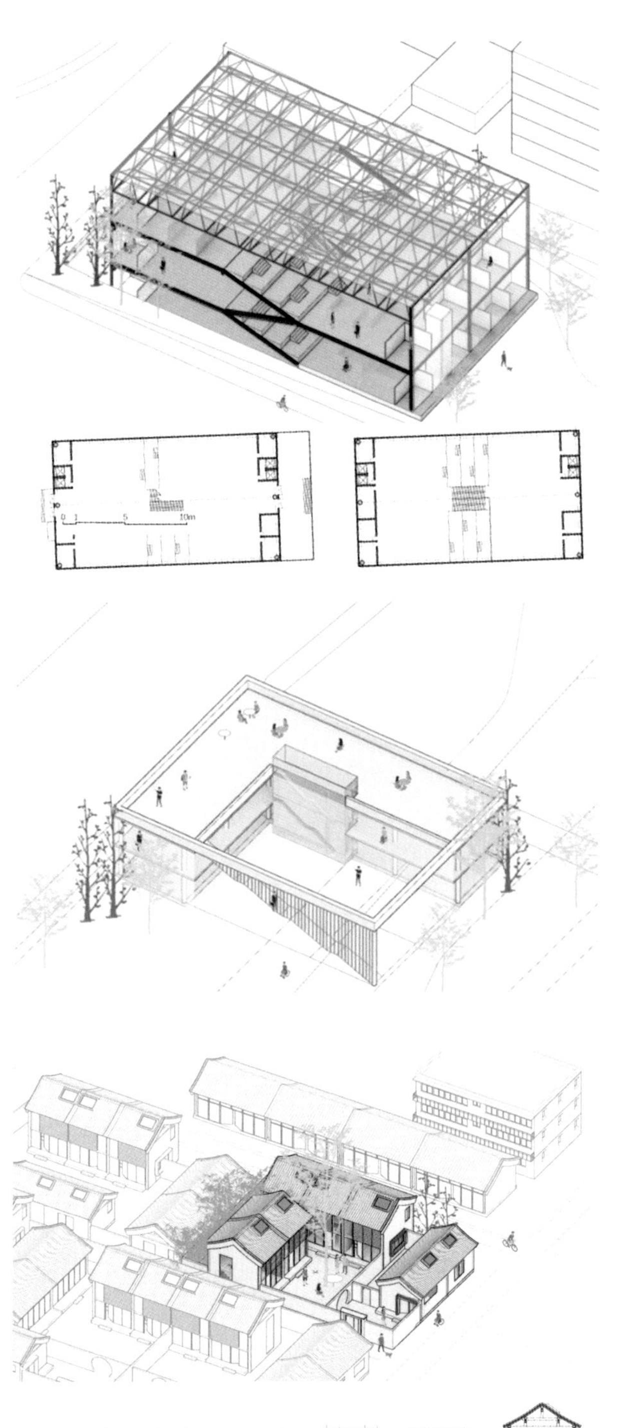

市场

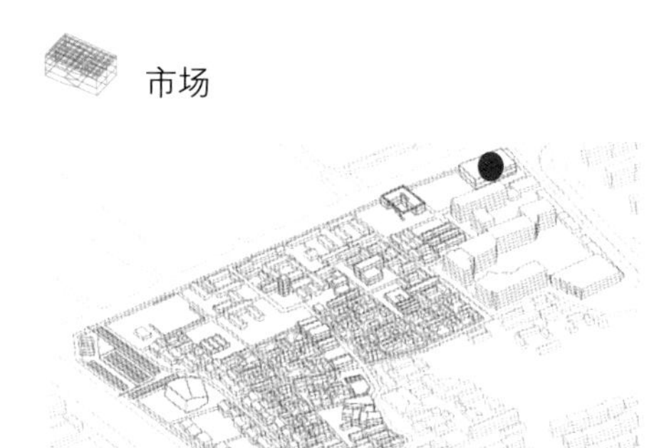

挂甲屯正对面是曾经人气极高的“西苑早市”，2013 年被拆，使居民生活不便。市场期望成为“西苑早市”缩影，使用错层的形式提供菜场、超市、日用品等功能。

游客服务中心

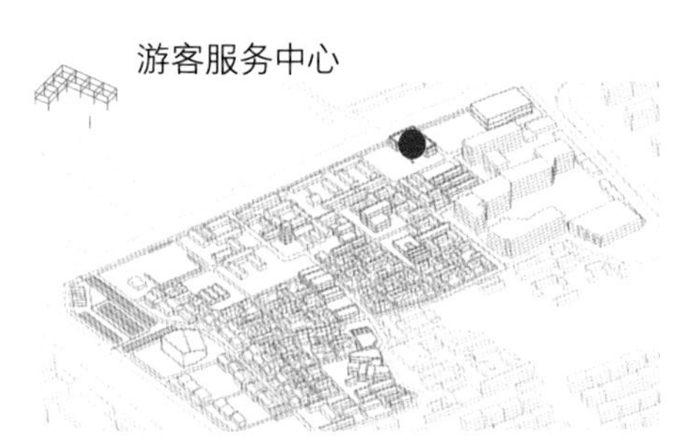

此游客中心主要功能为售票大厅（三山五园游线门票）、休息大厅、寄存、办公等功能。顶层为休息观景平台，面对大宫门有良好的景观视野。

居住建筑

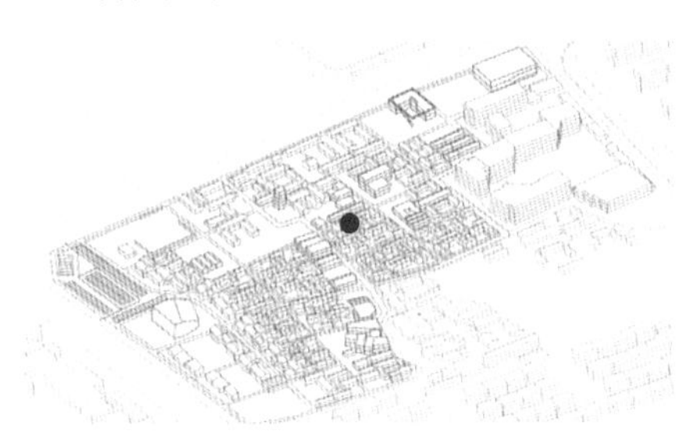

基本居住类型，采用院落式布置，每个院落包括 3 ~ 8 间客房（包含多种户型，为游客提供住处），一间服务人员住房，为游客提供生活服务。

（图片来源：自绘）

（图片来源：自绘）

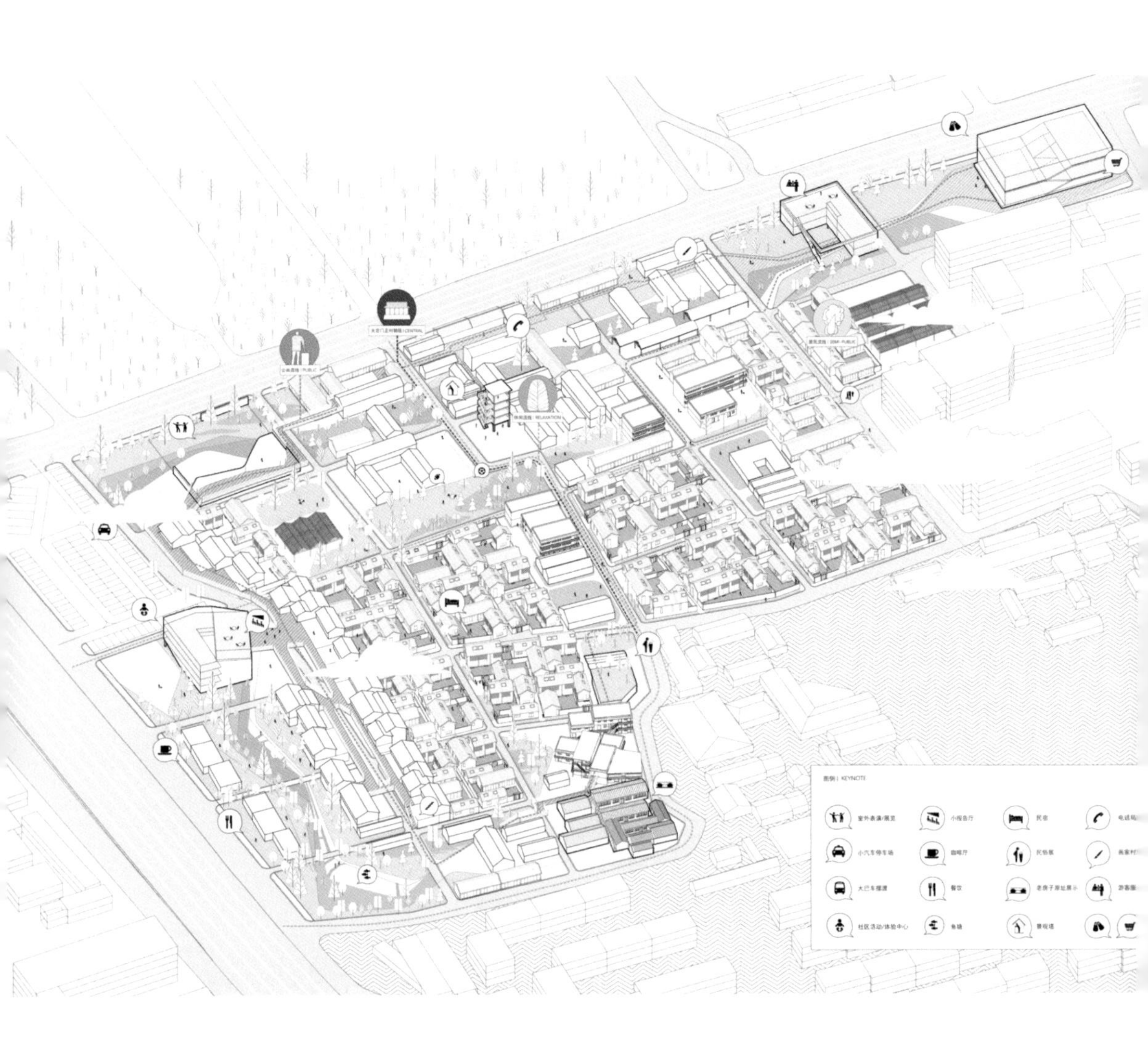
图例 | KEYNOTE
室外表演/展览
小报告厅
民宿
小汽车停车场
咖啡厅
餐饮
老房子原址展示
社区活动/体验中心

从稷下学宫到雅典学院

联合毕设有点像佛教界的无遮大会，史载梁武帝在同泰寺举办过至少四次“四部无遮大会”，在大行布施的同时举行公开的辩经说法活动。所谓“四部”是指无论僧俗男女皆可参加，“无遮”意为无所遮拦。这种活动的意义在于其“开放性”，不同教派可以在此自由发言，各抒己见。这种开放式的思想和学术交流以战国时田齐的稷下学宫最为著名，鼎盛时道、儒、法、名、阴阳各派云集，田骈、孟轲、邹衍、荀况诸子都曾跻身于此，是百家争鸣的中心。不同学派的学者在同一个屋檐下不受阻碍地自由发表学术见解，你来我往，互相辩驳，极大地促进了思想的传播和教育的进步。司马光《稷下赋》:“致千里之奇士，总百家之伟说。……相与奋髯横议，投袂高谈。下论孔墨，上述羲炎，树同拔异，辨是分非。荣誉，樵株为之蓊蔚，訾毁，瑆美化为瑕疵。”可见只有在激烈的碰撞中，观点才能得以阐明，思想才能得以升华。近世蔡元培办北大，以“思想自由，兼容并包”为办学宗旨，也是出于同样原因。

最近十几年中，建筑院校的学术交流活动可谓遍地开花，蔚然成风。公开评图、联合毕设、设计竞赛、建造大赛等等让人应接不暇，教学活动早已不再局限于一座校园的围墙之内，学校间的藩篱已不再坚硬，学校间的差距也迅速缩小。尽管可能伴随着培养特色的逐渐消失，这种“扁平化”是开放世界的大势所趋，其优点也显而易见。思想要通过交流和辩论才能深入，教师可以在交流中激发灵感，开阔思路，学生更可以转益多师，听到不同的声音，看到更大的世界。

拉斐尔在教皇签字厅中有一幅壁画“雅典学院”，描绘了儒略二世心目中理想的最高学府景象。不同时空背景，不同学术流派的几十位思想家在同一个圣殿中同时登场，有处于画面中心的柏拉图和亚里士多德，也有专心写作的毕达哥拉斯和手执圆规的欧几里得。倘若真的有个学生能够同时拥有这么多巨匠大师做自己的老师，该是多么幸福。

打开院墙施行开放式教育是人类自古就有的理想，从一师一徒的私相授受，到一系一院的封闭式办学，再到走出去请进来的开放式教育，互通、共享、激励，我想就是联合毕设的初衷吧?

董璁
北京林业大学园林学院教授、博导、园林建筑教研室主任

成果编纂

负责人： 贾家妹

参与人（按姓氏首字母排序）**：**

耿思雨	黄佳旭	江天翼
李松波	李鑫瀚	廖　怡
刘　赫	吕守拓	任　玥
王　威	王亚典	徐奕菁
周　慧	邹欣瑶